国家精品课程配套教材系列

Java Web 应用开发

主编 刘淳

副主编 武春岭 娄松涛

中国水利水电出版社
www.waterpub.com.cn

内 容 提 要

本书从开发 Java Web 应用项目的具体工作任务出发，通过实用案例方式详细介绍 Java Web 应用开发中需要用到的各种技术。本书结构清晰，应用案例丰富、实用，体现了理论学习和具体应用的充分结合。

全书共分十章，主要内容包括：WEB 应用的体系结构和 Java Web 应用开发环境、WEB 开发中的前台开发技术（HTML+JavaScript+CSS）、Java 数据库开发技术（JDBC）、Java Web 开发的核心技术（Servlet 和 JSP）、JavaBean 和 MVC 开发模型、EL 表达式和 JSTL、Servlet 2.3 规范中新引入的 Filter 和 Listener 编程技术、Java Web 开发中的其他重要技术（文件上传与下载、Ajax 编程方法、JavaMail 编程技术）。

本书可作为各高职高专院校计算机及信息管理相关专业 Java Web 程序设计相关课程的教材，也可作为 Java Web 程序设计的培训教材，还可供从事 Java Web 应用开发的技术人员学习参考。

读者可以到中国水利水电出版社（http://www.waterpub.com.cn/softdown/）或万水书苑（http://www.wsbookshow.com）下载本书所有例题程序源代码和教学课件。

图书在版编目（CIP）数据

Java Web应用开发 / 刘淳主编. -- 北京 : 中国水利水电出版社, 2012.1（2014.6 重印）
国家精品课程配套教材系列
ISBN 978-7-5084-9242-1

Ⅰ. ①J… Ⅱ. ①刘… Ⅲ. ①JAVA语言－程序设计－高等学校－教材 Ⅳ. ①TP312

中国版本图书馆CIP数据核字(2011)第258191号

策划编辑：雷顺加　责任编辑：李 炎　加工编辑：李 冰　封面设计：李 佳

书 名	国家精品课程配套教材系列 Java Web 应用开发
作 者	主 编 刘 淳 副主编 武春岭 娄松涛
出版发行	中国水利水电出版社 （北京市海淀区玉渊潭南路 1 号 D 座 100038） 网址：www.waterpub.com.cn E-mail：mchannel@263.net（万水） sales@waterpub.com.cn 电话：（010）68367658（发行部）、82562819（万水）
经 售	北京科水图书销售中心（零售） 电话：（010）88383994、63202643、68545874 全国各地新华书店和相关出版物销售网点
排 版	北京万水电子信息有限公司
印 刷	三河市鑫金马印装有限公司
规 格	184mm×260mm 16 开本 20.5 印张 512 千字
版 次	2012 年 1 月第 1 版 2014 年 6 月第 2 次印刷
印 数	4001—7000 册
定 价	36.00 元

前　言

基于B/S结构的WEB应用系统已经成为当今各类信息系统的主要应用模式，而基于Java的技术架构是当前WEB应用开发的主流技术。作为在一线编程的程序员，掌握Java Web编程技术已经成为最基本的要求。在高职高专计算机相关专业中，Java Web程序设计已成为专业必修核心课程。为了帮助读者较好、较快、较完整地学习Java Web开发技术，本书通过实用案例方式详细介绍了Java Web应用开发中需要用到的各种技术。全书共分十章，各章内容如下：

第一章为WEB应用开发概述，介绍了WEB应用体系结构及Java Web应用开发环境的搭建，使读者对WEB应用体系结构和开发技术有一个全面的了解。

第二章为WEB应用开发中前台用户交互界面设计，包括HTML基础、JavaScript基础、CSS等。

第三章为JDBC编程(Java数据库编程技术)，包括JDBC体系结构、JDBC常用API、JDBC编程方法及常用案例。

第四章为Servlet编程技术，包括Servlet程序结构、生命周期、HTTP表单处理、HTTP报头处理、会话跟踪技术（Cookies、Session）等，并通过实例方式介绍了结合Servlet与JDBC技术实现WEB应用与数据库的交互。

第五章为JSP编程技术，包括JSP程序基本语法、JSP指令、JSP动作、JSP常用内置对象及JSP与Servlet的交互等，并通过实例方式介绍了结合JSP、Servlet、JDBC技术实现数据的分页显示。

第六章为JSP与JavaBean编程技术，包括JavaBean编程规范、JSP中使用JavaBean及MVC编程模型。

第七章为表达式语言，介绍了在JSP中使用EL表达式对作用域对象、JavaBean及集合对象的访问。

第八章为JSP标准标记库（JSTL），介绍了JSP标准标记库的使用方法。

第九章介绍了JSP 1.2和Servlet 2.3中新引入的Filter和Listener编程技术。

第十章介绍了Java Web程序设计的一些其他常用技术，包括文件上传与下载、Ajax编程方法、JavaMail编程技术。

本书案例丰富，每一章都有一个入门型案例和大量的说明型案例及一到两个实用型案例，入门型案例使读者能很快了解当前章节的技术要点和编程方法；说明型案例能最大限度帮助读者深入了解相关技术的内涵和使用技巧；实用型案例全部来自作者开发的真实项目，读者稍作修改就可以用于自己的项目开发中。书中所有案例都有详细设计步骤和注释说明，而且都在MyEclipse中通过调试和运行。读者只要理解每一个例题，就可以掌握Java Web编程中要用到的各种技术，并能独立完成中小型WEB应用项目的设计与开发。

本书是国家精品课程配套教材，作者团队都是精品课程研发团队人员，具有长期从事第一线教学与实际工程项目研发经验。

本书由刘淳任主编，武春岭、娄松涛任副主编，各章主要编写人员分工如下：雷军环编写了第 1 章，龙雁编写了第 2 章，娄松涛编写了第 3 章，武春岭编写了第 4 章，刘淳编写了第 5、6、9、10 章，史劲编写了第 7 章，方俊编写了第 8 章，参加本书素材整理、代码调试等工作的还有唐伟奇、邓文达、李政仪、刘立、胡伏湘等。

为了帮助读者学习和教师教学，在国家精品课程网站（http://jp.csmzxy.com/webk/）和世界大学城刘淳教学空间（http://www.worlduc.com/UserShow/default.aspx?uid=134920）都提供了本书所有源程序及教学课件等资源的下载。

由于时间仓促和作者的水平有限，书中的错误和不妥之处在所难免，敬请读者批评指正。有关本书的意见反馈和咨询，读者可以通过邮箱 liuchun_8@21cn.com 与作者进行联系和交流。

编　者

2011 年 9 月

目　录

第一章　WEB 应用开发概述

本章要点

本章简单介绍 B/S 结构编程技术及 WEB 应用体系结构。并介绍 Java Web 开发环境的搭建，为后续章节的学习做好准备工作。

1.1　B/S 结构编程技术

B/S 结构编程语言分为浏览器端编程语言和服务器端编程语言。浏览器端编程语言包括：HTML（HyperText Markup Language，超文本标记语言）、CSS（Cascading Style Sheets，层叠样式表）、JavaScript 语言和 VBScript 语言，这些编程语言都是解释性语言，它们被浏览器解释执行。HTML 和 CSS 属标记语言，由浏览器解释显示的内容和显示方式。JavaScript 语言和 VBScript 语言称为浏览器端脚本语言，由浏览器解释执行。服务器端编程技术很多，但目前主流技术主要有：ASP（或 ASP.NET）、JSP/Servlet、PHP。

1．ASP 技术

ASP 技术是微软公司早期推出的 B/S 编程技术，当时还没有 JSP 和 ASP.NET，PHP 也未成气候，很不稳定。在 ASP 之前，动态网站是使用 CGI（Common Gateway interface）写的。即便是现在也能看到许多采用 CGI 制作的网站。CGI 是一门落后的技术，原理简单，代码混乱，高耗资源，难以维护。ASP 一出，立即大受欢迎。很快，有人用 ASP 制作了复杂的网站，也就是大型的基于 WEB 的管理信息系统。人们发现使用动态网站可以做很多事，如电子商务、网上交友等。

ASP 是一种技术框架，可以用 VBScript 或 JScript 这两种语言来写。如果学会了 VB 或 JavaScript，学习起来会比较轻松。国内主要使用 VBScript 来写 ASP，也可以用 JScript 来写。ASP 可以调用 COM 组件，所以功能很强大。

2．ASP.NET 技术

ASP.NET 是微软最新的 B/S 编程技术，可以看做是 ASP 的升级版，但事实上，它与 ASP 本质上完全不同，是一门全新的技术，使用它可以大幅提高编程效率。ASP.NET 可以用三种语言来编写：VB.NET、C#.NET、VJ#.NET。

ASP.NET 有丰富的.NET Framework 类库，它可以调用各种组件（包括 Java 类库），ASP.NET2.0 版本中，增强了原版本在页面布局和数据库访问等多方面的控件功能，将 B/S 开发中常用的功能都集成到了 ASP.NET 开发框架之中，用户只需写很少的代码就可以实现很多功能。

3．JSP 技术

JSP 技术是 Sun 公司推出的 B/S 编程技术，用来与微软的 ASP 技术进行抗衡。JSP 是技术框架，用 Java 语言来写。要学会 JSP，先要学会 Java。JSP 技术可以调用强大的 Java 类库，并可以与其他一些与之相关的技术（Servlet、JavaBean、EJB）联合工作。JSP 在运行之前会编译成 Servlet 类代码。所以 JSP 的运行速度会比 ASP 快。

本书主要介绍 JSP 及相关技术。学会 JSP 后，要过渡到 ASP 或 PHP 都是一件很简单的事情。

4．PHP 技术

PHP 技术是 Rasmus lerdorf 一个人写的，1994 年的时候，PHP 还没有成气候，没人使用它，它只是 Rasmus 自娱自乐的玩物罢了。后来被一个教授看中了，然后又有几个天才加入了 PHP，成立了 PHP 小组。当 PHP 经过四次重要的重写之后，它就稳定了。PHP 是免费的技术，与其配套的数据库 MySQL 及操作系统 Linux 也都是免费的。PHP 虽为后起之秀，却发展很快。其免费的特点非常重要，维系了他的生存。

PHP 非常好学，如果精通 C++，那么很快就可以学会 PHP。PHP 有很强大的函数库，也可以调用各种组件，如微软的 COM 组件及 SUN 的 Java 类库。

1.2 WEB 应用体系结构

WEB 应用是网页、图片、程序文件、其他资源文件的集合。网页又可分为静态网页和动态网页。静态网页设计，如果不包含页面脚本语言，基本上不能算是编程，所以 WEB 应用开发，主要指动态网页编程。

1．静态网页

静态网页文件中没有程序代码，只有 HTML 标记，一般以后缀.html 或 htm 保存，开发工具可以是任何纯文本编程器（如记事本），也可以使用专用开发工具，如 FrontPage、Dreamweaver 等。如图 1-1 是静态网页的体系结构。

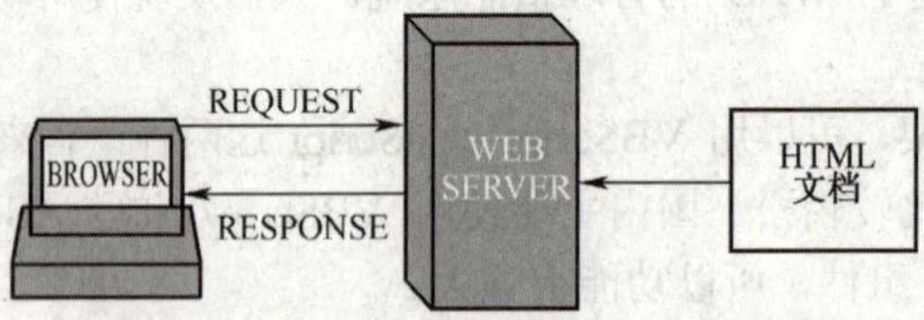

图 1-1 静态网页体系结构

静态网页工作原理：WEB 服务器加载浏览器请求的 HTML 文档，用 HTTP 协议直接传送到客户端。客户端浏览器解释并显示 HTML 文档内容。

静态网页的优点是：设计简单，缺点是：如果要修改内容，必须修改页面文件并重新上传。

2．动态网页

所谓动态网页，就是服务器端可以根据客户端的不同请求动态产生网页内容，它有两个显著的特点：可以动态产生内容；支持客户端和服务器端的交互功能。图 1-2 是动态网页的体系结构。

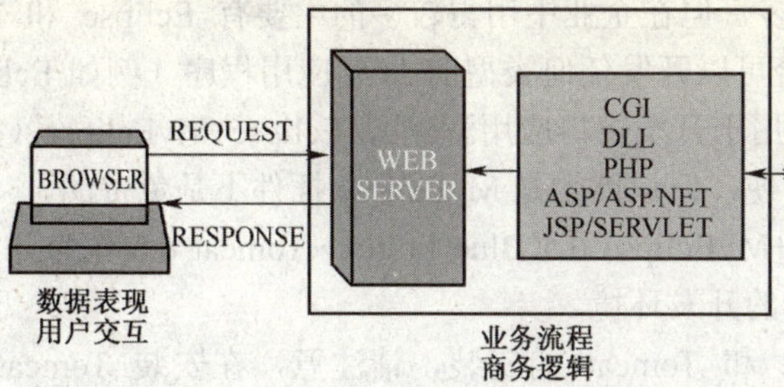

图 1-2　动态网页体系结构

动态网页的工作原理：当浏览器向 WEB 服务器发出资源请求时，服务器加载相应应用程序（动态页面），解释执行后将执行结果传回给浏览器。动态网页还可以与数据库进行交互。目前动态网页实现的主流技术是 ASP.NET 和 JSP 技术。

3. 三层/N 层 WEB 应用结构

在构建企业级应用时，通常需要大量的代码，这些代码一般可以在逻辑上（在同一机器）或物理上（在不同机器）划分为不同层次。每一层可以独立开发。企业级应用按体系结构可以分为：两层、三层、N 层架构。图 1-2 是典型的两层 B/S 结构.。图 1-3 是三层 B/S 结构。在三层结构中，每两层之间都可以添加服务层从而构建 N 层结构。

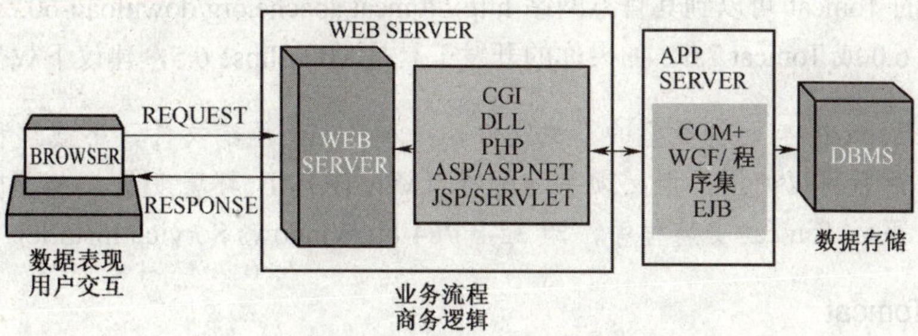

图 1-3　三层 WEB 应用体系结构

1.3　Java Web 开发环境安装与配置

Java Web 应用开发需要运行环境和开发工具，运行环境包括 JRE（Java Runtime Environment）和 Servlet 容器（WEB 应用服务器）。目前最常用的 Java Web 应用服务器有 Tomcat、JBoss、Resin、WebLogic 和 WebSphere。其中，Tomcat 是 Apache 支持的 Java Web 应用服务器，由于它优秀的稳定性以及丰富的文档资料、广泛的使用人群，从而在开源领域受到最广泛的青睐；JBoss 作为 Java EE 应用服务器，它不但是 Servlet 容器，而且是 EJB 容器，从而受到企业级开发人员的欢迎，也弥补了 Tomcat 只是一个 Servlet 容器的缺憾；Resin 也仅仅是一个 Servlet 容器，然而由于它优秀的运行速度，使得它在轻量级 Java Web 领域备受喜爱，特别是在互联网 WEB 服务领域，众多知名公司都采用它作为 Java Web 应用服务器；WebLogic 和 WebSphere 是商用应用服务器，在性能及易用性等方面，要比 Tomcat 优秀很多。

Java Web 开发工具很多，但在企业中用得较多的主要有 Eclipse 和 NetBean 等免费工具，Eclipse 与相关插件结合可以开发任何类型的 Java 应用程序（例如 Eclipse+wtp 用于开发 WEB 应用，Eclipse+SWT 用于开发窗口应用程序），Eclipse+MyEclipse（插件）在企业中用得也较多，而且使用非常方便，但遗憾的是 MyEclipse 插件不是免费的。

本书例题采用 JDK 6.0+MyEclipse 6.5 Blue Edition+Tomcat 6.0 作为开发与运行环境。建议读者使用相同或更高版本的开发环境。

下面将介绍 MyEclipse 和 Tomcat 的安装，请注意，在安装 Tomcat 之前，要先安装 JDK，建议到 http://www.oracle.com/technetwork/java/javase/downloads/index.html 下载 Java SE Development Kit (JDK) 6.0 或以上版本，对于 JDK 的安装，由于读者应该已经学习过 Java 程序设计基础课程，并熟悉了 JDK 的安装与配置，在此不再赘述。

1.3.1 Tomcat 的安装和使用

Tomcat 是一个免费的开源 Servlet 容器和 JSP 引擎，它是 Apache Jakarta 项目中的一个重要的子项目，同时它又是 Sun 公司官方推荐的 Servlet 和 JSP 容器，因此越来越多的受到软件公司和开发人员的喜爱。Servlet 和 JSP 的最新规范都会在 Tomcat 的新版本中得到实现。作为一个开放源代码的软件，Jakarta Tomcat 有着自己独特的优势。

1. 下载 Tomcat

不同版本的 Tomcat 可以到其官方网站 http://tomcat.apache.org/download-60.cgi 下载，你可以下载 Tomcat 6.0 或 Tomcat 7.0。如果你的开发工具是 MyEclipse 6.5，建议下载 Tomcat 6.0。

注意 Tomcat 有两种类型的下载文件，一种是.zip 压缩文件，下载这种文件，解压后就可以使用，但必须手动配置 JAVA-HOME 环境变量。对于初学者，建议下载 Tomcat 安装程序，即 32-bit/64-bit Windows Service Installer 文件。

2. 安装 Tomcat

（1）启动安装程序：如果下载的是 Tomcat 6.0，将得到 apache-tomcat-6.0.32.exe 文件，双击该文件启动 Tomcat 安装程序，开始界面如图 1-4 所示。

图 1-4 Tomcat 安装启动界面

（2）阅读并同意许可协议：单击“Next”按钮，出现 Tomcat 安装许可协议界面（图略)，单击“I Agree”按钮进入 Tomcat 安装类型选择对话框，如图 1-5 所示。

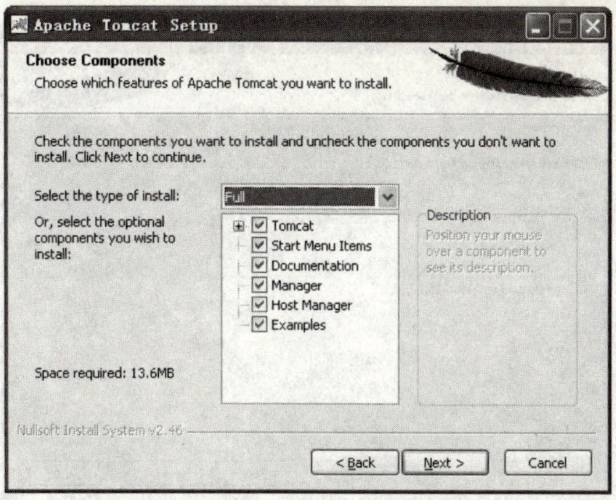

图 1-5　Tomcat 安装类型选择对话框

(3) 选择安装类型：在图 1-5 所示对话框中，在“Select the type of install”下拉列表中选择“Full”(完全安装)，然后单击“Next”按钮，进入 Tomcat 基本配置对话框，如图 1-6 所示。

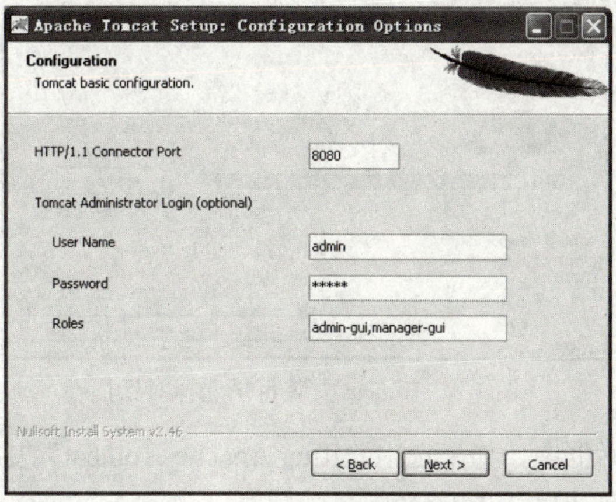

图 1-6　Tomcat 基本配置对话框

(4) 配置 Tomcat：在图 1-6 所示对话框中，你可以改变 Tomcat 的 HTTP 协议端口号，并设置 Tomcat 管理员登录的用户名和密码。Tomcat 的 HTTP/1.1 连接端口默认为 8080，一般情况下不需要修改，但如果你的机器上 8080 端口已被占用（如你的机器已经安装了 Oracle10g，Oracle10g 自带的 WEB 服务器的默认端口也是 8080）或 8080 端口已被禁用，你可以改为其他端口，如 8084 等。设置完成后，单击“Next”按钮，进入 JDK 目录设置对话框，如图 1-7 所示。

(5) 设置虚拟机路径：在图 1-7 所示对话框中，你可以直接输入 JDK 的安装目录，或单击 ... 按钮，选择你机器上的 JDK 安装目录。注意在这里，是选择 JDK 的安装目录而不是 JAR 目录。设置完成后单击“Next”按钮，进入 Tomcat 安装目录选择对话框，如图 1-8 所示。

(6) 选择 Tomcat 安装目录：在“Destination Folder”文本框中输入 Tomcat 的安装目录或单击“Browse...”按钮选择安装目录。最后单击“Install”按钮，安装程序会完成所有组件的安装过程。安装过程完成后会显示如图 1-9 所示的提示对话框。

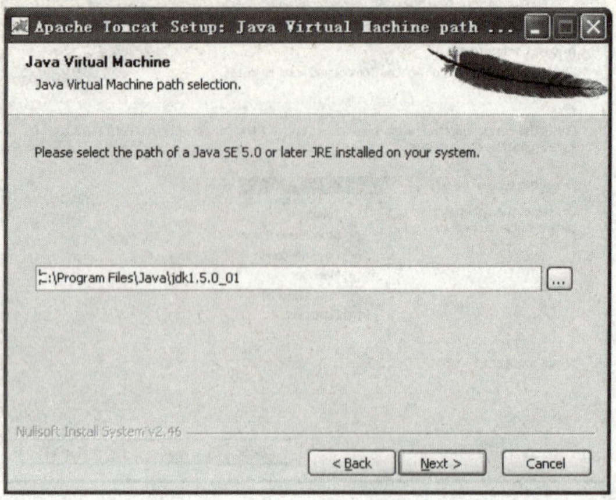

图 1-7 JDK 目录设置对话框

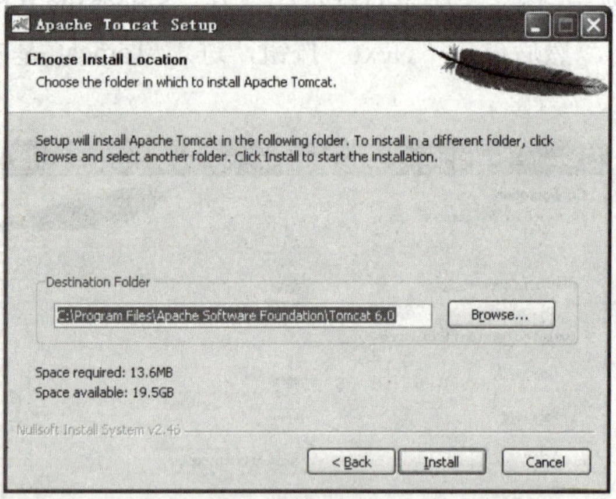

图 1-8 Tomcat 安装目录选择对话框

在图 1-9 所示的对话框中，如果选中“Run Apache Tomcat”复选框，单击“Finish”按钮，安装过程结束并会自动启动 Tomcat。

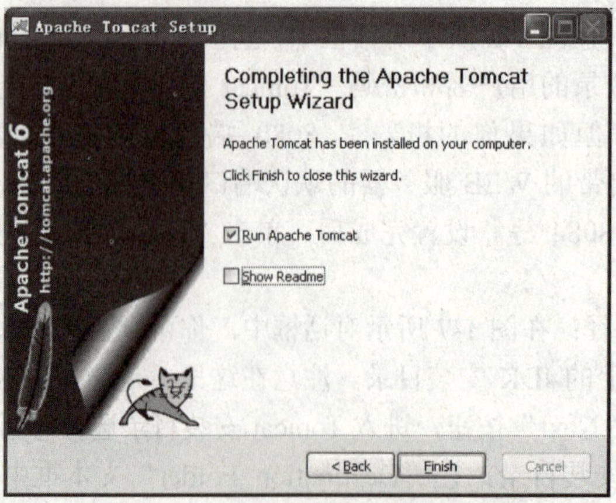

图 1-9 Tomcat 安装结束提示框

3．启动与关闭 Tomcat 服务器

Tomcat 安装成功后，在“开始”菜单的程序组中会有一个菜单项“Apache Tomcat 6.0”。单击“开始”→“程序”→“Apache Tomcat 6.0”→“Configure Tomcat”，将打开“Apache Tomcat 6 Properties”对话框，如图 1-10 所示。

单击“Start”将启动 Tomcat 服务。单击“Stop”将关闭 Tomcat 服务。如果希望在计算机开机或重启时，Tomcat 自动启动，只要选择“Startup type”下拉列表项为“Automatic”。

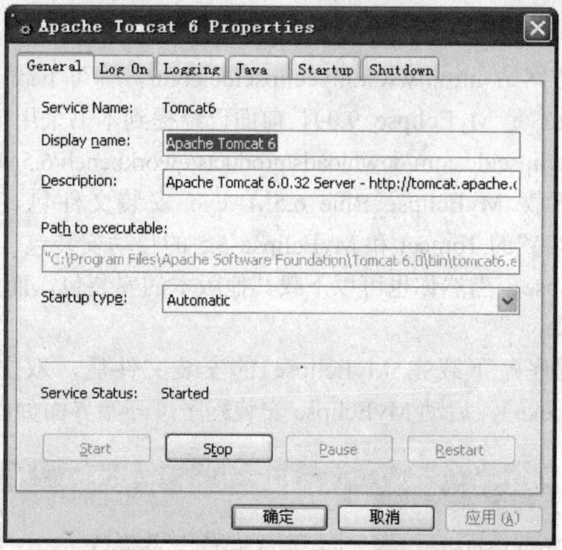

图 1-10　Tomcat 启动与关闭管理对话框

4．测试 Tomcat

启动 Tomcat 后，在浏览器地址栏中输入地址：http://127.0.0.1:8080 或 http://localhost:8080，若正确的显示如图 1-11 所示页面，表示 Tomcat 安装成功并已经正常启动。

图 1-11　Tomcat 主页面

1.3.2 MyEclipse的安装和使用

Eclipse 3.2 以前的版本要进行 Java Web 项目开发必须安装 WTP 插件，现在 Eclipse 的官方网站 http://www.eclipse.org/downloads/可以下载 Eclipse IDE for Java EE Developers 免费工具，该工具可以进行任何 J2EE`项目开发。但作为初学者，还是建议使用 Eclipse + MyEclipse（MyEclipse 是一个收费的插件，但作为学习，你可以使用试用版）。下面介绍 MyEclipse 下载与安装。

1．下载 MyEclipse

在 MyEclipse 官方网站 http://www.myeclipseide.com/，你可下载 MyEclipse 各种版本的安装包（目前最新的版本是 MyEclipse 9.0）。前面已经提到本书采用 MyEclipse 6.0，你可以按 http://downloads.myeclipseide.com/downloads/products/eworkbench/6.5M1-Blue/MyEclipse_Blue_6.5M1.exe 网址直接下载 MyEclipse_Blue_6.5M1.exe 安装文件包，该安装程序是集成了 JRE5、Eclipse 3.3.2、内置的 Tomcat 和 MyEclipse 6.5 的自动安装包（仅 Windows 平台），所以你不需要再下载 Eclipse。当然你也可以下载其他版本的安装包，而且安装过程基本相同。

2．安装 MyEclipse

（1）启动安装程序：下载完 MyEclipse 的安装文件后，双击安装文件（如本例的 MyEclipse_Blue_6.5M1.exe），启动 MyEclipse 安装程序，开始界面如图 1-12 所示。

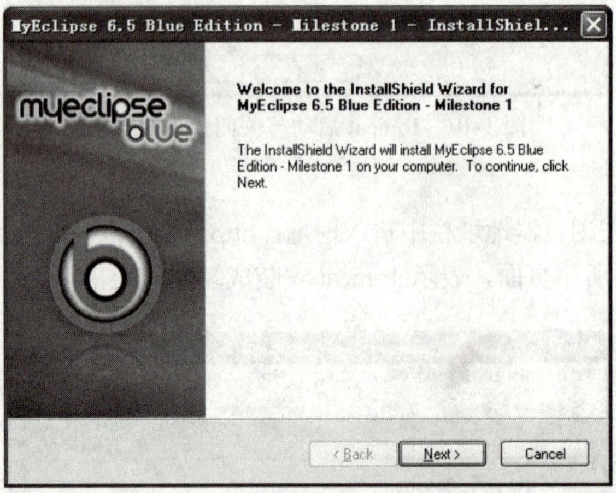

图 1-12 MyEclipse_Blue_6.5 安装开始界面

（2）阅读并同意许可协议：单击开始界面中的“Next”按钮，出现 MyEclipse 安装许可协议界面，如图 1-13 所示.。选中“I accept the terms of the license agreenment”接受许可协议。单击“Next”按钮，进入安装目录选择对话框，如图 1-14 所示。

（3）选择 MyEclipse 安装目录：从图 1-14 可以看到，MyEclipse 安装程序已经指定了默认的安装目录，如果你要改变，请单击“Change…”按钮，选择其他目录，但要注意，选择的目录中最好不要含有中文路径。

安装目录确定后，单击“Next”按钮，将显示准备安装的提示界面（图略），在该界面中单击“Install”按钮，安装程序开始安装所有组件。

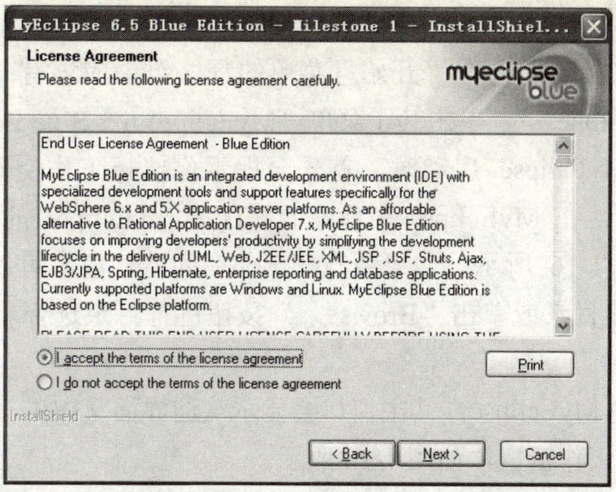

图 1-13　License Agreement 对话框

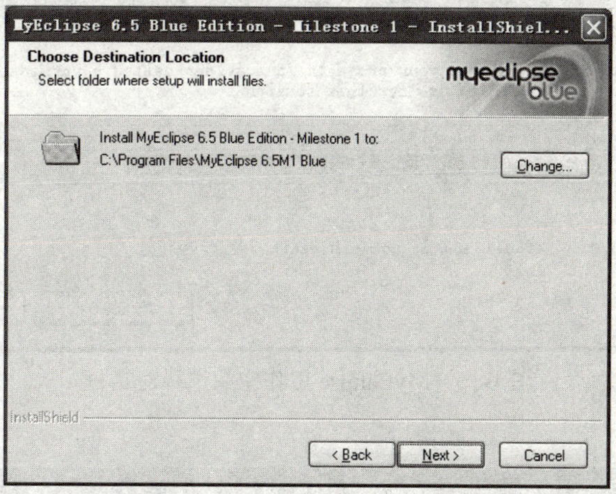

图 1-14　安装目录选择对话框

等待安装过程完成，直到出现如图 1-15 所示的安装完成提示对话框，单击“Finish”按钮，结束安装过程。

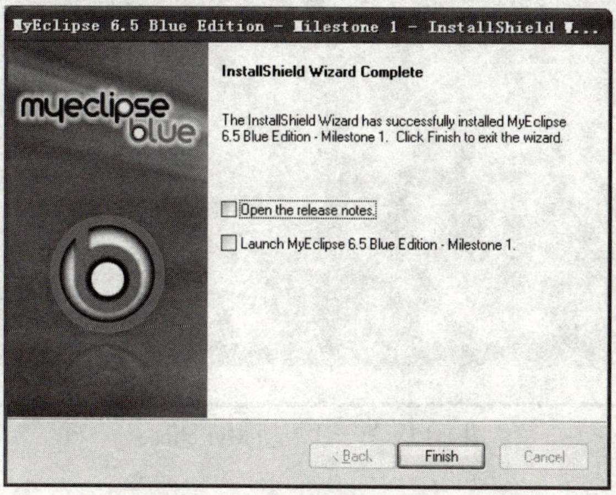

图 1-15　安装完成提示对话框

3. 启动 MyEclipse

MyEclipse 成功安装之后，在“开始”菜单的程序组中应该有一个菜单项“MyEclipse 6.5 Blue Edition - Milestone 1”，单击其子菜单“MyEclipse 6.5 Blue Edition - Milestone 1”可以启动 MyEclipse.。MyEclipse 启动时，首先会提示你选择工作空间位置（工作空间就是 MyEclipse 的工作目录，在 MyEclipse 中新建的项目和 MyEclipse 的配置及状态信息都会保存在该目录中），如图 1-16 所示。如果要改变工作空间默认值，可以在“Workspace”文本框中输入一个已存在的目录或单击“Browse...”按钮进行目录选择。单击“OK”按钮，进入 MyEclipse 工作界面。

如果是第一次启动 MyEclipse，其主窗口会显示欢迎界面（Welcome），如图 1-17 所示。关闭“Welcome”进入工作窗口，如图 1-18 所示。

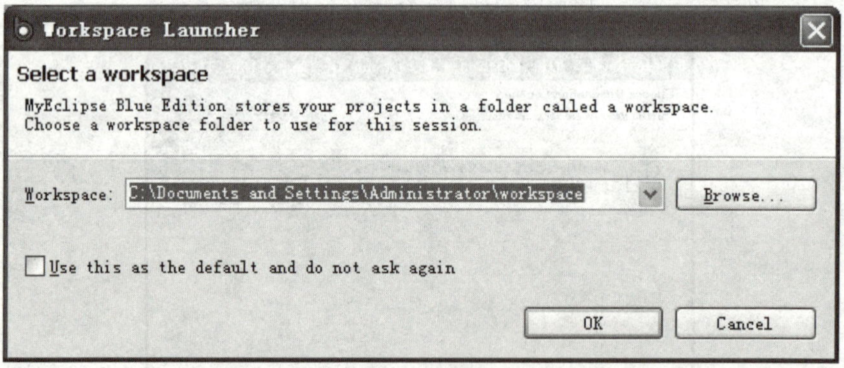

图 1-16　MyEclipse 工作空间选择对话框

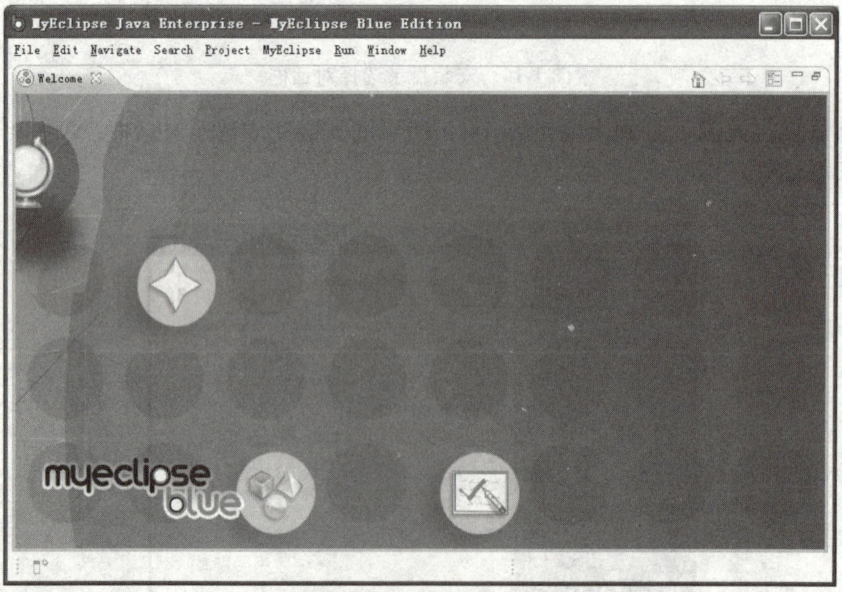

图 1-17　第一次启动 MyEclipse

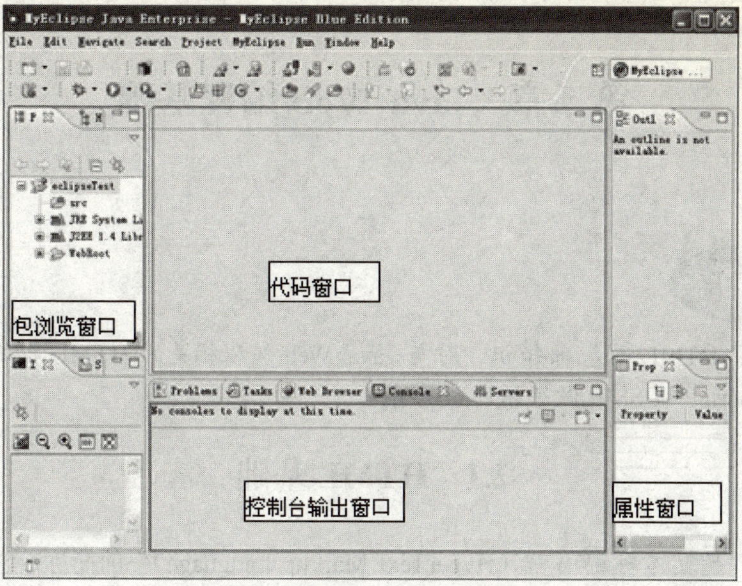

图 1-18　MyEclipse 工作窗口

习题一

1. 填空题

（1）B/S 结构编程技术有________，________，________，________。

（2）网页可分为静态网页和________。

（3）Tomcat 是一个免费的开源的________容器和 JSP 引擎。

（4）JBoss 作为 Java EE 应用服务器，它不但是________容器，而且是________容器。

（5）Tomcat 的默认端口号是________。

（6）JSP 在运行之前会编译成________类代码。

2. 选择题

（1）与 JSP 同类型的技术有（　　）。

A．CGI　　B．C/C++　　C．ASP　　D．VB

（2）JSP 是技术框架，用（　　）语言来写。

A．JavaScript　　B．Java　　C．C++　　D．Pascal

（3）下面（　　）不是 JDK 开发包。

A．Java SE　　B．Java ME　　C．Java EE　　D．JavaBean

（4）MyEclipse 是以（　　）为内核。

A．Eclipse　　B．NetBean　　C．JBuilder　　D．.NET

第二章 Java Web 编程基础

本章要点

本章介绍了 HTML 的基础知识，对与 Java Web 编程相关的 HTML 标记做了详细的介绍。对于 JavaScript、CSS 也做了相应的说明。

2.1 HTML 基础

HTML 是“超文本标记语言（HyperText Markup Language）”的简称，它是进行网页设计的基础。它是由众多预定义好的、以“<”和“>”包含起来的标记组成的。下面来看一个 HTML 文件。

例 2-1：第一个 HTML 文件

源文件：HelloWorld.html

```
<html>
  <head>
    <title>测试 </title>
  </head>
  <body>
   你好，这是我的 WEB 测试！
 </body>
</html>
```

将上面内容保存成一个扩展名为“.htm”或者“.html”的文件，如 HelloWorld.html，然后在 IE 或者其他浏览器中打开它，可以看到如图 2-1 所示的效果。

图 2-1 HelloWorld．htm

下面来分析一下这个简单的 html 文件。从上面的例 2-1 代码中可以看出，每一个 html 文件都是以<html>标记开始，以</html>标记结束。而其他标记通常（但不总是）是成对出现的，如<head>、</head>和<body>、</body>以及在<head>对之间的<title>对。在<body>和

</body>标记之间的内容将显示在浏览器的内容窗口，而在<head>和</head>之间的标记用于对 html 文件做一些附加的说明，除了<title>和</title>标记之间的内容会显示在浏览器的顶部标题栏外，其他标记中的内容基本都不会在浏览器中显示。

2.1.1 <HEAD>标记

<head> 标记用于定义文档的头部，它是所有头部元素的容器。<head> 中的元素可以引用脚本、指示浏览器在哪里找到样式表、提供元信息等。文档的头部描述了文档的各种属性和信息，包括文档的标题、在 Web 中的位置以及和其他文档的关系等。

下面这些标记可用在 head 部分：<base>，<link>，<meta>，<script>，<style>，以及<title>。在<head>标记中，除<title>标记外（它是 head 部分中唯一必需的元素），还常常会使用另外一个<meta>标记，这个标记主要用于对 HTML 文件做一个简单的说明。例如：

```
<meta http-equiv="content-type" content="text/html; charset=UTF-8">
```

这个<meta>标记将告诉浏览器准备接受一个 HTML 文档，文档的字符编码采用“UTF-8”。

2.1.2 <BODY>标记

<body>标记用来定义文档的主体，包含文档的所有内容（比如文本、超链接、图像、表格和列表等）。在<body>中的内容都会显示到浏览器的内容窗口中。

<body>标记表示的是整个在浏览器内容窗口中显示的部分，它有对应的结束标记</body>。在<body>标记中，可以加入自己的一些属性，用于控制整个页面的底色、底图以及字体等，下面列出了<body>中常用的属性：

（1）bgcolor：bgcolor 属性用于控制 html 文档的背景颜色。如：bgcolor="#ccffcc"（颜色可以用十六进制数表示的 rgb 颜色），或者直接指明颜色名称，如 bgcolor="red"等。

（2）background：background 属性用于引入 html 文档的背景图片。如：background="images/bg.gif"。通常使用的图片格式为 gif、jpg、jpeg、png 等格式。如果指定了背景图片，指定的背景颜色将会被遮挡。

（3）text：text 属性用于控制 html 文档的正文文字颜色。如：text="#ff6666"。Text 元素定义的颜色将应用于整篇文档。

下面来看一个例子，在这个例子中，指明了 HTML 文档的底色为红色，使用“bg.gif”作为背景，文字颜色为绿色。

例 2-2：在<BODY>标记中设置文字颜色和背景色

源文件：bodyattribute.htm

```
<html>
 <head>
   <title>body 属性测试</title>
 </head>
  <body bgcolor="red" background="bg.gif" text="#00ff00">
    <h1>body 中的文字，将会显示成绿色。
  </body>
</html>
```

运行结果如图 2-2 所示。

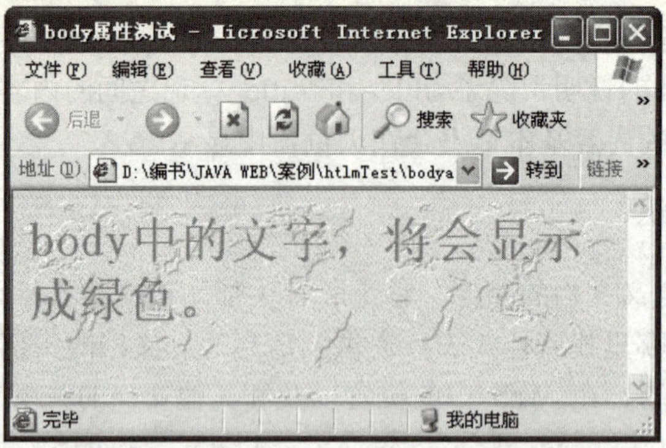

图 2-2 bodyattribute.htm 在 IE 中的显示效果

注意

<body>标签中的背景颜色（bgcolor）、背景（background）和文本（text）属性在最新的 HTML 标准（HTML4 和 XHTML）中已被废弃。W3C 在他们的推荐标准中已删除这些属性。应该使用层叠样式表（CSS）来定义 HTML 元素的布局和显示属性。

2.1.3 <FONT>标记

除了可以使用<body>标记中的 text 属性来统一指定 html 文档中的文字颜色外，还可以通过<font>标记来指定某段文字的颜色、字体、大小等文字的风格，只需要将这些文字包含在<font>和</font>之间就可以了，下面是<font>标记的基本用法：

```
<font color="#ffggff" face="Times New Roman"   size="12">文字</font>
```

在这个<font>标记中，使用了三个属性来定义<font>中包含的文字的风格：用 color 指定文字的颜色；face 属性指定文字的字体，注意，如果在客户端的系统上找不到指定的字体，浏览器将会使用系统的默认字体来显示；size 指定文字的大小。另外，还有三个标记和字体的风格相关：<b>、<i>和<u>，它们都是成对出现的，即<i>…</i>，<b>…</b>和<u>…</u>，标记之间用于放置文字。<b>标记用来控制文字显示为粗体（bold），<i>标记用来控制文字显示为斜体（Italics），<u>标记用来控制文字的下划线。这三个标记可以嵌套使用，比如，如果要控制字体显示为粗体+斜体，可以使用下面的方式：

```
<b><i>显示的文字</b></i>
```

它就会在 IE 中显示一行斜体+粗体风格的文字。

2.1.4 标题字体

可以使用<h#>…</h#>来使用预定义好的标题字体，其中#可以取从 1 到 6 的值，表示的字体大小由大到小，即<h1>所定义的字体最大，而<h6>定义的字体最小。另外，</h#>后面会自动的空出一行。如：

```
<h3>这是一个三级标题字体</h3>这是内容……
```

上面的代码段在浏览器中显示的时候，使用<h3>所定义的字体显示“这是一个三级标题字体”，接着空一行，然后再显示“这是内容……”这些信息。

2.1.5 <IMG>标记

<img>标记用于向文档中引入一张图片，它的用法如下：

```
<img src="路径+文件名" width="图片宽度" height="图片高度" border="边框大小" align="left|right|center">
```

<img>标记和前面其他的标记不一样的地方在于它可以不需要有结束标记。src 属性用于指定需要引入的图片的路径和文件名，最好不要使用绝对路径，这个属性是必需的，而后面的其他属性都是可选的；width 用于指定图片的宽度，如果不指定，则使用图片的实际宽度来显示；height 用于指定图片的高度，如果不指定，则使用图片的实际高度来显示；border 用于指定图片的边框大小，默认为 0，即没有边框；align 用于指定图片的水平对齐方式，可以选择 left、riglt、center 中的一个，默认为 left，即靠左对齐。

注意 关于图片文件路径，最好不要使用绝对路径，如果图片文件与 HTML 文件在同一目录，可以写为：src="文件名"（包括扩展名）。如果图片文件在 image 目录中，image 与 HTML 文件在同一目录下，则可以写为：src="image/文件名"。

2.1.6 <A>标记

<a>标记表示一个超链接，用于指向另外一个资源（其他 HTML 文件、图片、Email、JSP 文件等）。它的用法如下：

```
<a href="url">链接文字或者图片</a>
```

其中 href 指明这个超链接指向的另一个资源（可以是本站点的资源，也可以是其他站点的资源），这个属性是必需的。而<a>和</a>之间的“链接文字或图片”用于指示这个超链接，单击文字或者图片，浏览器就会转到另一个资源中。下面是一个文字链接：

```
<a href="login.htm">登录</a>
```

而下面是一个图片连接：

```
<a href="pic.htm"><img src="pic.jpg"></a>
```

另外，还可以将数据附在超链接上，通过超链接向 href 属性定义的资源传递字符串数据。比如，如果“href”指向的资源是“getData.jsp”，希望向这个 jsp 程序传递一个人名（personName）“张三”，那么，可以将超链接写成如下格式：

```
<a href="getData.jsp?personName=张三">链接文本</a>
```

从这个例子可以看出，在超链接中，加上了“?personName=张三”，其中，使用“?”来分隔开需要链接的资源和往这个资源传递的数据，而 personName 是往这个资源传递的数据的“名字”，“张三”是往这个资源传递的数据的“值”，它们之间用等号分隔开来，也就是说，传递的数据按照“名=值”的形式出现。在服务器端，可以在 getData.jsp 中通过名“personName”来取得它的对应值。如果需要往“getData.jsp”传递多个值，那么可以在这几个值之间使用“&”来分隔，如：

```
<a href="getData.jsp?personName=张三 & age=20">资源</a>
```

这样，就往“getData.jsp”中传递了两个参数：personName 和 age，它们的值分别为“张三”和“20”，在 getData.jsp 中可以分别使用这两个参数的名字来取得对应的参数值。

关于如何取得这些参数值，将在后续的章节介绍。

2.1.7 列表标记

列表标记有两种形式，一种是有序列表（Ordered List），另一种是无序列表（UnorderedList），它们之间的区别在于，有序列表在显示的时候会自动将列表中的各项内容从上到下排序，并且在每项内容前加上序号；而无序列表则不会加上序号。下面是无序列表的用法：

```
<ul>
  <li>选项</li>
  <li>选项</li>
  <li>选项</li>
</ul>
```

下面是有序列表的用法：

```
<ol>
  <li>选项</li>
  <li>选项</li>
  <li>选项</li>
</ol>
```

运行结果如图 2-3 所示。

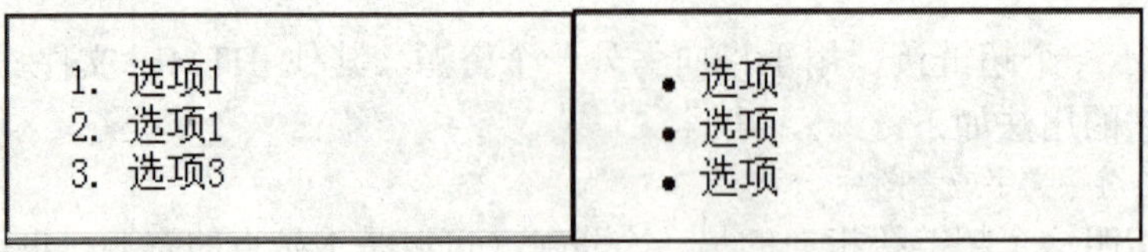

图 2-3　左边是有序列表的显示效果，右边是无序列表的显示结果

2.1.8 表格定义标记

<table>标记用于定义一个表格，它的基本格式如下：

```
<table>
  <th>
    <td>第一列</td><td>第二列</td>
  </th>
  <tr>
    <td>第一列</td><td>第二列</td>
  </tr>
</table>
```

上面定义了一个简单的表格。从上面的代码可以看出，定义一个表格除了<table>标记外，还涉及到<th>、<td>和<tr>等标记，下面就分别对这些标记做一些说明。

（1）<table>：<table>标记用于定义一个表格，它可以有一些属性用于控制这个表格的特点，下面就是一些常用的属性：

- width：width 属性用于定义表格的宽度，可以用一个整数来表示像素或者用一个百分比来表示占浏览器显示框架的大小，如果没有定义这个属性，那么表格的宽度将根据表格中实际内容所占的大小来决定；

- height：height 属性用于定义表格的高度，同样也可以使用一个整数来表示像素或者用一个百分比来表示占浏览器显示框架的高度。这个属性通常不用，而是根据表格中的内容使用默认的高度；
- border：border 属性用于定义表格的边框的宽度，默认为 0，也就是没有边框；
- bgcolor：定义表格的背景色。

（2）<tr>：用于定义表格的一行。常用属性有 align 和 valign，分别用于指定行内容的水平和垂直对齐方式。

（3）<th>：用于定义表头（table head）中的列（列标题），在浏览器中，通常是表现为粗体居中文字。

（4）<td>：用于定义表格的一列，所有的表格内容都放在<td></td>之间，可以是文字、图片、表单（form）元素甚至是另一个表格。可以在<td>中用 width 设置各列的宽度，用 align 来设置表格单元格中内容的水平对齐方式（可以使用 left、center、right 中的一个值)。另外，对于不规则的表格，可以使用 rowspan 来设置表格的单元格跨越的表格行数，而用 colspan 来设置表格的单元格所跨越的表格列数。在进行表格定义时，<tr>标记必须放在<table>标记之间，而<td>或<th>标记必须放在<tr>标记之间。下面来看一个例子。

下面这段代码定义了一个表格，表格的宽度为 400，背景色为红色。这个表格有一个表头，背景色为深灰色，以及两行数据行，每行分为 3 列。

例 2-3：使用表格

源文件：table_1.htm

```
<html>
  <head>
    <title>表格测试.html</title>
  </head>
  <body>
    <table width="400" border="1"   bgcolor="#eaeaea">
    <tr bgcolor="#b1a9ae">
    <th>姓名</th><th>年龄</th><th>性别</th>
    </tr>
    <tr>
    <td>张伟</td><td>18</td><td>女</td>
    </tr>
    <tr>
    <td>张清峰</td><td>19</td><td>男</td>
    </tr>
    </table>
  </body>
</html>
```

它的显示效果如图 2-4 所示。

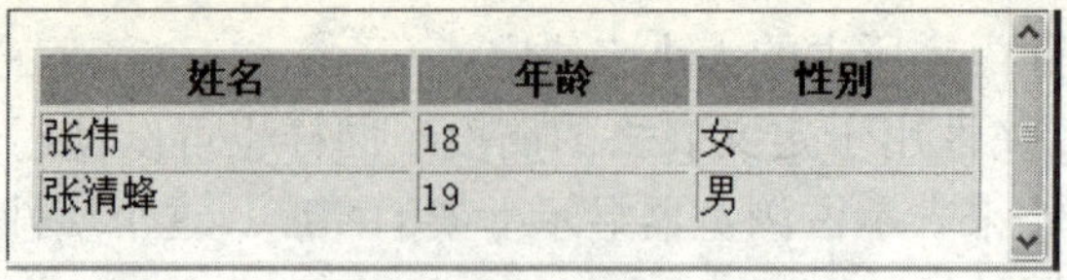

姓名	年龄	性别
张伟	18	女
张清蜂	19	男

图 2-4　简单表格

例 2-4： 不规则的表格

源文件：table_2.htm

```
<html>
  <body>
   <table border="1" width="400">
      <tr >
         <td colspan=4 align="center">学生信息</td>
      </tr>
      <tr>
         <th>姓名</th>
         <th>年龄</th>
         <th colspan=2>电话</th>
      </tr>
      <tr>
         <td>刘勇</td>
         <td>20</td>
         <td>0731-88756773</td>
         <td>18875896756</td>
      </tr>
   </table>
  </body>
</html>
```

这个表格的第一行跨越了四列，所以在这边使用"colspan=4"来指定，该表格在 IE 中的显示效果如图 2-5 所示。

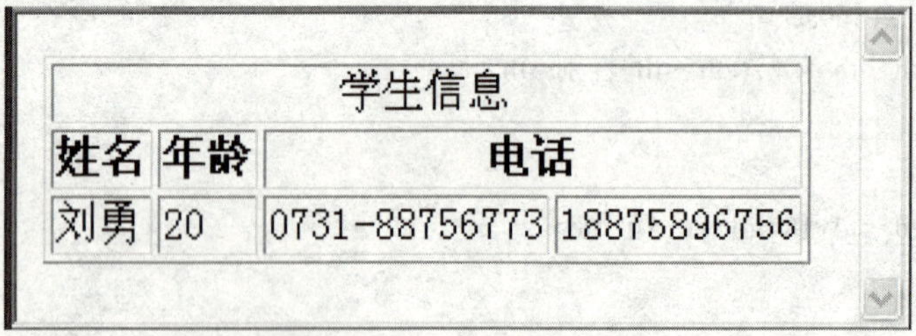

学生信息			
姓名	年龄	电话	
刘勇	20	0731-88756773	18875896756

图 2-5　复杂表格

注意　在大多数浏览器中，没有内容的表格单元格显示得不太好，如在 IE 中，空的单元格的边框不会被显示出来（不过 Mozilla Firefox 可以将整个边框显示出来），为了避免这种情况，在空单元格中添加一个空格占位符，就可以将边框显示出来。例如<td> </td>。

2.2 表单（FORM）与表单组件

表单（form）在动态网页设计中占有重要的地位，使用 form 可以从客户端向服务器端发送数据，在服务器端，可以使用 ASP、JSP、Servlet、CGI 等程序将传递过来的数据读取出来进行处理。form 定义的基本格式如下：

```
<form action="" method = "" name="" enctype="">
    …
</form>
```

在 form 定义中，可以指定 action、method、name、enctype 等属性，用于接收各类定义在<form>和</form>之间的表单元素数据。表单的属性含义如下：

（1）action 属性用于指定此表单数据提交的目标 url，它通常是一个相对路径。如果没有设置这个属性或者该属性值为空，表单数据将提交给此表单自身的 url。

（2）method 属性用于指定提交表单数据的方式，常用的有 get 和 post 两种方式，如果没有设置此属性或者此属性值为空，则使用 get 方式来提交数据。get 和 post 提交方式的主要不同点在于如下两点：

- 因为 get 数据是 url 的一部分，所以它会将表单数据附在 url 后面传送。也就是说，在浏览器的地址栏将会显示表单中的数据，并且，在通常情况下，浏览器会将这个附加数据后的 url 保存起来，可以通过浏览器的“历史”来得到它。所以，这种方式不适合于发送需要保密的数据的表单，比如，密码等。而 post 不是 url 的一部分，所以它不会将表单数据附在 url 后面，所以这种方式不会发生上面的问题。
- 因为浏览器通常会限制 url 的长度，所以，使用 get 这种方式无法传送大量的数据。而 post 方式不会有这种问题。所以，如果没有特殊的需要，最好使用 post 方式来传送表单数据。

（3）name 属性用于给 form 指定一个名字，也可以使用 id 属性，可以用字母和数字组合的方式来给 form 命名，但不要用数字开头。

（4）enctype 属性用于定义数据在发送前需要完成的编码方式，如果没有设置这个属性，那么会使用默认的值 application/x-www-form-urlencoded，它使用的编码方式是 utf-8。如果 form 中有文件组件（file），enctype 应该设置为“multipart/form-data”。

2.2.1 文本组件

文本组件分成三种：文本框、密码框和文本域，它们都可以放在 form 标记中用于接收文本数据。

1．文本框

文本框定义的基本格式如下：

```
<input type="text" name="" value="" size="" maxlength="">
```

文本框用标记 input 定义，并且需要将它的 type 属性值定义为 text，这也是 input 标记的默认类型；name 属性用于给文本框指定一个名字，这个属性是必需的；value 属性可以用于指定文本框的默认值；size 属性用于定义文本框的大小，默认是 20；而 maxlength 是用于限制文本框的输入数据长度的属性。

2．密码框

密码框定义的基本格式如下：

```
<input type="password"name="" value="" size="" maxlength="">
```

密码框和文本框类似，唯一和文本框区别的地方在于，需要将 input 标记的 type 属性设置为 password，其他的属性设置和文本框的设置一样，另外，在密码框中输入数据的时候，密码框中不会明文显示输入的数据，而是用“*”或其他的掩盖字符来表示，但这并不影响将输入的数据发送。

3．文本域

文本域使用<textarea>标记来定义，它的基本格式如下：

```
<textarea name="" rows="" cols=""></textarea>
```

和前面的两个文本组件不同，<textarea>标记必须成对出现，它有三个属性必须定义：name 用于设置文本域的名字，rows 用于设置文本域显示的行数，cols 用于设置文本域的列数（每行字符数），如果文本域有默认值，则将默认值放在<textarea>和</textarea>之间。下面来看一个例子，这个例子中定义了一个 form，在这个 from 中加入了三个文本组件：

例 2-5：文本组件

源文件：text.htm

```
<html>
  <body>
    <form action="" method="post" name="frm">
      用户名：<input type="text" name="username" size="20" maxlength="30" value=""><br><br>
      密码  ：<input type="password" name="userpwd" size="20" maxlength="30"><br><br>
      简历  ：<textarea name="memo" rows="4" cols="20">工作经历</textarea>
    </form>
  </body>
</html>
```

在这里用到了一个
标记，它用于控制换行。图 2-6 是上例在 IE 中的显示结果。

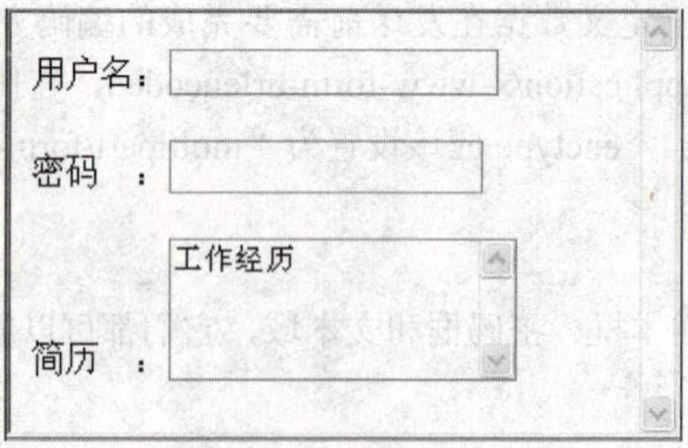

图 2-6 表单-文本控件

2.2.2 列表框

列表框为用户提供一系列的选项。它可以分为列表框和下拉列表两种。列表框又可以分为单选列表框和多选列表框两种。它们都是用<select>标记来定义。其定义语法如下：

```
<select name="" size="" [multiple]>
    <option value="#">列表项</option>
</select>
```

如果 size 属性值大于 1，且不指定<select>标记的 multiple 属性，则为单选列表框，如果 size 属性值大于 1，且指定<select>标记的 multiple 属性，则为多选列表框。如果不指定 size 属性（或指定 size="1"，但不能指定 multiple 属性），则为下拉列表框。name 属性来给列表框指定一个名字。

列表的各个选项使用<option>标记来定义，<option>标记中 value 属性来给选项指定值，这个值将会发送到服务器端应用程序，但不会显示在浏览器中。如果需要指定一个默认的选项，可以在该选项中加上一个 selected 属性；而在<option></option>之间，可以定义显示到浏览器中的内容（但不会发送到服务器）。下面来看一个单选列表、多选列表、下拉列表的例子。

例 2-6：列表框的应用

源文件：select.htm

```
<html>
<body>
  <form name="frm" action="">
    多选列表
    <select name="favorite" size="4" multiple>
    <option value="basketball">篮球</option>
    <option value="volleyball ">排球</option>
    <option value="table tennis">乒乓球</option>
    <option value="tennis">网球</option>
    </select>
    <br><br>
     单选列表
    <select name="favorite" size="4">
    <option value="basketball">篮球</option>
    <option value="volleyball ">排球</option>
    <option value="table tennis">乒乓球</option>
    <option value="tennis">网球</option>
    </select>
    <br><br>
    下拉列表
    <select name="favorite" size="1">
    <option value="basketball" selected>篮球</option>
    <option value="volleyball ">排球</option>
    <option value="table tennis">乒乓球</option>
    <option value="tennis">网球</option>
    </select>
  </form>
</body>
</html>
```

图 2-7 是列表框的显示效果，第一个为多选列表，用户可以选择多个选项；第二个为单

选列表，用户只能选择一项；第三个为下拉列表。

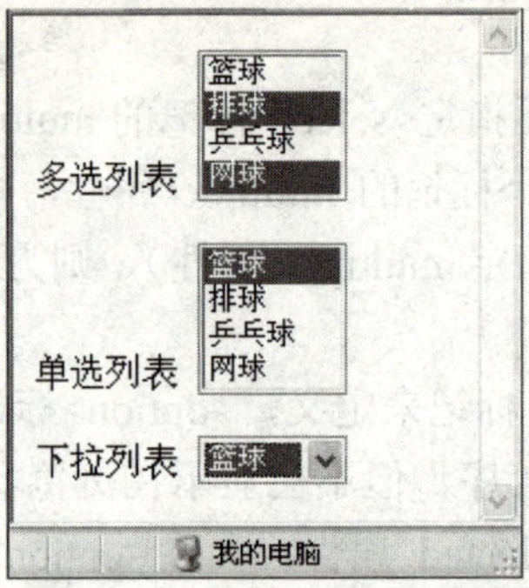

图 2-7 列表框的显示效果

2.2.3 单选框

单选框提供给用户多选一的组件，它的基本格式如下：

```
<input type="radio" name="" value="">选项
```

可以看出，单选框也是使用<input>标记来定义，但是需要将它的 type 属性设置为 radio，需要给它指定一个名字。一个<input>只能定义一个单选框选项，因此对于一组的选项，必须针对每个选项定义并且需要给它们提供一样的名字，这样这些选项就能组成一个“组”，在这些选项中，每次最多只能有一个选项被选中。如果需要指定默认的选项，给该选项指定 checked 属性即可，如：

```
<input type="radio" name="sex" value="男">男
<input type="radio" name= "sex" value="女" checked>女
```

这样，对于“性别”单选框，它有两个选项，默认选项是“女”。

2.2.4 多选框

多选框提供给用户一个选择多个选项的组件，它的基本格式如下：

```
<input type="checkbox" name="#" value="#">#
```

通常情况下，将一组同样性质的多选框指定一样的名字。如果需要指定某些选项为默认选项，可以给这个选项指定 checked 属性。被选中的各个选项值会组成一个字符串发送到服务器端，各个选项值之间用逗号隔开。下面来看一个多选框和单选框的例子：

例 2-7： 单选框和多选框

源文件：check.htm

```
<html>
<body>
<form name="frm" action="">
选择性别：<input type="radio" name="sex" value="男">男
          <input type="radio" name="sex" value="女" checked>女
    <br><br>
选择你的兴趣爱好：
    <input type="checkbox" name="兴趣" value="上网" checked>上网
    <input type="checkbox" name="兴趣" value="踢球">踢球
```

```
    <input type="checkbox" name="兴趣" value="篮球">篮球
    <input type="checkbox" name="兴趣" value="健身" checked>健身
</form>
</body>
</html>
```

结果如图 2-8 所示。

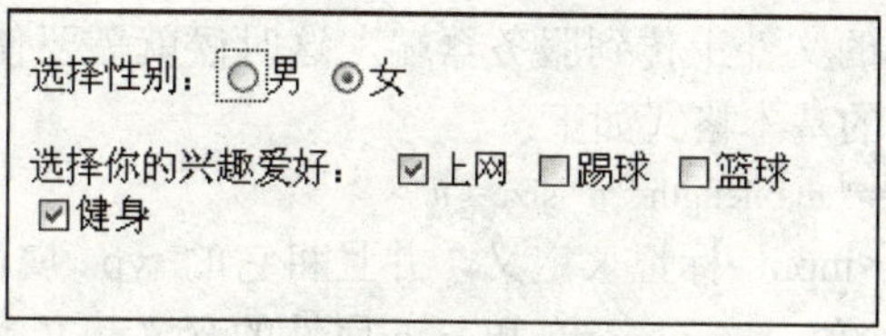

图 2-8　单选框和多选框

2.2.5　按钮

在 HTML 中，有三种类型的按钮：Submit、Button 和 Reset。使用 Submit 按钮可以将表单提交到 form 标记的 action 所指定的 url 中；而 Button 类型的按钮通常情况下需要和 JavaScript 结合起来使用才有意义；Reset 按钮可以将表单的内容恢复到原始的状态。

1．Submit 按钮

Submit 按钮定义的基本格式如下：

```
<input type="submit" name="#" value="#">
```

可以看出，Submit 按钮的定义也是使用<input>标记，只是需要将 type 属性值指定为 submit 就可以了，name 属性可省略。value 属性的值将显示在 Submit 按钮上，但它不是必需的，如果没有指定它，那么在浏览器中就会自动加上一个值，在不同的浏览器中可能会有所不同，如在英文 IE 中通常会是“Submit Query”，而在中文 IE 中是“提交查询内容”等。

2．Reset

Reset 按钮用于将表单中的各个组件的值恢复到最初设置的初值，它的基本格式如下：

```
<input type="reset" name="#" value="#">
```

Reset 按钮的定义也是使用<input>标记，只是需要将 type 属性值指定为 reset 就可以了。value 属性将会显示在 Reset 按钮上，它可以不指定，而是让浏览器自己给它赋值，不同的浏览器中会有一些差别，如在英文 IE 中显示为“Reset”，而在中文 IE 中显示为“重置”等。

3．Button

Button 通常需要和 JavaScript 结合起来使用，因为它本身不能完成任何的动作，当用户单击时，将会触发一些事件。它的格式如下：

```
<input type="button" name="#" value="#">
```

和 Submit、Reset 按钮一样，Button 使用<input>来定义，在 button 定义中，需要给 value 指定一个值，否则，在浏览器中的按钮组件上不会有任何的文字指示。

2.2.6　隐藏域

隐藏域可以定义在 form 中，用来传递不需用户输入的值。和其他的 form 组件不同，它不会显示在浏览器中，用户不能去修改它的值。它的定义的基本格式如下：

```
<input type="hidden" name="#" value="#">
```

和文本框等组件一样，隐藏域的定义也是使用<input>标记来完成的，需要将它的 type 属性值设置为 hidden，并且需要给它指定一个名字。另外因为隐藏域不能接收用户的输入，所以通常需要给它指定一个 value 值。

2.2.7 文件上传组件

有时候需要将客户端的文件上传到服务器端，这时候就需要使用文件上传组件来接收需要上传的文件的路径，它的基本格式如下：

```
<input type="file" name="#" maxlength="#" size="#">
```

文件上传组件也使用<input>标记来定义，并且将它的 type 属性值设置为 file，同时需要给它的 name 属性指定一个值。maxlength 和 size 属性的含义和文本框的含义一样。文件上传组件在浏览器上的表现形式为一个“文本框”和一个“按钮”，这个按钮上面会显示类似“浏览…”的内容。单击这个按钮，将打开一个文件选择对话框，让用户选择一个文件。另外，如果要让文件能够顺利上传，需要将 form 的“enctype”属性设置成“multipart/form-data”，并且一定需要将 method 属性设置为 post。

2.3 JavaScript 编程入门

JavaScript 是一种脚本语言，它可以嵌入到 HTML 中。它的前身称为 LiveScript，是 Netscape 开发的一种描述式语言。自从 Sun 公司推出 Java 之后，Netscape 公司引入了 Java 中面向对象的一些概念，重新进行了设计，并且将它命名为 JavaScript，虽然它里面有一个“Java”，但其实和 Java 并没有多大的关系。Java 是一种面向对象的语言，而 JavaScript 是基于对象以及事件的。JavaScript 是运行在浏览器端的解释性语言，用于产生一些动态效果或者用于对 HTML 表单进行客户端的验证等。本节主要讲述 JavaScript 的基础知识和如何使用 JavaScript 对表单进行必要的验证。

2.3.1 JavaScript 基础知识

JavaScript 是嵌入到 HTML 中的，也就是说，JavaScript 的存在依赖于 HTML 文件。下面首先来看一个简单的 HTML 中嵌入 JavaScript 的例子。

例 2-8：在 HTML 中嵌入 JavaScript

源文件：javascriptTest_1.html

```
<html>
 <head>
  <title>在 HTML 中嵌入 JavaScript < / title>
  </head>
  <body>
  <center>
    <script language="javascript">
        document.write("这是 javascript 输出的内容!");
    </script>
  </center>
```

```
  </body>
</html>
```

在 HTML 中，使用<script>这个标记引入 JavaScript，而使用</script>结束 JavaScript。script 标记有一个属性 language，用于指明使用的语言，它可以为“JavaScript”、“VBScript”或者“JScript”的一种。VBScript 是微软以 VB 为蓝本开发的一种脚本语言，它目前主要用在服务器端作为 ASP 的脚本语言；JScript 是微软在 JavaScript 基础上作了一些扩充后的一种脚本语言，它只可以在 MS IE 中被使用。JavaScript 是最为通用的，如果没有指定 language，则默认为“javascript”。在这个例子中，使用了 JavaScript 的内置对象 document 的 write 方法，在浏览器中输出一行文字。

使用外部 JavaScript，有时希望在若干个页面中运行相同或类似的 JavaScript，同时不在每个页面中写相同的脚本。为了达到这个目的，可以将 JavaScript 写入一个外部文件之中。然后以 .js 为后缀保存这个文件（注意：外部文件不能包含 <script> 标记）。然后把 .js 文件指定给 <script> 标记中的“src”属性，就可以使用这个外部文件了。使用外部 .js 文件的语法：

```
<script language="javascript" src="脚本文件名.js"/>
```

注意 在 JavaScript 中，是严格区分大小写的，例如，上面的“document”就必须全部小写，而不能写成“Document”等。在 JavaScript 中，所有的内置对象名称和内置函数名称都是小写的。

下面首先来学习 JavaScript 中的一些语法规则。

1．注释

在 JavaScript 中采用和 Java 中类似的注释方式：单行注释用“//”，多行注释用“/*”和“*/”括起来：

```
//单行注释
/*
多行注释和 Java 中类似
*/
```

2．变量定义

JavaScript 是一种弱类型的语言，也就是说，在 JavaScript 中，没有确切的数据类型，所有的变量类型都是在进行运算的时候才确定的。在 JavaScript 中，变量的定义使用 var 关键字，也可以不定义直接使用。例如：

```
var age;
age=100+10;  //先定义后使用
username="Alex Wen"; //直接使用
```

3．流程控制（if 语句）

在 JavaScript 中，可以使用 if 语句来控制不同条件下的程序分支，它和 Java 中的 if 语句非常类似，其基本语法格式是：

```
if(条件表达式){
  statement;
}[else if(条件表达式){
  statement;
```

```
}][else{
  statement;
}]
```

除 if 语句外，在 JavaScript 还有另外一种流程控制语句：switch 语句，它的基本语法格式如下：

```
switch (expression) {
  case label : statementlist;
   [break;]
  case label : statementlist;
   [break;]
  default : statementlist;
}
```

当指定的表达式的值与某个标签匹配时，即执行相应的一个或多个语句。即如果某个 label ==expression，则立即从该 label 冒号后的 statementlist 处开始执行，直到遇到一个可选的 **break** 语句，或到达 **switch** 语句的最后。

4．循环语句

在 JavaScript 中，JavaScript 有两种不同种类的循环：for 循环和 while 循环。

（1）for 语句的基本格式如下：

```
for (initialization; test; increment) {
  statements
}
```

Initialization：用来初始化计数器变量，该表达式只在执行循环前被执行一次；

test：一个Boolean 表达式。如果 test 是 true，则 statements 被执行。如果 test 是 false，则循环结束。

increment：一个表达式。在每次经过循环的最后执行该递增（或递减）表达式。

（2）while 循环的基本格式如下：

```
while (expression){
  statements
}
```

expression：为Boolean 表达式，在循环的每次迭代前被检查。如果 expression 是 true，则执行循环。如果 expression 是 false，则结束循环。

（3）do…while 循环的基本格式如下：

```
do{
      statements
}while (expression) ;
```

第一次执行一个语句块，然后重复执行该语句块，直到条件表达式 expression 等于 false。do...while 循环是 while 循环的变种。该循环程序在初次运行时会首先执行一遍其中的代码，然后当指定的条件为 true 时，它会继续这个循环。所以可以这么说，do...while 循环至少执行一遍其中的代码，即使条件为 false，因为其中的代码执行后才会进行条件验证。

在 for 循环和 while 循环中，都可以使用 break 语句来强行终止整个循环，或者使用 continue 语句来忽略某次循环。

（4）遍历数组或者对象的属性（对数组或者对象的属性进行循环操作）

```
for (variable in [object | array]){
  statements
}
```

variable：一个变量，它可以是 object 的任一属性或 array 的任一元素。

object | array：要在其上遍历的对象或数组。

在循环的每次迭代前，variable 被赋予 object 的下一个属性或 array 的下一个元素的下标（序号）。然后可以在循环内的任一语句中使用它，就好像正在使用 object 的该属性或 array 的该元素一样。

例 2-9：使用 for ... in 循环遍历数组

源文件：scriptTest_2.htm

```
<html>
<head>
  <title> for...in 循环 </title>
</head>
<body>
<left>
下面是 script 输出结果：
<script language="javascript">
    var a,i;
    // 初始化数组
    a = new Array("电子系","计算机系","材料工程系");
    // 迭代数组
    for (i in a)    {
        document.write(a[i]+"<br>");
    }
</script>
</left>
</body>
</html>
```

结果如图 2-9 所示。

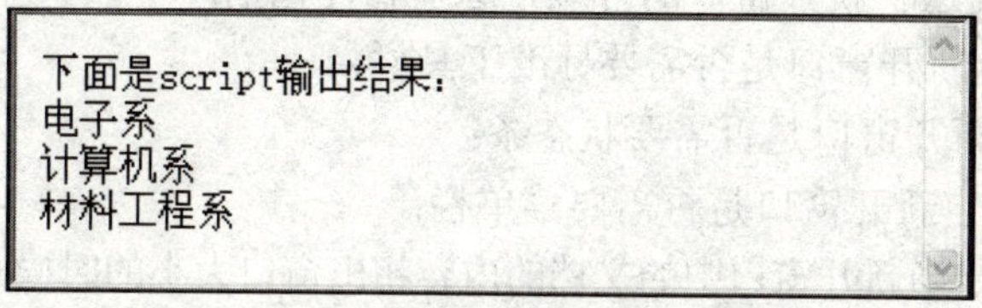

图 2-9　for...in 循环输出结果

5．函数定义

在 JavaScript 中，使用 function 关键字来定义函数。函数的定义语法格式如下：

```
function <函数名>(参数列表){
函数体;
[return [表达式];]
}
```

如果函数有返回值，那么需要使用 return 语句来返回结果，否则，这个函数就没有返回值，下面来看一个函数的定义：

```
function writeOut(myText)
{
  document.write(myText);
}
```

定义了这个函数后，就可以在 JavaScript 代码中调用这个函数，调用的方式很简单，就是直接使用函数名来调用，并且传入对应的参数即可。上面这个函数没有返回值，它的作用就是向浏览器输出参数指定的内容。下面再来看一个有返回值的函数定义：

```
function cal(a,b)
{
  return a+b;
)
```

上面这个函数的功能是对两个数进行加法运算，并且将相加后的结果返回。

在 JavaScript 中，虽然没有数据类型，但是，在 JavaScript 中，却定义了丰富的运算符，关于 JavaScript 的运算符，基本和 Java 中的运算符类似，因为本书的读者都是具有 Java 编程基础的人群，所以在此不再赘述。

2.3.2 JavaScript 常用内置对象

1．window 对象

window 对象表示的是一个和浏览器相关的最高级对象。它是所有其他对象的“祖先”。引用一个 window 对象有很多的方法，这取决于它与当前位置的关系。window/self：包含当前文档的窗口。_top：指的是最顶层的窗口。这种情况主要用在使用了 frame 或者 iframe 的情况下。parent 用于使用了 frame 的窗口，指向 frame 框架页面的父窗口。windowName 用于引用 HTML 标记中的窗口。window 对象最常用的地方在于从一个窗口中新开一个窗口，它的基本语法如下：

```
[newWindow=]window.open(url，windowName[,windowPros]);
```

其中，newWindow 表示这个新开窗口对象的变量名称，url 是这个新开窗口所引用的 url，而 windowName 是这个新开窗口的名称，windowPros 是这个新开窗口的属性，通过设置这些属性，可以改变这个新开窗口的外观，这些属性包括：

- toolbar：指定新开窗口是否需要标准工具栏；
- status：指定新开窗口是否需要状态条；
- menubar：指定新开窗口是否需要菜单栏；
- scrollbar：指定当新开窗口中的文档的内容超出窗口大小的时候是否需要滚动条；
- resizable：指定是否允许改变新开窗口的大小；
- width：指定新开窗口的宽度；
- height：指定新开窗口的高度；
- top：指定新开窗口距离电脑屏幕上方的像素；
- left：指定新开窗口距离电脑屏幕左边的像素。

如果没有指定新开窗口的属性，那么新开窗口的属性就按照父窗口的属性设置。下面来看一个例子。

例 2-10：用 window.open()打开一个新窗口

源文件：windowOpen.htm

```
<html>
<head>
    <title>父窗口</title>
</head>
  <script language="javascript">
    function createNewWindow(url){
    //打开一个新的窗口，窗口内容由 url 参数决定
    window.open(url,"", "width=300,height=120,toolbar=no,
resizable=no,top=100,left=100");
    }
    </script>
<body>
<left>
    <input type="button" value="打开新窗口"
    onclick="script:createNewWindow ('scriptTest_1.html')"/>
</left>
</body>
</html>
```

在这个程序中，使用了 window 对象的 open 方法来新开一个窗口，这个新窗口中将引入上面的 scriptTest_1.html 文档，在这里没有给这个新开窗口指定名称，我们给这个新开窗口指定宽度为 300 像素（width=300），高度为 120 像素（height=120），这个窗口没有工具栏，也不能调整大小，它的初始位置为（100，100）。图 2-10 为这个程序的执行效果，上面的窗口是父窗口，单击“打开新窗口”按钮，就会打开下面的新窗口。

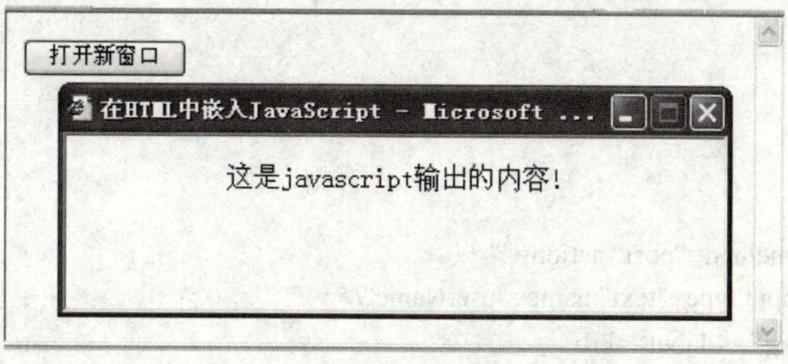

图 2-10　window.open()打开的新窗口

2．document 对象

document 对象包含当前文档的信息，例如标题、背景颜色、表格等。document 通过 write()/writeln()方法在浏览器中显示内容。document 对象的一个最常用的地方就是获得当前文档中的元素、属性和节点的信息，例如通过“document.formName”来获得表示页面中的表单名称为 formName 的表单对象等。document 对象还有两个常用的方法：getElementById()和 getElementsByTagName()。

getElementById()和 getElementsByTagName()这两种方法，可查找整个 HTML 文档中的任何 HTML 元素。这两种方法会忽略文档的结构。假如您希望查找文档中所有的<p>元素，getElementsByTagName()会把它们全部找到，不管<p>元素处于文档中的哪个层次。同时，

getElementById()方法也会返回正确的元素，不论它被隐藏在文档结构中的什么位置。这两种方法会提供任何你需要的 HTML 元素，不论它们在文档中所处的位置。

3．form 对象

form 对象是 document 下的一个子对象，表示表单对象。一个文档中的每一个表单都是独立的、互不关联的对象。可以使用 document.formName 或者 document.forms[index]的方式来获得对某个 form 的引用。index 的值在 0 到此文档中的 form 的数目减 1 之间。得到指定的 form 对象后，就可以使用它来获得 form 中的各个表单元素，例如：**document.myForm.myText** 表示 myForm 表单中的 myText 这个表单元素。关于 form 和它的元素，在后面讨论表单验证的时候还会详细论述。

例 2-11：利用 getElementById()获取 HTML 元素

源文件：scriptTest_3.html

```
<head>
    <title>访问 HTML 元素</title>
</head>
   <script language="javascript">
    function checkuserName(username){
        //获取 id= errorMsg 的标签元素
        var label=document.getElementById("errorMsg");
        if(username.length<6){
          //添加标签文本
          label.innerText="用户名的长度必需大于 6 位";
        }else{
          //清除标签文本
          label.innerText="";
        }
    }
    </script>
<body>
<left>
<form name="frm" method="post" action="">
      用户名：<input type="text" name="userName"/>
<label id="errorMsg"></label><br>
      密码：  <input type="password" name="password"/><br>
        <input type="button" value="确定"
        onclick="script:checkuserName(
        document.frm.userName.value)"/>
      <input type="reset" value="取消"/>
</form>
</left>
</body>
</html>
```

上例中，当用户单击“确定”按钮时，会触发按钮的单击事件。

document.frm.userName.value 将把表单元素 userName 文本框的值传给 checkuserName 函数的参数。checkuserName 函数中 label=document.getElementById("errorMsg")将得到 id 为

“errorMsg”的标签元素。通过标签元素的 innerText 属性可以改变标签中的文本内容。图 2-11 是用户名的长度小于 6，单击“确定”按钮后的结果。

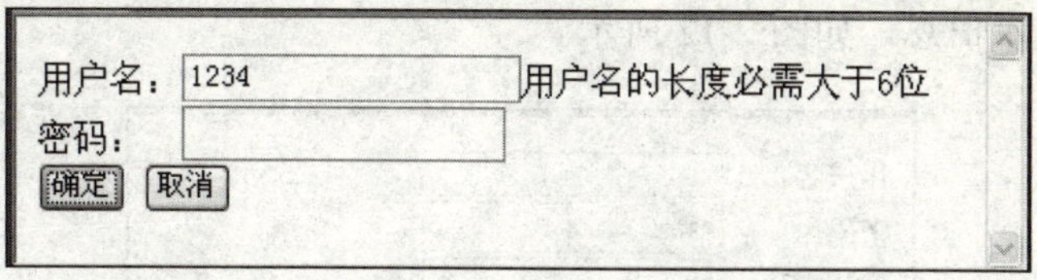

图 2-11 使用<label>元素动态显示错误信息

例 2-12：利用 getElementById()访问 DIV 元素

源代码：scriptTest_4.html

```
<html>
<head>
    <title>访问 HTML 元素</title>
</head>
    <script language="javascript">
      function checkPassword(psw1,psw2){
        //获取 id 为 promptMsg 的 div 元素
        var div=document.getElementById("promptMsg");
        if(psw1!=psw2){
         //在 div 标记中添加文本内容
         div.innerHTML="两次输入的密码不相同，请重新输入！";
        }else{
         //清除 div 标记中的文本内容
         div.innerHTML="";
        }
      }
    </script>
<body>
<left>
     <form name="frm" method="post" action="">
       用户名：  <input type="text" name="userName"/>
<label id="errorMsg"></label><br>
       密码：    <input type="password"
name="password"/><br>
       确认密码：<input type="password" name="confirmpassword"/><br>
         
       <input type="button" value="确定" onclick="script:
checkPassword(document.frm.password.value,
document.frm.confirmpassword.value)"/>
     <input type="reset" value="取消"/>
     </form>
       <div id="promptMsg">
       </div>
</left>
```

```
</body>
</html>
```

上例中，如果用户在密码框和确认密码框中输入的密码不同，单击“确定”按钮时，div 位置就会显示提示信息，如图 2-12 所示。

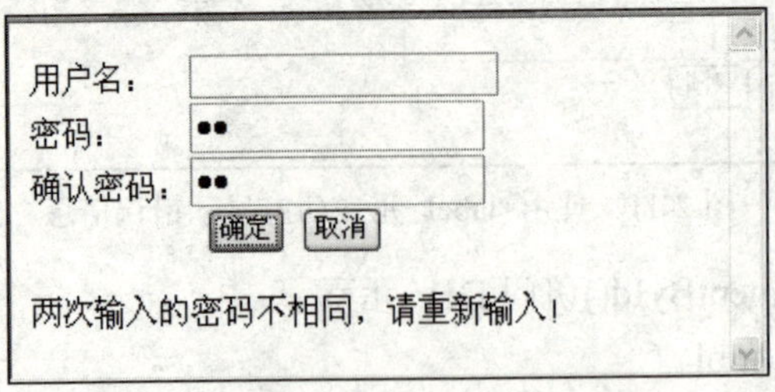

图 2-12　用 div 动态显示提示信息

例 2-13： 利用 getElementById()访问 ul 元素

源代码：scriptTest_5.html

```
<html>
<head>
    <title>访问 HTML 元素</title>
</head>
   <script language="javascript">
    function createul(username,psw){
    var list=document.getElementById("list1");//获取列表结点
    list.innerHTML = "";//清除列表内容
    var li = document.createElement("li");//创建列表项对象
    //给列表项添加文本结点
    li.appendChild(document.createTextNode("用户名："+username));
    list.appendChild(li);//将列表项添加到列表中
    //继续添加列表项
    li = document.createElement("li");
    li.appendChild(document.createTextNode("密码是："+psw));
    list.appendChild(li);
    }
    </script>
<body>
<left>
      <form name="frm" method="post" action="">
        用户名：<input type="text" name="userName"/>
         <label id="errorMsg"></label><br>
        密码：<input type="password" name="password"/><br>
        确认密码：<input type="password" name="confirmpassword"/><br>
        <input type="button" value="确定"
   onclick="script:createul(
   document.frm.userName.value,document.frm.password.value)"/>
      <input type="reset" value="取消"/>
      </form>
```

```
        你输入的信息是：
        <ul id="list1">
        </ul>
    </left>
    </body>
    </html>
```

上例中，用户输入用户名和密码，单击“确定”按钮后的结果如图 2-13 所示。

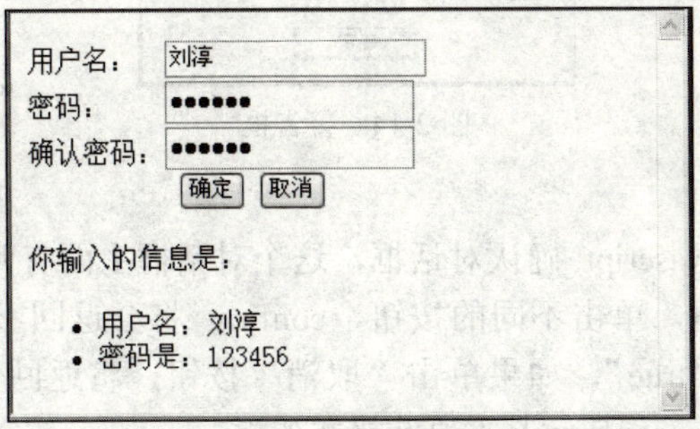

图 2-13　动态创建的 UL 元素

2.3.3　JavaScript 中的对话框

1．alert 对话框

alert 用于显示 JavaScript 的警告对话框，在这个警告框上，有一个“确定”按钮和一段警告信息，当浏览器打开警告框时，用户将不能对浏览器进行操作，只有在用户单击警告框上的“确定”按钮关闭警告框后，才能继续操作。alert 的基本语法如下：

```
[window.]alert(message);
```

其中 window 对象名称可以不用写，而 message 是显示在警告框上的警告信息。下面来看一个例子。

例 2-14：警告框

源文件：alert.html

```
<html>
<head>
    <title>警告框例子</title>
    <script language="javascript">
      alert("此处信息会在警告框上出现!");
    </script>
</head>
<body>
<center>
    <br>
    警告框打开的时候，无法对浏览器进行操作
</center>
</body>
</html>
```

图 2-14 是这个程序的执行结果。在这个程序中，因为 JavaScript 语句先于 BODY 标记中的内容显示，所以只有在单击警告框上的“确定”按钮后浏览器才能继续解释下面的代码，也就是说，只有单击警告框上的“确定”按钮后，才能在浏览器中显示“警告框打开的时候，无法对浏览器进行操作”这个内容。

图 2-14　警告框

2．confirm 对话框

confirm 用于显示 javascript 确认对话框，这个对话框上面有两个按钮：一个“确定”按钮，一个“取消”按钮，单击不同的按钮，confirm 将会返回不同的值：如果用户单击“确定”按钮，将返回“true”，如果单击“取消”按钮，将返回“false”。根据用户的选择，可以进行不同的操作。confirm 基本语法格式如下：

```
[window.]confirm(Message);
```

其中，window 对象名称可以省略，message 是这个确认对话框上显示的信息。下面来看一个例子。

例 2-15：确认对话框

源文件：confirm.html

```
<html>
<head>
<script type="text/javascript">
 function disp_confirm() {
  var r=confirm("请单击确定或取消按钮")
     if (r==true) {
       document.write("你单击了确定按钮!")
     } else {
       document.write("你单击了取消按钮!")
     }
 }
</script>
</head>
<body>
  <input type="button" onclick="disp_confirm()" value="打开确认对话框"/>
</body>
</html>
```

在这个例子中，根据用户在确认框上单击的不同按钮，来决定在页面上输出的内容。图 2-15 是这个程序中的确认框的显示结果。

图 2-15　确认对话框

3．prompt 对话框

prompt 是一个用于接收用户输入的询问对话框。和 confirm 确认对话框类似，它也有两个按钮：“确认”和“取消”，并且，这个对话框上还有一个输入框用于接收用户的输入，并且在用户单击“确认”按钮后，可以得到输入的值。prompt 的基本语法格式如下：

[window.]prompt(message,defaultValue)；

其中，window 可以不写，message 是在这个询问对话框上的提示信息，而 defaultValue 是在输入框中的默认值。如果用户单击“取消”按钮，那么，这个询问对话框返回的是 null 值。下面来看一个例子。

例 2-16：prompt 对话框

源文件：prompt.htm

```
<html>
<head>
  <title>询问框例子< / title>
<script language="javascript">
   var user=prompt("输入你的姓名：","");
   document.write("你好，"+user);
</script>
</head>
<body>
<center>
<center>
</body>
<httml>
```

在这个案例中，将会显示一个询问对话框，让你输入姓名，输入姓名后单击“确定”按钮，将会把你的名字写到网页中。图 2-16 是询问对话框。

图 2-16　询问对话框

2.3.4　JavaScript 中的事件处理

JavaScript 是基于对象和事件的。那么，JavaScript 如何处理事件呢？在 JavaScript 中，事件的发生主要是由窗口中文档变化、键盘和鼠标操作引起的。JavaScript 在某些事件发生的时候，可以通过一些相应的事件处理程序来捕获这些事件，并且可以对捕获的事件做出某种处理。下面按照 JavaScript 事件发生的源头来分别说明。

1．窗口文档事件

窗口文档事件指的是窗口中的文档发生变化时发生的事件，有两种窗口文档事件：一种是当窗口装载（load）文档的时候，另一种是当窗口退出（unload）一个文档的时候。这个时候，可以通过 onload 事件处理程序来捕获窗口装载文档的事件，使用 onunload 事件处理程序来捕获窗口退出文档的事件。下面来看一个例子。

例 2-17： onload 事件处理

源文件：loadandunload.html

```
<html>
<head>
    <title>load 和 unload 事件</title>
    <script language="javascript">
     function unload() {
     alert("正在退出文档……");
    }
    function load() {
     alert("文档加载完成……");
    }
  </script>
</head>
<body onload="script:load()" onunload="script:unload()">
  文档内容
</body>
</html>
```

在这个案例中，使用 onload 和 onunload 来捕获装载文档和退出文档事件，当事件发生的时候，可以直接调用 window 的方法或者调用自己定义的函数。在实际编程中，经常利用 onload 事件对表单元素进行初始化。

2．焦点事件 onfocus 和 onblur

当光标的焦点移到页面的某些元素时，将会发生“焦点事件（onfocus）”，失去焦点的元素将发生“失去焦点事件（onblur）”，不是所有 HTML 元素都有焦点事件，表单元素只有 text、password、select、textarea 有焦点事件发生，所以，对于其他的表单元素，不会发生焦点事件，使用 onfocus 事件处理程序就不会起到效果。

例 2-18： 利用 onblur 事件对表单组件的数据进行验证

如果用户名的长度小于 6 位，就提示用户输入大于 6 位的用户名。

源文件：onblur.html

```
<html>
<head>
    <title>访问 HTML 元素</title>
</head>
   <script language="javascript">
    function check(username){
      //测试用户名的长度
      if(username.length<6){
      //获取显示提示消息的<label>元素
      var promptMsg=document.getElementById("promptMsg");
      promptMsg.innerText="用户名的长度必需大于 6 位";
```

```
        }else{
        promptMsg.innerText="";
        }
      }
    </script>
<body>
<left>
        <form name="frm" method="post" action="">
         用户名：  <input type="text" name="userName"
            onblur="check(this.value)"/>
            <!-- 定义显示提示消息的标签 -->
            <label id="promptMsg"></label><br>
         密码：    <input type="password" name="password"/><br>
         确认密码：<input type="password" name="confirmpassword"/><br>
                 <input type="button" value="确定" />
          <input type="reset" value="取消"/>
        </form>
</left>
</body>
</html>
```

图 2-17 是在用户名文本框中输入小于 6 个字符并离开文本框时的结果。

图 2-17　用户名小于 6 位并失去焦点时的结果

例 2-19：表格的行、单元格也有焦点事件

下例是在表格的每个单元格中加上焦点事件和失去焦点事件，使用户单击某单元格时（获取焦点），该单元格的背景颜色变为蓝色，而失去焦点时单元格的背景颜色变为白色。

源文件：focus.htm

```
<html>
<body>
<table border="1">
<tr >
  <td colspan=4 align="center" >学生信息</td>
</tr>
<tr>
  <th >姓名</th>
```

```
 <th >年龄</th>
 <th colspan=2>电话</th>
</tr>
<tr>
  <! - - 定义列，并指定该列获得焦点时其背景为蓝色，失去焦点时为白色 - ->
  <td onfocus="this.style.backgroundColor='#00F';"
onblur="this.style.backgroundColor='#fff';">刘勇</td>
  <td onfocus="this.style.backgroundColor='#00F';"
onblur="this.style.backgroundColor='#fff';">20</td>
  <td onfocus="this.style.backgroundColor='#00F';"
onblur="this.style.backgroundColor='#fff';">0732- 88756773</td>
</tr>
</table>
</body>
</html>
```

结果如图 2-18 所示。

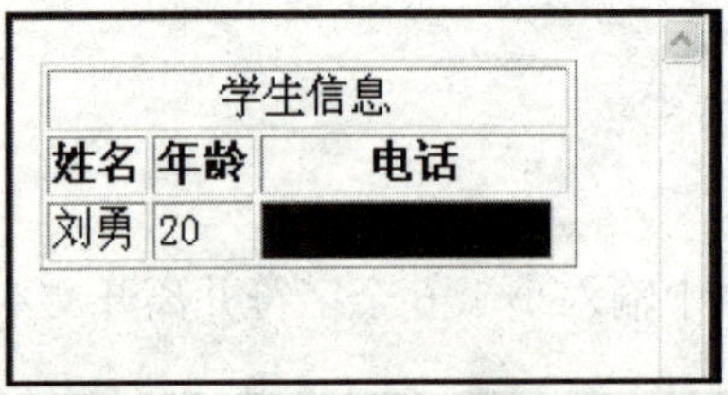

图 2-18 利用焦点和失去焦点事件控制单元格颜色

3．单击事件（onclick）

当在某个表单元素上单击的时候，将会发生单击（click）事件。可以通过 onclick()事件处理程序来处理这个事件。表单元素 button、checkbox、radio、reset、submit 以及超链接都有这个事件。下面来看一个例子。

例 2-20：单击事件处理

源文件：Click.htm

```
<html>
<head>
  <title>click</title>
  <script language="javascript">
    function validateform(){
    if(confirm("你确认提交这个表单么?")) {
    document.test.submit();
    }
   }
  </script>
</head>
<body>
  <form name="test" method="post" action="">
    用户名：<input type="text" name="username"/>
    <br>
```

```
    密码： <input type="password" name="password"/>
    <br>
     <input type="button" name="sub" value="提交"
     onclick="javascript:validateform()"/>
    <input type="reset"    value="取消"/>
  </form>
</body>
</html>
```

上例中，没有使用“submit”按钮，而是使用“button”，当 button 被单击时，将会触发“onclick”事件（不会自动提交表单），调用 validateform()函数，这个函数中，会弹出一个确认对话框，让用户确认是否提交这个表单，如果用户在对话框上单击“确定”按钮，这个表单将会被提交（**document.test.submit()**），否则，不提交。在这里使用 Form 对象的 submit()方法来提交表单，这是很有用的一个方法。

4．内容改变事件（onchange）

当某些表单的内容发生改变的时候，将发生“（内容）改变”事件（onchange）。表单元素 select、text、password、textarea 都有这个事件，onchange 主要用于表单元素 select。

例 2-21：内容改变事件处理

源文件：change.htm

```
<html>
  <head>
    <title> onchange 测试</title>
  <script type="text/javascript">
   function changequerytype(querytype)
   {var value=querytype;
       var xx=document.getElementById("xx");//获得 id=xx 的标签元素
   if(value=="1"){
    xx.innerText="学号"; //修改标签的显示内容
   }else if(value=="2"){
    xx.innerText="身份证号";
   }else{
    xx.innerText="姓名";
   }
   }
  </script>
  </head>
  <body>
     <form name="frm1" action="" method="post">
     <table border="2" align="center" width="500px">
     <tr >
       <td colspan="2" align="center" ><strong><font size="3">
查询学生信息</font></strong> </td> </tr>
     <tr>
     <td>
    <strong><font size="2">请输入查询方式：</font></strong> </td>
```

```
        <td>
    <select name="querytype" onChange="javaScript:changequerytype(this.value);">
            <option value="1">学号</option>
            <option value="2">身份证号</option>
            <option value="3">姓名</option>
      </select>
        </td>
        </tr>
        <tr> <td>
        <strong><font size="2">请输入<label id="xx">学号</label>:</font></strong></td>
          <td> <input type="text" name ="queryKey" size=30></td>
        </tr>
        <tr>
        <td colspan="2" align="center">
          <input type="submit" value="提交" >    
          <input type="reset" value="取消">
          </td>
          </tr>
        </table>
        </form>
    </body>
  </html>
```

该例实现了按不同查询方式查询学生信息的页面设计，如图 2-19 所示。当用户选择不同查询方式时，会发生 onchange 事件，在事件处理中，根据查询方式不同，动态改变“请输入学号”这个标签的内容。

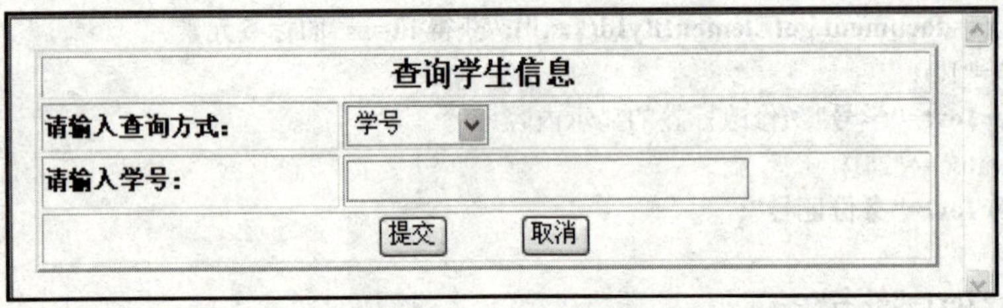

图 2-19　通过 onChange 事件改变标签的内容

例题中传递的参数为 this.value，其中的 this 代表触发事件的对象本身，即代表 select 这个元素，value 代表 select 元素被选中的值。

5．选择事件（onselect）

当选中表单元素中的文本内容时，将会发生“选择（onselect）”事件。表单元素 text、textarea 都会发生这个事件。

例 2-22：选择事件处理

源文件：select.html

```
<html>
<head>
<title>select</title>
</head>
```

```
<body>
  <form name="test">
    <input type="text" name="username" value="js 编程基础"
    onselect="alert('你选中的文本是：'+this.value);">
    <br>
  </form>
</body>
</html>
```

在这个文本输入框中将其中的内容选中时，将会触发 onselect 事件，即会调用 alert()方法，这个方法将会把这个文本框的内容显示到警告框中，如图 2-20 所示。

图 2-20　选择文本框中内容时触发 onSelect 事件

6．提交事件（onsubmit）

当表单提交的时候，会发生“表单提交”事件，可以通过 onsubmit 事件处理程序来处理这个事件。除非 onsubmit 事件处理程序返回的值是 false，否则，表单将被提交。onsubmit 由表单（form）触发。

例 2-23：提交事件处理

源文件：submit.html

```
<html>
<head>
  <title>select</title>
<script language="javascript">
    function checkform(){
    if(confirm("你确认提交表单么?")){
    return true;
    }else{
    return false;
    }
    }
</script>
</head>
<body>
  <form name="test" onsubmit="javascript:return checkform();">
    <input type="text" name="username" value="">
    <br>
    <input type="submit"   value="提交表单">
  </form>
</body>
</html>
```

上例中，要在 onsubmit 事件处理中返回一个值，这个值由 checkform()函数决定，而 checkform()函数只是通过用户对确认对话框的选择来返回不同的值：如果用户单击的是“确定”，那么，checkform()函数返回 true，也就是说表单将被提交，否则，返回 false，表单不会被提交。

7．鼠标事件（onMouseOver / onMouseOut）

当鼠标移到某个对象上时，该对象会触发 onMouseOver 事件，当鼠标移开某个对象时会触发 onMouseOut 事件。

例 2-24：用鼠标事件实现：动态改变表格行的背景颜色。

```
<html>
<body>
<table border="1">
<tr onMouseOver="this.style.backgroundColor='#00F';"
onMouseOut="this.style.backgroundColor='#fff';" >
 <td colspan=4 align="center">学生信息</td>
</tr>
<tr onMouseOver="this.style.backgroundColor='#00F';"
onMouseOut="this.style.backgroundColor='#fff';">
 <th >姓名</th>
 <th >年龄</th>
 <th colspan=2>电话</th>
</tr>
<tr onMouseOver="this.style.backgroundColor='#00F';"
onMouseOut="this.style.backgroundColor='#fff';">
   <td >刘勇</td>
   <td >20</td>
   <td >0732-88756773</td>
   <td >18875896756</td>
</tr>
</table>
</body>
</html>
```

结果如图 2-21 所示。

图 2-21　动态改变表格行的背景颜色

8．其他事件

还有一些其他的事件，例如与鼠标相关 onDblClick（双击事件）、onMouseMove（鼠标移动事件）、与键盘相关的 onKeyPress（键盘输入事件）等，在此不再赘述。

2.4 JavaScript 正则表达式

正则表达式是一种可以用于模式匹配和替换的强有力的工具。其作用如下：

（1）测试字符串的某个模式。例如，可以对一个输入字符串进行测试，看该字符串是否存在一个电话号码模式或一个信用卡号码模式。这称为数据有效性验证。

（2）替换文本。可以在文档中使用一个正则表达式来标识特定文字，然后可以全部将其删除，或者替换为别的文字。

（3）根据模式匹配从字符串中提取一个子字符串。可以用来在文本或输入字段中查找特定文字。

2.4.1 正则表达式基本语法

一个正则表达式就是由普通字符（例如字符 a～z）以及特殊字符（称为元字符）组成的文字模式。该模式描述在查找文字主体时待匹配的一个或多个字符串。正则表达式作为一个模板，将某个字符模式与所搜索的字符串进行匹配。

1．建立正则表达式

构造正则表达式的方法和创建数学表达式的方法一样。也就是用多种元字符与操作符将小的表达式结合在一起来创建更大的表达式。可以通过在一对分隔符之间放入表达式模式的各种组件来构造一个正则表达式。对 JavaScript 而言，分隔符为一对正斜杠（/）字符，例如：

/^\s[\t]*$/　　　　用于匹配一个空白行。

/[a-z]/　　　　用于匹配任何从小写 a 到小写 z 的字符。

2．正则表达式中的特殊字符——元字符

表 2-1 是元字符及其在正则表达式上下文中的行为的一个完整列表。

表 2-1　正则表达式中的元字符

字符	描述
\	将下一个字符标记为一个特殊字符、或一个原义字符、或一个后向引用、或一个八进制转义符。例如，'n' 匹配字符 "n"。'\n' 匹配一个换行符。序列 '\\' 匹配 "\" 而'\ ('则匹配 "("
^	匹配输入字符串的开始位置。如果设置了 RegExp 对象的 Multiline 属性，^ 也匹配 '\n' 或 '\r' 之后的位置
$	匹配输入字符串的结束位置。如果设置了 RegExp 对象的 Multiline 属性，$ 也匹配 '\n' 或 '\r' 之前的位置
*	匹配前面的子表达式零次或多次。例如，zo* 能匹配 "z" 以及 "zoo"。 * 等价于{0,}。
+	匹配前面的子表达式一次或多次。例如，'zo+' 能匹配 "zo" 以及 "zoo"，但不能匹配 "z"。+ 等价于 {1,}
?	匹配前面的子表达式零次或一次。例如，"do(es)?" 可以匹配 "do" 或 "does"。? 等价于 {0,1}
{*n*}	*n* 是一个非负整数。匹配确定的 *n* 次。例如，'o{2}' 不能匹配 "Bob" 中的 'o'，但是能匹配 "food" 中的两个 o

续表

<table>
<tr><th>字符</th><th>描述</th></tr>
<tr><td>{n,}</td><td>n 是一个非负整数。至少匹配 n 次。例如，'o{2,}' 不能匹配 "Bob" 中的 'o'，但能匹配 "foooood" 中的所有 o。'o{1,}' 等价于 'o+'。'o{0,}' 则等价于 'o*'</td></tr>
<tr><td>{n,m}</td><td>m 和 n 均为非负整数，其中 n <= m。最少匹配 n 次且最多匹配 m 次。 "o{1,3}" 将匹配 "fooooood" 中的前三个 o。'o{0,1}' 等价于 'o?'。请注意在逗号和两个数之间不能有空格</td></tr>
<tr><td>?</td><td>当该字符紧跟在任何一个其他限制符 (*, +, ?, {n}, {n,}, {n,m}) 后面时，匹配模式是非贪婪的。非贪婪模式尽可能少地匹配所搜索的字符串，而默认的贪婪模式则尽可能多地匹配所搜索的字符串。例如，对于字符串 "oooo"，'o+?' 将匹配单个 "o"，而 'o+' 将匹配所有 'o'</td></tr>
<tr><td>.</td><td>匹配除 "\n" 之外的任何单个字符。要匹配包括 '\n' 在内的任何字符，请使用像 '[.\n]' 的模式</td></tr>
<tr><td>（pattern）</td><td>匹配 pattern 并获取这一匹配。所获取的匹配可以从产生的 Matches 集合得到，在 VBScript 中使用 SubMatches 集合，在 JScript 中则使用 $0…$9 属性。要匹配圆括号字符，请使用 '\(' 或 '\)'。</td></tr>
<tr><td>(?:pattern)</td><td>匹配 pattern 但不获取匹配结果，也就是说这是一个非获取匹配，不进行存储供以后使用。这在使用“或”字符（|）来组合一个模式的各个部分时很有用。例如，'industr(?:y|ies)' 就是一个比"industry|industries " 更简略的表达式。</td></tr>
<tr><td>(?=pattern)</td><td>正向预查，在任何匹配 pattern 的字符串开始处匹配查找字符串。这是一个非获取匹配，也就是说，该匹配不需要获取供以后使用。例如， 'Windows (?=95|98|NT|2000)' 能匹配 "Windows 2000" 中的 "Windows" ，但不能匹配 "Windows 3.1" 中的 "Windows"。预查不消耗字符，也就是说，在一个匹配发生后，在最后一次匹配之后立即开始下一次匹配的搜索，而不是从包含预查的字符之后开始</td></tr>
<tr><td>(?!pattern)</td><td>负向预查，在任何不匹配的字符串开始处匹配查找字符串。这是一个非获取匹配，也就是说，该匹配不需要获取供以后使用。例如'Windows (?!95|98|NT|2000)' 能匹配 "Windows 3.1" 中的 "Windows"，但不能匹配 "Windows 2000" 中的 "Windows"。预查不消耗字符，也就是说，在一个匹配发生后，在最后一次匹配之后立即开始下一次匹配的搜索，而不是从包含预查的字符之后开始</td></tr>
<tr><td>x|y</td><td>匹配 x 或 y。例如，'z|food' 能匹配 "z" 或 "food"。'(z|f)ood' 则匹配 "zood" 或 "food"</td></tr>
<tr><td>[xyz]</td><td>字符集合。匹配所包含的任意一个字符。例如，'[abc]' 可以匹配 "plain" 中的 'a'</td></tr>
<tr><td>[^xyz]</td><td>负值字符集合。匹配未包含的任意字符。例如，'[^abc]' 可以匹配 "plain" 中的'p'</td></tr>
<tr><td>[a-z]</td><td>字符范围。匹配指定范围内的任意字符。例如，'[a-z]' 可以匹配 'a' 到 'z' 范围内的任意小写字母字符</td></tr>
<tr><td>[^a-z]</td><td>负值字符范围。匹配任何不在指定范围内的任意字符。例如，'[^a-z]' 可以匹配任何不在 'a' 到 'z' 范围内的任意字符</td></tr>
<tr><td>\b</td><td>匹配一个单词边界，也就是指单词和空格间的位置。例如， 'er\b' 可以匹配"never" 中的 'er'，但不能匹配 "verb" 中的 'er'</td></tr>
<tr><td>\B</td><td>匹配非单词边界。'er\B' 能匹配 "verb" 中的 'er'，但不能匹配 "never" 中的 'er'</td></tr>
<tr><td>\cx</td><td>匹配由 x 指明的控制字符。例如， \cM 匹配一个 Control-M 或回车符。 x 的值必须为 A-Z 或 a-z 之一。否则，将 c 视为一个原义的 'c' 字符</td></tr>
<tr><td>\d</td><td>匹配一个数字字符。等价于 [0-9]</td></tr>
<tr><td>\D</td><td>匹配一个非数字字符。等价于 [^0-9]</td></tr>
<tr><td>\f</td><td>匹配一个换页符。等价于 \x0c 和 \cL</td></tr>
</table>

续表

字符	描述
\n	匹配一个换行符。等价于 \x0a 和 \cJ
\r	匹配一个回车符。等价于 \x0d 和 \cM
\s	匹配任何空白字符，包括空格、制表符、换页符等。等价于 [\f\n\r\t\v]
\S	匹配任何非空白字符。等价于 [^ \f\n\r\t\v]
\t	匹配一个制表符。等价于 \x09 和 \cI
\v	匹配一个垂直制表符。等价于 \x0b 和 \cK
\w	匹配包括下划线的任何单词字符。等价于'[A-Za-z0-9_]'
\W	匹配任何非单词字符。等价于 '[^A-Za-z0-9_]'
\x*n*	匹配 n，其中 n 为十六进制转义值。十六进制转义值必须为确定的两个数字长。例如，'\x41' 匹配 "A"。'\x041' 则等价于 '\x04' & "1"。正则表达式中可以使用 ASCII 编码
num	匹配 num，其中 num 是一个正整数。对所获取的匹配的引用。例如，'(.)\1' 匹配两个连续的相同字符
n	标识一个八进制转义值或一个后向引用。如果 *n* 之前至少 *n* 个获取的子表达式，则 *n* 为后向引用。否则，如果 *n* 为八进制数字 (0-7)，则 *n* 为一个八进制转义值
nm	标识一个八进制转义值或一个后向引用。如果 *nm* 之前至少有 *nm* 个获取的子表达式，则 *nm* 为后向引用。如果 *nm* 之前至少有 *n* 个获取，则 *n* 为一个后跟文字 *m* 的后向引用。如果前面的条件都不满足，若 *n* 和 *m* 均为八进制数字 (0-7)，则 *nm* 将匹配八进制转义值 *nm*
nml	如果 *n* 为八进制数字(0-3)，且 *m* 和 *l* 均为八进制数字(0-7)，则匹配八进制转义值 *nml*
\u*n*	匹配 *n*，其中 *n* 是一个用四个十六进制数字表示的 Unicode 字符。例如，\u00A9 匹配版权符号 (?)

注意 当用户需要在正则表达式的模式中加入元字符，并查找其匹配对象时，可以使用转义符"\"。例如：/Th*/　将会与目标对象中的"Th*"而非"The"等相匹配。

3．限定符

有时候不知道要匹配多少字符。为了能适应这种不确定性，正则表达式支持限定符的概念。这些限定符可以指定正则表达式的一个给定组件必须要出现多少次才能满足匹配。表 2-2 给出了各种限定符及其含义的说明：

表 2-2　限定符

字符	描述
*	匹配前面的子表达式零次或多次。例如，zo* 能匹配 "z" 以及 "zoo"。 * 等价于{0,}
+	匹配前面的子表达式一次或多次。例如，'zo+' 能匹配 "zo" 以及 "zoo"，但不能匹配 "z"。+ 等价于 {1,}
?	匹配前面的子表达式零次或一次。例如，"do(es)?" 可以匹配 "do" 或 "does"。? 等价于 {0,1}

续表

字符	描述
{*n*}	*n* 是一个非负整数。匹配确定的 *n* 次。例如，'o{2}' 不能匹配 "Bob" 中的 'o'，但是能匹配 "food" 中的两个 o
{*n*,}	*n* 是一个非负整数。至少匹配 *n* 次。例如，'o{2,}' 不能匹配 "Bob" 中的 'o'，但能匹配 "foooood" 中的所有 o。'o{1,}' 等价于 'o+'。'o{0,}' 则等价于 'o*'
{*n*,*m*}	*m* 和 *n* 均为非负整数，其中 *n* <= *m*。最少匹配 *n* 次且最多匹配 *m* 次。例如，"o{1,3}" 将匹配 "fooooood" 中的前三个 o。'o{0,1}' 等价于 'o?'。请注意在逗号和两个数之间不能有空格

4．定位符

定位符可以将一个正则表达式固定在一行的开始或结束。也可以创建只在单词内或只在单词的开始或结尾处出现的正则表达式。表 2-3 包含了正则表达式中定位符及其含义。

表 2-3　定位符

字符	描述
^	匹配输入字符串的开始位置。如果设置了 RegExp 对象的 Multiline 属性，^ 也匹配 '\n' 或 '\r' 之后的位置
$	匹配输入字符串的结束位置。如果设置了 RegExp 对象的 Multiline 属性，$ 也匹配 '\n' 或 '\r' 之前的位置
\b	匹配一个单词边界，也就是指单词和空格间的位置
\B	匹配非单词边界

2.4.2　Javascript 正则表达式对象

RegExp 对象表示正则表达式，它是对字符串执行模式匹配的强大工具。

1．创建正则表达式对象

创建正则表达式对象有两种语法格式：

语法 1：　re = /pattern/[flags]

语法 2：　re = new RegExp("pattern",["flags"])

（1）参数。

re：必选项。将要赋值为正则表达式模式的变量名，它保存正则表达式对象。

pattern：必选项。要使用的正则表达式模式。如果使用语法 1，用“/”字符分隔模式。如果用语法 2，用引号将模式引起来。

flags：可选项。如果使用语法 2 要用引号将 flag 引起来。标志可以组合使用，可用的有：

- g：全文查找出现的所有 pattern
- i：忽略大小写
- m：多行查找

（2）抛出异常。

SyntaxError：如果 pattern 不是合法的正则表达式，或 flags 含有“g”、“i”和“m”之外的字符，抛出该异常。

TypeError：pattern 是 RegExp 对象，但没有省略 flags 参数，抛出该异常。

2．正则表达式对象常用方法

（1）exec 方法。

rgExp.exec(str)：用正则表达式模式在字符串中进行查找，并返回包含该查找结果的一个数组。其中各参数的意义如下：

- rgExp：必选项。包含正则表达式模式和可用标志的正则表达式对象。
- str：必选项。要在其中执行查找的 String 对象或字符串文字。

如果 exec 方法没有找到匹配，则它返回 null。如果它找到匹配，则 exec 方法返回一个数组，并且更新全局 RegExp 对象的属性，以反映匹配结果。数组的 0 元素包含了完整的匹配，而第 1 到 n 元素中包含的是匹配中出现的任意一个子匹配。这相当于没有设置全局标志（g）的 match 方法。

如果为正则表达式设置了全局标志，exec 从以 lastIndex 的值指示的位置开始查找。如果没有设置全局标志，exec 忽略 lastIndex 的值，从字符串的起始位置开始搜索。

exec 方法返回的数组有三个属性，分别是 input、index 和 lastIndex。input 属性包含了整个被查找的字符串。index 属性中包含了整个被查找字符串中被匹配的子字符串的位置。lastIndex 属性中包含了匹配中最后一个字符的下一个位置。

例 2-25：正则表达式对象的 exec 方法测试

源代码：regExpTest_exec.html

```
<html>
<head>
  <title>regExpTest</title>
  <script language="javascript">
   function regExpTest(){
   var ver = Number(ScriptEngineMajorVersion() + "." + ScriptEngineMinorVersion());
   if (ver >= 5.5){ // 测试 Script 的版本。
   var src = "The rain in Spain falls mainly in the plain.";
   var re = /\w+/g; // 创建正则表达式模式。
   var arr;
   while ((arr = re.exec(src)) != null)
   document.write(arr.index + "-" + arr.lastIndex + arr + "\n");
   }else{
    alert("请使用 Script 的更新版本");
   }
   }
   </script>
</head>
<body>
 <input type="button"   value="执行" onclick="javascript:regExpTest();"/>
</body>
</html>
```

单击执行按钮后的执行结果为：

0-3The 4-8rain 9-11in 12-17Spain 18-23falls 24-30mainly 32-33in 34-37the 38-43plain

（2）test 方法。

rgExp.exec(str)：返回一个 Boolean 值，它指出在被查找的字符串中是否存在模式。其中各参数的意义如下：

- rgExp：必选项。包含正则表达式模式或可用标志的正则表达式对象。
- str：必选项。要在其上测试查找的字符串。

test 方法检查在字符串中是否存在一个模式，如果存在则返回 true，否则就返回 false。全局 RegExp 对象的属性不由 test 方法来修改。

```
function isTrueName(s) {
var patrn=/^[a-zA-Z]{1,30}$/;
if (!patrn.test(s)) return false;
return true;
}
```

3. 支持正则表达式的 String 对象的方法

（1）match 方法。

stringObj.match(rgExp)：使用正则表达式模式对字符串执行查找，并将包含查找的结果作为数组返回。其中各参数的意义如下：

- stringObj：必选项。对其进行查找的 String 对象或字符串文字。
- rgExp：必选项。为包含正则表达式模式和可用标志的正则表达式对象。也可以是包含正则表达式模式和可用标志的变量名或字符串文字。

如果 match 方法没有找到匹配，返回 null。如果找到匹配返回一个数组并且更新全局 RegExp 对象的属性以反映匹配结果。

match 方法返回的数组有三个属性：input、index 和 lastIndex。input 属性包含整个的被查找字符串。index 属性包含了在整个被查找字符串中匹配的子字符串的位置。lastIndex 属性包含了最后一次匹配中最后一个字符的下一个位置。

如果没有设置全局标志（g），数组的 0 元素包含整个匹配，而第 1 到 n 元素包含了匹配中曾出现过的任一个子匹配。这相当于没有设置全局标志的 exec 方法。如果设置了全局标志，元素 0 到 n 中包含所有匹配。

（2）search 方法。

stringObj.search(rgExp)：返回与正则表达式查找内容匹配的第一个子字符串的位置。其中各参数的意义如下：

- stringObj：必选项。要在其上进行查找的 String 对象或字符串文字。
- rgExp：必选项。包含正则表达式模式和可用标志的正则表达式对象。

search 方法指明是否存在相应的匹配。如果找到一个匹配，search 方法将返回一个整数值，指明这个匹配距离字符串开始的偏移位置。如果没有找到匹配，则返回-1。

（3）replace()方法。

stringObj.replace(regexp/substr,replacement)：在字符串中用一些字符替换另一些字符，或替换一个与正则表达式匹配的子串。其中各参数的意义如下：

- stringObj：必选项。要在其上进行替换的 String 对象或字符串文字。
- regexp/substr：必需。规定子字符串或要替换的模式的 RegExp 对象。

- replacement：必需。一个字符串值。规定了替换文本或生成替换文本的函数。

字符串 stringObj 的 replace()方法执行的是查找并替换的操作。它将在 stringObj 中查找与 regexp 相匹配的子字符串，然后用 replacement 来替换这些子串。如果 regexp 具有全局标志 g，那么 replace()方法将替换所有匹配的子串。否则，它只替换第一个匹配子串。

2.4.3 常用正则表达式

1．校验是否全由数字组成

```
function isDigit(s){
var patrn=/^[0-9]{1,20}$/;
if (!patrn.exec(s))
 return false
else
return true
}
```

2．校验登录名：只能输入 5～20 个以字母开头、可带数字、“_”、“.”的字符串

```
function isRegisterUserName(s){
var patrn=/^[a-zA-Z]{1}([a-zA-Z0-9]|[._]){4,19}$/;
if (!patrn.exec(s))
return false;
else
return true
}
```

3．校验密码：只能输入 6～20 个字母、数字、下划线

```
function isPasswd(s) {
var patrn=/^(\w){6,20}$/;
if (!patrn.exec(s))
 return false
else
return true
}
```

4．校验普通电话、传真号码：三位区号、“-”、5～8 位电话号码、3～6 位分机号

```
function isTel(s) {
var patrn=/^((\d){3})?[-]?((\d){5,8})+[-]?((\d){3,6})?$/;
if (!patrn.exec(s))
 return false
else
return true
}
```

5．校验手机号码：必须以数字 1 开头，第二位是 3 或 5 或 8，总长度 11 位

```
function isMobile(s) {
var patrn=/^[1]{1}[358](\d){9}$/;
if (!patrn.exec(s))
return false;
else
```

```
return true
}
```

6．校验邮政编码

```
function isPostalCode(s) {
var patrn=/^[0-9 ]{6}$/;
if (!patrn.exec(s)) return false
return true
}
```

7．校验电子邮箱

```
function isEmail(s) {
    var patrn=/^[\w-]+(\.[\w-]+)*@[\w-]+(\.[\w-]+)+$/;
    if (!patrn.exec(s)){
    return false;
    } else{
     return true;
     }
 }
```

2.5 CSS 样式表基础

1997 年 W3C 颁布 HTML4.0 标准的同时公布了 CSS 的第一个标准 CSS1。由于 CSS 使用简单、灵活，很快得到了众多公司的支持。接着 1998 年 5 月 W3C 组织又推出了 CSS2，使得 CSS 影响力不断扩大。同时，W3C Core Styles 和 CSS2 Validation Service 及 CSS Test Suite 宣布成立。CSS 和 HTML 一样，也是一种标记语言，代码也很简单，也是通过浏览器解释执行。

本节由于篇幅限制，仅对 CSS 的基本概念和常用属性作一简单介绍。详细内容的学习建议读者参考：http://www.w3school.com.cn/css/index.asp；或 http://zh.html.net/tutorials/css/lesson2.php。

2.5.1 CSS 基本概念

CSS 是层叠样式表（Cascading Style Sheets）的缩写，是一种用于为 HTML 文档定义布局的样式表语言。

1．CSS 的作用

CSS 是一种样式表语言，用于为 HTML 文档定义布局。例如，CSS 涉及字体、颜色、边距、高度、宽度、背景图像、高级定位等。

CSS 的出现弥补了 HTML 对标记属性控制的不足，如背景图像重复的定义利用 HTML 标记无法实现，只有在 CSS 中利用属性 background-repeat 才可以定义背景图像为横向重复或纵向重复或不重复。

CSS 将网页内容与样式进行分离。使得网页设计更加明了、简洁。

CSS 可以精确控制网页布局，如行间距、字间距、段落缩进和图片定位等属性。

CSS 极大地提高了工作效率，作为网站开发者，你能够为每个 HTML 元素定义样式，并将之应用于你希望的任意多的页面中。如需进行全局的更新，只需简单地改变样式，然后网站中的所有元素均会自动地更新。

2．CSS 跟 HTML 的区别

HTML 用于结构化内容；CSS 用于格式化结构化的内容。在 Tim Berners-Lee 发明万维网（World Wide Web）的那个年代，HTML 语言是唯一用于给文本添加结构的语言。可以通过声明“这是一个标题”（利用 h1 标签）或“这是一个段落”（利用 p 标签）的方式来标记文本。随着 Web 逐渐流行起来，网页设计者们开始寻求为网页增添布局的可能性。为此，当时的浏览器厂商们（主要是网景公司和微软公司）发明了一些新的 HTML 标签（比如<font>等），以引入新的布局，而非新的结构。这也导致了原本用于进行文本的结构化的标签（比如<table>等）越来越多地被误用于进行页面的布局。CSS 的发明正是为了改善这一状况，它为 Web 设计师们提供了完善的、所有浏览器都支持的布局能力。而且，文档的表现样式与内容的分离，也使网站维护容易了许多。

3．CSS 的特性

（1）继承性：所谓 CSS 的继承是指被包在内部的标签将拥有外部标签的样式性质。例如一个 BODY 定义了的颜色值也会应用到段落的文本中。

（2）层叠性：层叠性指当有多个选择器都作用于同一元素时，即多个选择器的作用范围发生了重叠，CSS 怎样处理？CSS 的处理原则是；

①如果多个选择器定义的样式不发生冲突，则元素将应用所有选择器定义的样式。例如：

```
<html>
<head>
  <title> css</title>
<style type="text/css">
   p{color="blue";font-size: 18px}
   .special{ font-weight: bold}
   #underLine{text-decoration: underline}
</style>
<body>
 <p class="special" id="underLine">这里的文本将加粗、加下划线、字体大小 18px</p>
</body>
</html>
```

②如果多个选择器定义的样式发生冲突，则 CSS 按选择器的优先级让元素应用优先级高的选择器定义的样式。CSS 规定选择器的优先级从高到低的顺序为：

行内样式->ID 样式->类别样式->标记样式。例如：把上例中加粗的代码改为：

```
<p class="special" id="underLine" style="color=red">这里的文字为红色</p>
```

这样，在 IE 中显示的文字不再是蓝色而是红色。

设计者也可以通过**!important** 强制改变选择器优先级，加!important 的样式优先级最高。例如：

```
p{color="blue"!important;font-size: 18px}
```

这样，即使在行内定义 **style="color=red"**，<p>标记中的文字仍然会是蓝色，因为 p{color="blue"!important}优先级最高。

2.5.2 CSS基本语法

CSS 规则由两个主要的部分构成：选择器，以及一条或多条声明。

```
selector {declaration1; declaration2; ... declarationN }
```

选择器（selector）通常是需要改变样式的 HTML 元素。

声明（declaration）由一个**属性**和一个**值**组成。属性（property）是希望设置的样式属性（style attribute），每个属性有一个值，属性和值用“:”分开，多个声明之间用“;”分隔。例如：

```
h1 {color:red; font-size:14px;}
```

其中：h1 是选择器，color 和 font-size 是属性，red 和 14px 是值。多个声明之间用“;”分隔。下面是关于 CSS 语法的几点说明：

1．值的不同写法和单位

颜色值除了英文单词，如 red，还可以使用十六进制，如：

```
p { color: #ff0000; }
```

还可以通过两种方法使用 RGB 值：

```
p { color: rgb(255,0,0); }
p { color: rgb(100%,0%,0%); }
```

请注意，当使用 RGB 百分比时，即使当值为 0 时也要写百分比符号。但是在其他的情况下就不需要这么做了。比如说，当尺寸为 0 像素时，0 之后不需要使用 px 单位。

2．使用引号

如果值为若干单词，则要给值加引号：如

```
p {font-family: "sans serif";}
```

3．空格、空行、换行和大小写

大多数样式表包含不止一条规则，而大多数规则包含不止一个声明。多重声明和空格的使用使得样式表更容易被编辑，如：

```
body {
  color:   #000;
  background:   #fff;
  margin:   0;
  padding:   0;
  font-family:   Georgia,   Palatino,   serif;
  }
```

是否包含空格、空行、换行不会影响 CSS 在浏览器的工作效果。CSS 对大小写不敏感。不过存在一个例外：如果涉及到与 HTML 文档一起工作，class 和 id 名称对大小写是敏感的。

4．注释

CSS 中注释语法为：

```
/*注释内容*/
```

例如：

```
<style type="text/css">
/* 定义 body 标记的颜色*/
```

```
body {
  color:   #000;
  }
</style>
```

2.5.3 在 HTML 文档中应用 CSS

在 HTML 文档应用 CSS，有三种方法可供选择。

1．内联样式表

内联样式表是使用 HTML 元素的 style 属性。style 属性可以应用于任意 body 元素（包括 body 本身）。例如：

```
<html>
  <head>
    <title>例子</title>
  </head>
  <body >
    <p style="background-color: #FF0000;">这一段是红色的</p>
  </body>
</html>
```

2．内部样式表

内部样式表是采用 HTML 元素 style 把样式表的内容定义在 HTML 文件的<head>标记内。例如：

```
<html>
<head>
  <title>例子</title>
  <style type="text/css">
   body {background-color: #FF0000;}
  </style>
</head>
<body>
  <p>这个页面是红色的</p>
</body>
</html>
```

3．外部样式表（引用一个样式表文件）

外部样式表是一个扩展名为.css 的文本文件——样式表文件。引用一个样式表文件有两种方法：链入外部样式表和导入外部样式表。

（1）链入外部样式表：在 HTML 文件的<head>区域内使用<link>标记进行链接，语法格式如下：

```
<link rel="stylesheet" type="text/css" href="url" />
```

其中 url 为样式表文件的地址，可以是相对地址，也可以是绝对地址。

例如：

```
<html>
  <head>
    <title>外部样式表的使用</title>
    <link rel="stylesheet" type="text/css" href="style/style.css" />
  </head>
```

```
<body>
  ...
</body>
</html>
```

上例中，**<link rel="stylesheet" type="text/css" href="style/style.css" />**链接告诉浏览器：在显示该 HTML 文件时，应使用给出的 CSS 文件进行布局和格式化。这种方法的优越之处在于：多个 HTML 文档可以同时引用一个样式表。换句话说，可以用一个 CSS 文件来控制多个 HTML 文档的布局。

文件 style.css 放在 style 目录下，其中代码如下：

```
body {background-color: #FF0000;}
```

注意 在.css 文件中定义样式时，不要加<style type="text/css">标记。

（2）导入外部样式表：在 HTML 文件的<style>区域内引用一个外部的样式表文件，语法格式如下：

```
<style type="text/css">
  @import   url(样式表地址);
  ...
</style>
```

@import 声明可以放到<head></head>标记之外，也可以放到<head>之内，但根据语法规则，一般放到<head>内使用。例如：

```
<html>
<head>
 <title>外部样式表的使用</title>
 <style type="text/css">
  @import   url(style/style.css);
 </style>
</head>
<body>
 ...
</body>
</html>
```

注意 @import 声明后面的“;”是不能省略的。此外，某些浏览器可能不支持导入外部样式表的@import 声明，所以建议最好不要使用这种方法。

2.5.4 CSS 高级语法

1. 选择器的分组

定义选择器时，可以对选择器进行分组，这样，被分组的选择器就可以分享相同的声明。用逗号将需要分组的选择器分开。例如，对所有的标题元素进行分组。所有的标题元素都是绿色的。

```
h1,h2,h3,h4,h5,h6 {
```

```
color: green;
}
```

2．派生选择器

通过依据元素在其位置的上下文关系来定义样式，可以使标记更加简洁。在 CSS1 中，通过这种方式来应用规则的选择器被称为上下文选择器（contextual selectors），这是由于它们依赖于上下文关系来应用或者避免某项规则。在 CSS2 中，它们称为派生选择器，但是无论如何称呼它们，它们的作用都是相同的。

派生选择器允许根据文档的上下文关系来确定某个标签的样式。通过合理地使用派生选择器，可以使 HTML 代码变得更加整洁。

例如，如果希望列表中的 strong 元素变为斜体字，而不是通常的粗体字，可以这样定义一个派生选择器：

```
li strong {
    font-style: italic;
    font-weight: normal;
}
```

在下面的 HTML 代码中，请注意标记为<strong>的代码的上下文关系：

```
<p><strong>段落内容是粗体而不是斜体字，因为它不在“li”标记中</strong></p>
<ol>
<li><strong>列表内容是斜体字，因为它在“li”标记中</strong></li>
<li>这是正常的字体</li>
</ol>
```

在上面的例子中，只有 li 元素中的 strong 元素的样式为斜体字，无须为 strong 元素定义特别的 class 或 id，代码更加简洁。

3．类选择器

用类选择器可以把相同的元素分类定义成不同的样式，在定义类选择器时，在自定义类名称前面加上一句点“.”。语法格式如下：

```
[标记名].类名{ declaration1; declaration2; ... declarationN }
```

例如：

```
p.red {color: red}
p.blue {color:blue}
.center {text-align: center}
```

上例中，red、blue 和 center 称为类选择器。red 和 blue 这两个类选择器只能用于段落标记 p，而 center 类选择器可以用于任何 HTML 元素。

在下面的 HTML 代码中，h1 和 p 元素都有 center 类。这意味着两者都将遵守".center"选择器中的规则。

```
<h1 class="center">
This heading will be center-aligned
</h1>
<p class="center">
This paragraph will also be center-aligned.
</p>
```

4．id 选择器

id 选择器可以为特定 id 的 HTML 元素指定特定的样式。

id 选择器以"#"来定义。语法格式如下：

```
[标记名]# id { declaration1; declaration2; ... declarationN }
```

例如：

```
#red {color:red;}
#green {color:green;}
```

上面的两个 id 选择器，第一个定义元素的颜色为红色，第二个定义元素的颜色为绿色。下面的 HTML 代码中，id 属性为 red 的 p 元素显示为红色，而 id 属性为 green 的 p 元素显示为绿色。

```
<p id="red">这个段落是红色。</p>
<p id="green">这个段落是绿色。</p>
```

注意 同一个 id 属性在同一个 HTML 文档中只能出现一次，因为在 HTML 文档中，id 属性必须具有唯一性。

5．属性选择器

可以为拥有指定属性的 HTML 元素设置样式，而不仅限于 class 和 id 属性。

例如：下面的例子为带有 title 属性的所有元素设置样式：

```
[title]
{
color:red;
}
```

还可以为属性指定值。例如下面为 title=test 的所有元素设置样式：

```
[title=test]
{
border:5px solid blue;
}
```

属性选择器在为不带有 class 或 id 的表单设置样式时特别有用。例如：

```
input[type="text"]
{
   width:150px;
   display:block;
   margin-bottom:10px;
   background-color:yellow;
   font-family: Verdana, Arial;
}

input[type="button"]
{
   width:120px;
   margin-left:35px;
   display:block;
   font-family: Verdana, Arial;
}
```

2.5.5 CSS 样式属性

1. CSS 背景属性

CSS 背景属性用于改变元素的背景色彩或背景图片。CSS 背景属性如表 2-4 所示。

表 2-4 CSS 背景属性

属性	作用	语法说明
background	简写属性，作用是将背景属性设置在一个声明中	语 法： background: background-color|background-image|background-repeat|background-attachment |background-position 取值：在一个声明中按上面的顺序设置所有的背景属性。 示例：body {background:url("images/aardvark.gif") repeat-y; }
background-color	设置元素的背景颜色	语法：background-color:*color* 取值：颜色值为颜色名称（比如 red）、十六进制值（比如#ff0000）、rgb 代码（比如 rgb(255,0,0)）。 示例：body { background-color: white } h1 { background-color: #000080 }
background-image	把图像设置为背景	语法：background-image : url (url) 取值：使用绝对或相对 *url* 地址指定背景图像 示例：body { background-image: url(/images/foo.gif) } p { background-image: url(http://www.htmlhelp.com/bg.png) }

background-attachment	背景图像是否固定或者随着页面的其余部分滚动	语法：background-attachment : scroll | fixed
		取值：scroll（背景图像随对象内容滚动），fixed（背景图像固定）
		示例：设置固定的背景图片
		body
		{
		background-image: url(bgimage.gif);
		background-attachment: fixed;
		}

background-repeat	设置背景图像是否及如何重复	语法：background-repeat:repeat | no-repeat | repeat-x | repeat-y
		取值：repeat（背景图像将在垂直方向和水平方向重复），no-repeat（背景图像将仅显示一次），repeat-x（背景图像将在水平方向重复），repeat-y（背景图像将在垂直方向重复）
		示例：.body
		{
		background-image: url(stars.gif);
		background-repeat: repeat-y;
		}

background-position	设置背景图像的起始位置	语法：background-position : *position position* 取值：由位置关键字组合确定（top left| top center| top right|center left |center center|center right|bottom left| bottom center| bottom right）、百分数（x% y%）、浮点数字和单位标识符组成的长度值（xpos ypos）。 示例： div { background: url("images/1.gif"); background-position: 35% 80%; } body { background: url("images/2.gif"); background-position: top right; } a {background: url("images/3.gif"); background-position: 5px 10px; }

2．CSS 字体属性

CSS 字体属性用于定义文本的字体系列、大小、加粗、风格（如斜体）。CSS 字体属性如表 2-5 所示。

表 2-5 CSS 字体属性

属性	作用	语法说明
font-family	设置字体类型	语法：font-family : name 取值：name 为字体名称。按优先顺序排列。以逗号隔开。如果字体名称包含空格，则应使用引号括起 示例：div.fixedwidth { font-family: Courier, "Courier New"}
font-size	设置字体大小	语法：font-size : xx-small | x-small | small | medium | large | x-large | xx-large | larger | smaller | length 取值：length 为百分数 | 由浮点数和单位标识符组成的长度值，不可为负值，百分比取值基于父元素字体的尺寸 示例：p { font-size: 12px; } p{ font-size: 20%; }
font-style	设置字体样式	语法：font-style: normal | *italic* | *oblique* 取值：**normal**（普通），***italic***（斜体）或 ***oblique***（倾斜）。 示例：H1 { font-style: oblique }
font-weight	设置字体的粗细	语法：normal | bold | bolder | lighter | 100 | 200 | 300 | 400 | 500 | 600 | 700 | 800 | 900 取值：normal 为正常字体，相当于 400 ；bold 相当于 700；bolder 比 normal 粗，lighter 比 normal 细。 示例：span { font-weight:800; }

3．CSS 文本属性

CSS 文本属性用于定义文本的外观。通过文本属性，可以改变文本的颜色、字符间距、对齐文本、装饰文本、对文本进行缩进等，文本属性如表 2-6 所示。

表 2-6 CSS 文本属性

属性	作用	语法说明
color	设置文本颜色	语法：color : color 取值：颜色值为颜色名称（比如 red）、十六进制值（比如 #ff0000)、rgb 代码（比如 rgb(255,0,0)）。 示例：div {color: #345456; } div { color: rgb(100,14,200); } div {color: red; }
word-spacing	设置单词之间插入的空隔	语法：word-spacing : normal | length 取值：normal 为正常间隔，length 由浮点数和单位标识符组成的长度值。 示例：div { word-spacing : 10px; }
letter-spacing	设置字母之间插入的空隔	语法：letter-spacing : normal | length 取值：normal 为正常间隔，length 由浮点数和单位标识符组成的长度值。 示例：div {letter-spacing:6px; }

续表

属性	作用	语法说明
text-decoration	设置文本装饰	语法：text-decoration : none | underline | blink | overline |line-through 取值：normal（无装饰），underline（下划线），blink（闪烁），overline（贯穿线），line-through（上划线） 示例：div { text-decoration : underline overline; }
vertical-align	设置文本垂直对齐	语法：vertical-align : auto | baseline | sub | super | top | text-top | middle | bottom | text-bottom | length 取值：baseline（元素放置在父元素的基线上），sub（垂直对齐文本的下标），super（垂直对齐文本的上标），top（把元素的顶端与行中最高元素的顶端对齐），text-top（把元素的顶端与父元素字体的顶端对齐），middle（把此元素放置在父元素的中部），bottom（把元素的顶端与行中最低的元素的顶端对齐），text-bottom（把元素的底端与父元素字体的底端对齐），length（使用"line-height"属性的百分比值来排列此元素） 示例：td { vertical-align : middle; }
text-indent	文本缩排，元素的第一行都可以缩进一个给定的长度	语法：text-indent : *length* 取值：百分比数字 | 由浮点数和单位标识符组成的长度值。 示例：.click1 { text-indent:50% }
line-height	设置文本的行间距	语法：line-height :*length* 取值：百分比数字 | 由浮点数和单位标识符组成的长度值。 示例：P { line-height: 200% }
text-align	设置文本的对齐	语法：text-align : left | right | center | justify 取值：left（左对齐），right（右对齐），center（居中对齐），justify（两端对齐） div { text-align : center; }

4．CSS 列表属性

列表属性用于设置、改变列表项标记，或者将图像作为列表项标记，列表属性如表 2-7 所示。

表 2-7　CSS 列表属性

属性	作用	语法说明
list-style	把所有用于列表的属性设置于一个声明中	语法：list-style : list-style-image || list-style-position || list-style-type 取值：该属性是复合属性。请参阅各参数对应的属性。默认值为 disc outside none。 示例：ul { list-style: outside upper-roman; }
list-style-image	将图像设置为列表项标记	语法：list-style-image : url (*url*) 取值：使用绝对或相对 *url* 地址指定图像来替换列表项的标记。 示例：ul.out { list-style-image: url("images/ie.gif"); }
list-style-position	设置列表中列表项标记的位置	语法：list-style-position : outside | inside 取值：outside（保持标记位于文本的左侧，列表项目标记放置在文本以外，且环绕文本不根据标记对齐），inside（列表项目标记放置在文本以内，且环绕文本根据标记对齐） 示例：ul { list-style-position:inside;　}
list-style-type	设置列表项标记的类型	语法：list-style-type : none|disc|circle|square | decimal |…… 取值：none（无标记），disc（实心圆），circle（空心圆）\，square（实心方块），decimal（数字）。 示例：li.square { list-style-type: square }

5. CSS 边框属性

边框属性用于设置元素边框的样式、宽度和颜色，如表 2-8 所示。

表 2-8 CSS 边框属性

属性	作用	语法说明
border	针对四个边的属性设置在一个声明	语法：border : border-width | border-style | border-color 取值：按上面的顺序设置四条边的边框属性。指定了边框颜色（border-color）和边框宽度（border-width）时，你必须同时指定边框样式（border-style），否则边框不会被呈现。 示例：p { border: thick double yellow; }
border-width	为元素的边框设置宽度	语法：border-width : medium | thin | thick | *length* 取值：medium（定义中等的边框），thin（定义细的边框），thick（定义粗的边框），*length*（自定义边框的宽度）。 示例：p { border-style:solid; border-width:15px; }
border-style	设置元素边框的样式	语法：none | hidden | dotted | dashed | solid | double | groove | ridge | inset | outset 取值：none（定义无边框），hidden（隐藏边框），dotted（点状边框），dashed（虚线），solid（实线），double（双线），groove（3D 凹槽边框），ridge（3D 脊状边框），inset（3D 凹陷边框），outset（3D 凸出边框） 示例：border-style:dotted solid double dashed; 上边框是点状、右边框是实线、下边框是双线、 左边框是虚线
border-color	设置元素的边框中可见部分的颜色	语法：border-color : *color* 取值：颜色值为颜色名称（比如 red）、十六进制值（比如 #ff0000）、rgb 代码（比如 rgb(255,0,0)）。 示例：border-color:red green blue; 上边框是红色 、右边框和左边框是绿色 、下边框是蓝色
border-top	把上边框的所有属性设置到一个声明中	语法：border : border-width | border-style | border-color 取值：按上面的顺序设置上边框的边框属性 示例： p {border-style:solid;border-top:thick double #ff0000; }
border-right	把右边框的所有属性设置到一个声明中	语法：border : border-width | border-style | border-color 取值：按上面的顺序设置右边框的边框属性 示例： p {border-style:solid;border-right:thick double #ff0000; }
border-bottom	把下边框的所有属性设置到一个声明中	语法：border : border-width | border-style | border-color 取值：按上面的顺序设置下边框的边框属性 示例： p {border-style:solid;border-bottom:thick double #ff0000; }
border-left	把左边框的所有属性设置到一个声明中	语法：border : border-width | border-style | border-color 取值：按上面的顺序设置左边框的边框属性 示例： p {border-style:solid;border-left:thick double #ff0000; }

2.5.6 CSS 盒状模型

1. CSS 盒状模型概述

CSS 盒状模型（box model，也称之为框模型）用于描述一个为 HTML 元素形成的矩形盒子。盒状模型为各个元素调整外边距（margin）、边框（border）、内边距（padding）和内容的具体操作。图 2-22 显示了盒状模型的结构图：

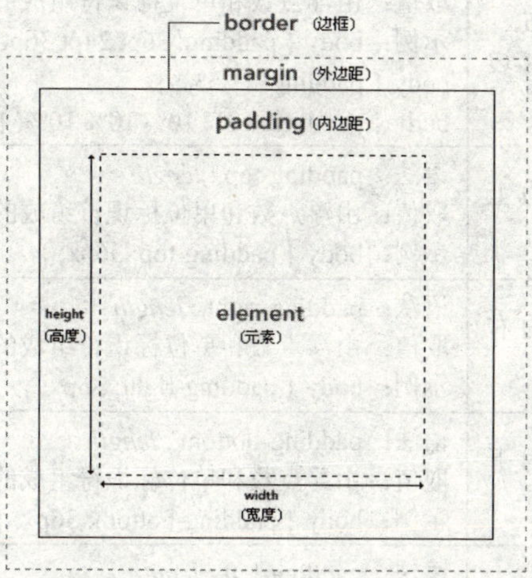

图 2-22　CSS 框模型示意图

元素框的最内部分是实际的内容，直接包围内容的是内边距。内边距呈现了元素的背景。内边距的边缘是边框。边框以外是外边距，外边距默认是透明的，因此不会遮挡其后的任何元素。

在 CSS 中，width 和 height 指的是内容区域的宽度和高度。增加内边距、边框和外边距不会影响内容区域的尺寸，但是会增加元素框的总尺寸。假设框的每个边上有 10 个像素的外边距和 5 个像素的内边距。如果希望这个元素框达到 100 个像素，就需要将内容的宽度设置为 70 像素，如图 2-23 所示。

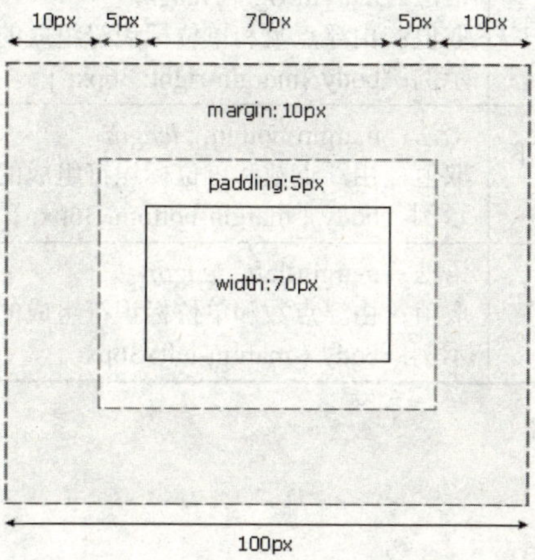

图 2-23　CSS 框模型示例图

2．CSS 边距属性

边距属性用来设置元素的内边距和外边距，CSS 边距属性、作用、语法及示例如表 2-9 所示。

表 2-9　CSS 边距属性

属性	作用	语法说明
padding	设置元素的所有（上、右、下、左）内边距属性	语法：padding : *length* 取值：由浮点数和单位标识符组成的长度值或者百分数。 示例：body { padding: 36pt 24pt 36pt; } body { padding: 11.5%; } body { padding: 10% 10% 10% 10%; }
padding-top	设置元素的上内边距	语法：padding-top : *length* 取值：由浮点数和单位标识符组成的长度值或者百分数。 示例：body { padding-top: 36px; }
padding-right	设置元素的右内边距	语法：padding-right : *length* 取值：由浮点数和单位标识符组成的长度值或者百分数。 示例：body { padding-right: 36px; }
padding-bottom	设置元素的下内边距	语法：padding-bottom : *length* 取值：由浮点数和单位标识符组成的长度值或者百分数。 示例：body { padding-bottom: 36px; }
padding-left	设置元素的左内边距	语法：padding-left : *length* 取值：由浮点数和单位标识符组成的长度值或者百分数。 示例：body { padding-left: 36px; }
margin	设置所有外边距属性	语法：margin : *length* 取值：由浮点数和单位标识符组成的长度值或者百分数。 示例：body { margin: 36pt 24pt 36pt; } body { margin: 11.5%; } body { margin: 10% 10% 10% 10%; }
margin-top	设置元素的上外边距	语法：margin-top : *length* 取值：由浮点数和单位标识符组成的长度值或者百分数。 示例：body { margin-top: 36px; }
margin-right	设置元素的右外边距	语法：margin-right : *length* 取值：由浮点数和单位标识符组成的长度值或者百分数。 示例：body {margin-right: 36px; }
margin-bottom	设置元素的下外边距	语法：margin-bottom : *length* 取值：由浮点数和单位标识符组成的长度值或者百分数。 示例：body { margin-bottom: 36px; }
margin-left	设置元素的左外边距	语法：margin-left : *length* 取值：由浮点数和单位标识符组成的长度值或者百分数。 示例：body { margin-left: 36px; }

例 2-26：设置边框、边距

```
<html>
<head>
  <title> css 框模型</title>
```

```
<style type="text/css">
    p{
    /*定义段落背景 */
    background-color:blue ;
    /*定义字体大小 */
    font-size: 20px;
    /*定义边框为红色双粗线 */
    border: thick double    red;
    /* 内边距都为 100px */
    padding: 100px;
    /*上、下外边距为 20px，左右外边距为 80px */
    margin: 20px 80px    ;
    }
</style>
<body>
 <p>这里的文本位于框中</p>
</body>
</html>
```

2.5.7 CSS 定位

CSS 一个重要的作用就是用于页面布局，而在布局设计中，必须先了解 CSS 定位机制。CSS 定位（Positioning）属性允许你对元素进行定位。定位的基本思想很简单，它允许你定义元素框相对于其正常位置应该出现的位置，或者相对于父元素、另一个元素甚至浏览器窗口本身的位置。

CSS 定位机制：CSS 有三种基本的定位机制：普通流、浮动和绝对定位。除非专门指定，否则所有框都在普通流中定位。也就是说，普通流中的元素的位置由元素在(X)HTML中的位置决定。块级框从上到下一个接一个地排列，框之间的垂直距离是由框的垂直外边距计算出来的。行内框在一行中水平布置。可以使用水平内边距、边框和外边距调整它们的间距。但是，垂直内边距、边框和外边距不影响行内框的高度。由一行形成的水平框称为行框（Line Box），行框的高度总是足以容纳它包含的所有行内框。不过，设置行高可以增加这个框的高度。

1．相对定位

相对定位是一个非常容易掌握的概念。如果对一个元素进行相对定位，它将出现在它所在的位置上，然后，可以通过设置垂直或水平位置，让这个元素“相对于”它的起点进行移动。

例如，将 top 设置为 20 像素，那么框将在原位置顶部下面 20 像素的地方。将 left 设置为 30 像素，那么会在元素左边创建 30 像素的空间，也就是将元素向右移动，如图 2-24 所示。

2．绝对定位

绝对定位的元素框从文档流完全删除，并相对于其包含块定位，包含块可能是文档中的另一个元素（DIV）或者是初始包含块（如窗口）。元素原先在正常文档流中所占的空间会关闭，就好像该元素原来不存在一样。元素定位后生成一个块级框，而不论原来它在正常流中生成何种类型的框，如图 2-25 所示。

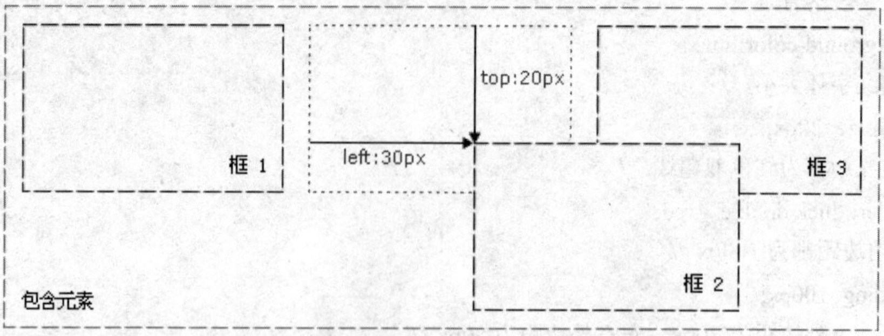

图 2-24　相对定位示例

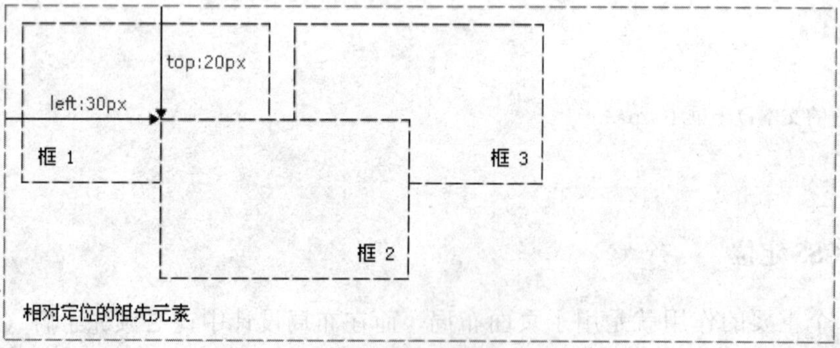

图 2-25　绝对定位示例

3．浮动

浮动的框可以向左或向右移动，直到它的外边缘碰到包含框或另一个浮动框的边框为止。由于浮动框不在文档的普通流中，所以文档的普通流中的块框表现得就像浮动框不存在一样，图 2-26 是浮动示意图。

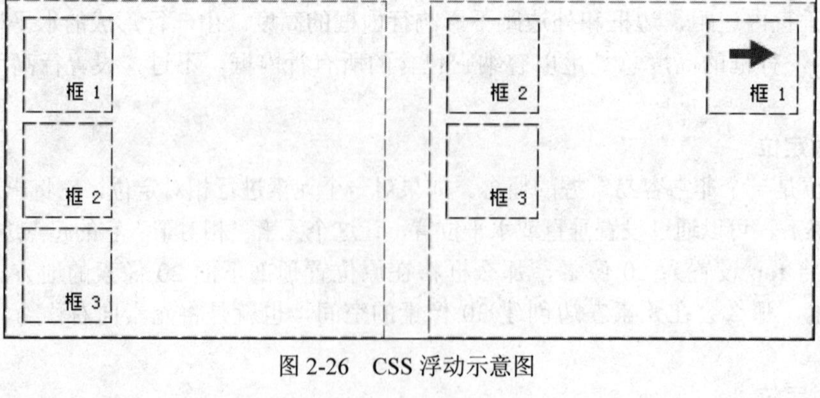

图 2-26　CSS 浮动示意图

4．定位与布局属性

与定位有关的 CSS 样式属性如表 2-10 所示。

表 2-10 定位与布局属性

属性	作用	语法说明
position	设定元素的位置	语法：position : static | absolute | relative 取值： static：默认，遵循 HTML 定位规则。 absolute：将对象从文档流中拖出，使用 left，right，top，bottom 等属性相对于其最接近的一个有定位设置的父对象进行绝对定位。 relative：对象不可层叠，但将依据 left、right、top、bottom 等属性在正常文档流中偏移位置 示例：div { position:relative; top:-3px }
z-index	设置对象的层叠顺序	语法：z-index : auto | *number* 取值：auto（默认值。遵从其父对象的定位），number（无单位的整数值。可为负数，较大 *number* 值的对象会覆盖在较小 *number* 值的对象之上）。 示例：div {z-index:3; }
float	设置元素的浮动	语法：float : none | left | right 取值：none（默认值。对象不浮动），left（向左浮动，文本流向对象的右边），right（向右浮动，文本流向对象的左边）。 示例：img { float: right }
clear	设置不允许有浮动对象的边	语法：clear : none|left | right | both 取值：none（默认值。允许两边都可以有浮动对象），left（不允许左边有浮动对象），right（不允许右边有浮动对象），both（不允许两边有浮动对象）。 示例：div { clear : left } img { float: right }
overflow	设置当对象的内容超过其指定高度及宽度时如何管理内容	语法：overflow : visible | auto | hidden | scroll 取值：visible（默认值。不剪切内容也不添加滚动条），auto（在必需时对象内容才会被裁切或显示滚动条），hidden（不显示超过对象尺寸的内容），scroll（总是显示滚动条）。 示例：div { overflow: scroll; height: 100px; width: 100px; }
display	规定元素应该生成的框的类型	语法：float : none | inline | block 取值：none（此元素不会被显示），inline（此元素将显示为内联元素，此元素前后不会带有换行符），block（此元素将显示为块级元素，此元素前后会带有换行符）。 示例：p.inline { display:inline; }

例 2-27：绝对定位的应用

```
<html>
<head>
  <title> css 框模型</title>
<style type="text/css">
 div{
     background-color:gray;
     border: thick  solid  red;
     margin: 0;
     width: 200px;
     height:50px;
```

```
        position:absolute;
        top:0;
        left:0;
      }
</style>
<body>
 <div>
    这是 div 内容
 </div>
</body>
</html>
```

2.6 实用案例

2.6.1 CSS 运用：Div+CSS 布局网页

业界越来越关注 Div+CSS 的标准化设计，大到各大门户网站，小到不计其数的个人网站，在 Div+CSS 标准化的影响下，网页设计人员已经把这一要求作为行业标准。下面将以图 2-27 为例讲解用 Div+CSS 布局网页的方法和步骤。

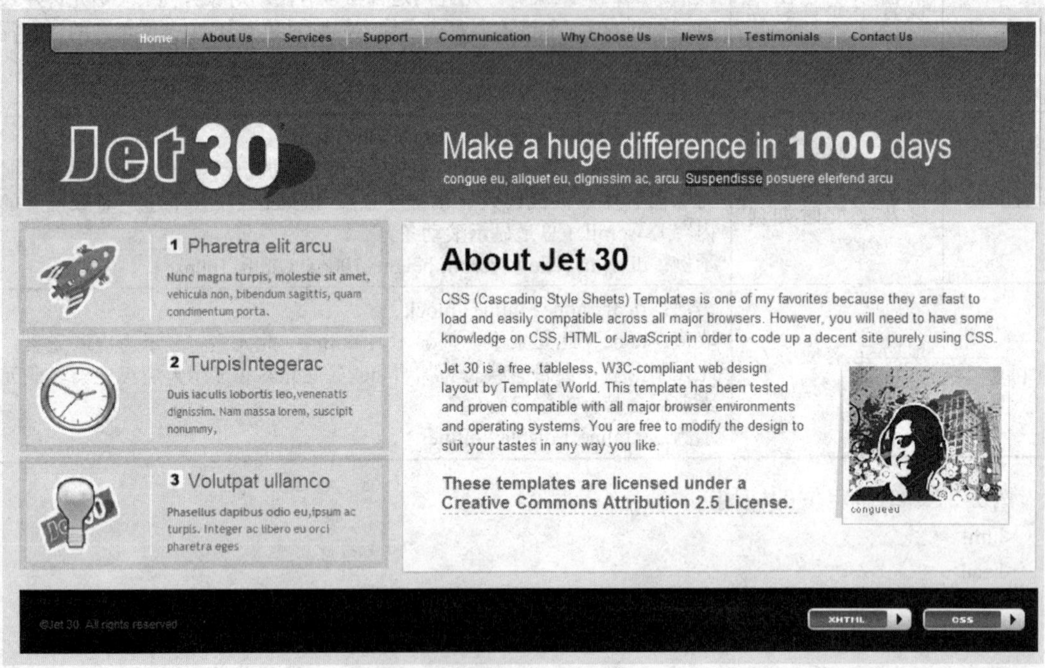

图 2-27　Div+CSS 布局样例

本例中的模型图由绘图软件 Photoshop 绘制而成，在进行 Div+CSS 布局页面之前，需用 Photoshop 的切片工具将模型图用到的图片切成图片素材存放在网站的图片目录下。同时为了更好地进行网页的布局，需要熟练掌握 CSS 的样式属性。

例 2-28：Div+CSS 布局网页

1．**规划网站目录结构**

在本例中，如果你在 Dreamweaver 中进行页面布局和样式表设计，可按图 2-28 所示组织目录结构。在 images 目录中存放页面中的图片，在 css 目录中存放样式文件 style.css，index.html 主页存放在网站的根目录下。

如果你是在 MyEclipse 中设计，可按图 2-29 所示的目录结构。

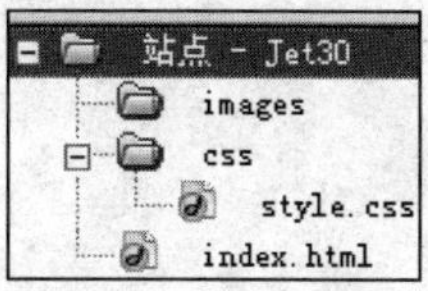

图 2-28　站点目录结构

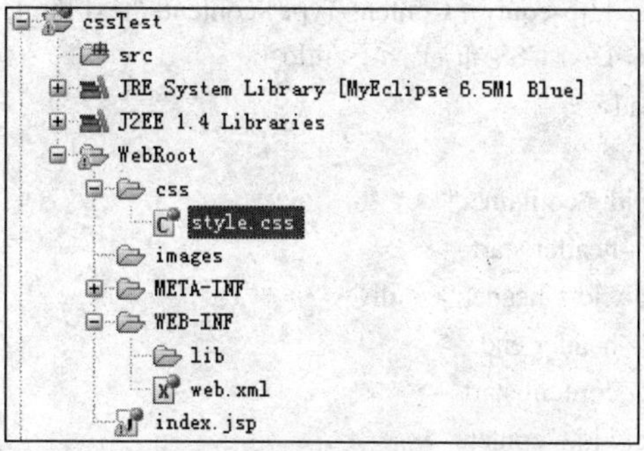

图 2-29　MyEclipse 中的网站目录结构

2．**设计页面框架**

通过对模型图的分析及对盒状模型的理解，将页面分成以下 3 个部分：

（1）顶部部分（header）。其中包括了 Logo、Menu 和宣传文字；

（2）主体内容（content）。又可分为侧边栏（left）、主体内容（right），其中包括了关键内容导航和网站介绍。

（3）底部（footer）。其中包括一些版权信息。

为了统一控制页面内容的居中显示，将页面的 4 个部分放在容器 container 中，container 在 body 中居中显示。整个页面的布局如图 2-30 所示。

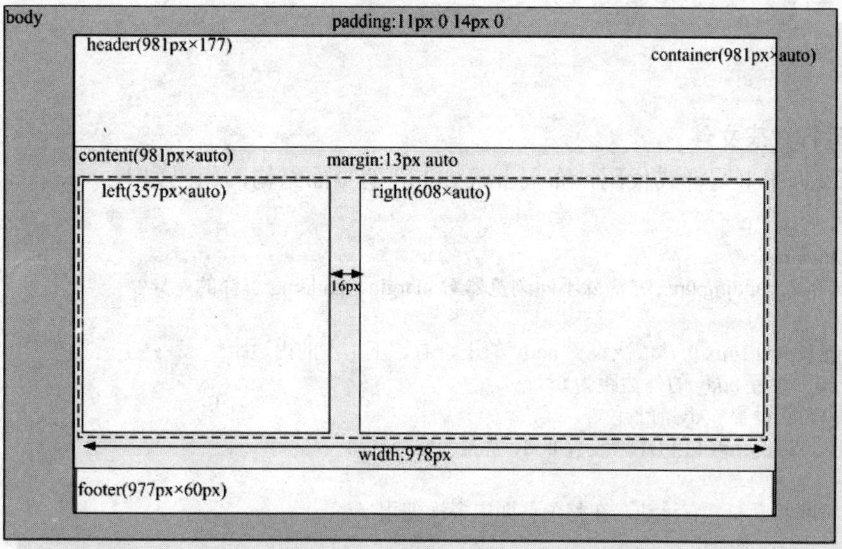

图 2-30　页面布局设计

3．建立 html 文档结构

根据页面的布局创建的 index.html 文档结构的代码如下：

源程序：index.html

```
<!DOCTYPE html PUBLIC "-//W3C//DTD XHTML 1.0 Transitional//EN" "http://www.w3.org/TR/xhtml1/
DTD/xhtml2-transitional.dtd">
<html xmlns="http://www.w3.org/1999/xhtml">
<head>
<meta http-equiv="Content-Type" content="text/html; charset=gb2312" />
<title>Div+CSS 布局学习</title>
</head>
<body>
<div id="container">
  <!--header start -->
  <div id="header"> </div>
  <!--header end -->
  <!--content start -->
  <div id="content">
    <!--left panel start -->
    <div id="left">这是左边的内容</div>
    <!--left panel end -->
    <!--right panel start -->
    <div id="right">这是右边的内容</div>
    <!--right panel end -->
   <div class="spacer"></div>   <!--清除元素的左右浮动，使浮动内容在父容器中 -->
  </div>
  <!--content end -->
  <!--footer start -->
  <div id="footer"> </div>
  <!--footer end -->
</div>
</body>
</html>
```

4．编写样式表文件

在 style.css 中书写样式代码，布局 index.html 的页面结构，代码如下：

源程序：style.css

```
/* CSS Document */
*{margin:0px; padding:0px;}/*清除不同浏览器对 margin、padding 解释的差异*/
body{
  padding:11px 0 14px 0; /*依次设置 body 的上、右、下、左的内边距*/
  margin:0;/*设置 body 的外边距为 0*/
  color:#000;/*设置 body 前景色*/
  background-color:#EFEFDF;/*设置 body 背景色*/
}
/* 用于清除元素左、右浮动，在整个页面中多次使用 */
.spacer{
  clear:both; /*不允许元素两边有浮动对象*/
```

```
  font-size:0; /*设置字体大小*/
  line-height:0;/*设置行高度*/
}
/*开始设置 container 样式*/
#container{
  width:981px;   /*设置宽度 981px*/
  margin:0 auto; /*设置上、下外边距为 0，左右外边距自动使其居中显示*/
}
/*结束设置 container 样式*/
/*开始设置 header 样式*/
#header{
  width:981px;/*设置 header 的内容宽度*/
  height:177px;/*设置 header 的内容高度*/
  background:url(../images/header.jpg)   no-repeat 0 0;/*设置背景图片在 header 中的(0,0)
       位置开始不重复显示*/
  position:relative;/*设置 header 内容的定位的基对象为 header*/
}
/*结束设置 header 样式*/
/*开始设置 maincontent 样式*/
#content{
  width:977px;/*设置 maincontent 的内容宽度*/
  margin: 13px auto;/*设置上下外边距为 13px，左右外边距自动使元素居中显示*/
}/*开始设置 left 样式*/
#left{
  width:357px;/*设置 left 的内容宽度*/
  float:left;/*设置 left 向左浮动*/
  }
/*结束设置 left 样式*/
/*开始设置 right 样式*/
#right{
  width:608px;/*设置 right 的内容宽度*/
  float:right;/*设置 right 向右浮动*/
}
/*结束设置 right 样式*/
/*结束设置 main content 样式*/
/*开始设置 footer 样式*/
#footer{
  width:977px;/*设置 footer 的内容宽度*/
  height:60px;/*设置 footer 的内容高度*/
  background:url(../images/footer_bg.gif) 0 0 repeat-x #323232;/*设置背景图片 url、
       显示位置、水平重复演示、背景色*/
  color:#fff;/*设置前景色为黑色*/
  margin:0 auto;/*设置上下外边距为 0px，左右外边距自动使元素居中显示*/
}
/*结束设置 footer 样式*/
/*结束 style 定义*/
```

上面的 index.html 和 style.css 中的代码还只是完成对页页布局的设计，即实现图 2-29 的布局。在实际开发中，可以把两个文件作为所有页面布局的模板。

上例中，content 部分采用了 float 属性使 left 块向左浮动，right 向右浮动。浮动也是属于定位的一种。float 属性可以取下面的三个值：none（默认值，元素不浮动）、left（元素向左浮动）、right（元素向右浮动）。图 2-31 阐明了浮动的原理：

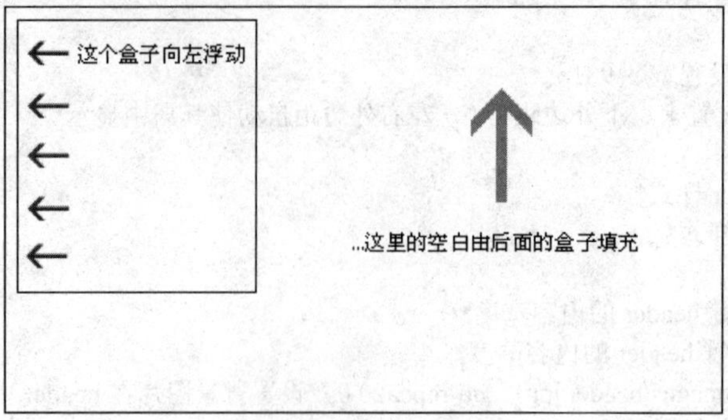

图 2-31　浮动的原图

如何实现这个效果？上例的 HTML 代码如下所示：

```
<div id="picture">
        <img src="bill.jpg" alt="Bill Gates">
</div>
<p>causas naturales et antecedentes,
idciro etiam nostrarum voluntatum...</p>
```

要实现图片向左浮动、而且被文字环绕的效果，你只需先设定图片所在盒子的宽度，然后再把 CSS 属性 float 设为 left 即可：

```
#picture {
        float:left;
        width: 100px;
    }
```

当属性设置 float（浮动）时，其所在的物理位置已经脱离文档流了，但是大多时候希望文档流能识别 float（浮动），或者是希望 float（浮动）后面的元素不被 float（浮动）所影响，这个时候就需要用 clear:both;来清除。设想这么一种情况，一个 div 包含的内容都设置了浮动，那么内容就脱离了文档流，将导致 div 实际没包含任何“内容”，如图 2-32 左图所示。

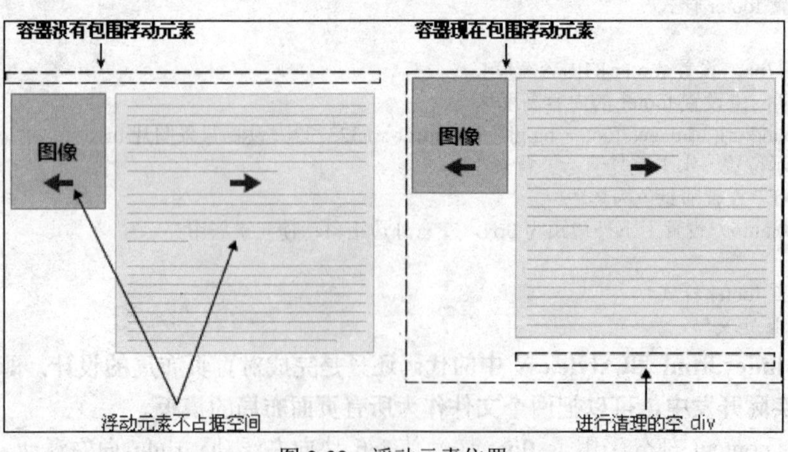

图 2-32　浮动元素位置

如何像图 2-31 右图那样在视觉上 div 包含内容呢？尤其在 div 要做边框显示的时候必须包含内容。

添加一个无任何内容的 div 并清除其左右两侧浮动对它的影响：

```
<div class="clear"></div>
  .clear{
        clear: both;
  }
```

这是为了布局效果而添加的无意义的标签，事实上很多网站也采取了这种策略。在这个案例中定义的类样式.spacer 采用这种策略。

5．布局 header 部分内容

在 index.html 中的<div id="header"> </div>中插入 header 部分内容，代码如下：

```
<div id="header">
      <ul>
        <li><a href="#" class="hover">Home</a></li>
        <li><a href="#">About Us</a></li>
        <li><a href="#">Services</a></li>
        <li><a href="#">Support</a></li>
        <li><a href="#">Communication</a></li>
        <li><a href="#">Why Choose Us</a></li>
        <li><a href="#">News</a></li>
        <li><a href="#">Testimonials</a></li>
        <li class="last"><a href="#">Contact Us</a></li>
      </ul>
      <a href="index.html"><img src="images/logo.gif" alt="jet 30"
       border="0" class="logo" /></a>
      <h1>make a huge difference in 1000 days</h1>
      <p>congue eu, aliquet eu, dignissim ac, arcu. <span class="txt1">Suspendisse</span>
       posuere eleifend arcu</p>
 </div>
```

在 style.css 中定义 header 部分使用的 html 选择符、id 样式、类选择符的样式，代码如下：

```
/*开始设置 header 样式*/
#header{
  width:981px;/*设置内容宽度*/
  height:177px;/*设置内容高度*/
  background:url(../images/header.jpg) 0 0 no-repeat ;/*设置背景图片 url、显示位置、不重复显示*/
  position:relative;/*设置 header 内容的定位的基对象为 header*/
}
/*以下六个样式设置菜单的显示*/
#header ul{
  background:url(../images/nav_bar.gif) 0 0 no-repeat;/*设置菜单的背景图片*/
  width:847px;/*设置内容宽度*/
  height:29px;/*设置内容高度*/
  position:absolute;/*设置相对于最近一个有定位设置的 header 元素的绝对定位*/
  left:31px;/*设置距离 header 左边界的距离*/
  top:6px;/*设置距离 header 顶边界的距离*/
```

```
    list-style-type:none;/*设置 ul 中的菜单项无标记*/
    padding:0 0 0 72px;/*设置内边距*/
  }
  #header ul li{
    background:url(../images/nav_div.gif) right top no-repeat;/*设置菜单项分隔图片 url、显示位置、不重复显示*/
    height:27px;/*设置菜单项高度*/
    float:left;/*设置菜单项向左浮动*/
    padding:0 1px 0 0;/*设置菜单项内边距*/
  }
  #header ul li a{
    display:block;/*设置菜单项超链接显示为块*/
    background:url(../images/nav_bg.gif) 0 0 repeat-x;/*设置菜单项超链接的背景图片 url、显示位置、水平重复显示*/
    padding:0 14px;/*设置超链接内边距*/
    font:bold 11px/27px Arial, Helvetica, sans-serif;/*设置超链接字体*/
    color:#344A04;;/*设置超链接字体颜色*/
    background-color:inherit;/*从父元素继承背景颜色属性设置*/
    text-decoration:none;/*去掉超链接文字的下划线*/
  }
  #header ul li a:hover{
    background:url(../images/nav_hover.gif) 0 0 repeat-x;/*设置鼠标悬停在超链接上时的背景图片 url、显示位置、水平重复显示*/
    color:#fff;/*设置鼠标放到超链接上时文字色彩为白色*/
    background-color:inherit;/*从父元素继承背景颜色属性的设置*/
  }
  #header ul li a.hover{/*此样式用于第一个菜单项*/
    display:block;/*设置 a.hover 样式以块显示*/
    background:url(../images/nav_hover.gif) 0 0 repeat-x;/*设置 a.hover 样式的背景图片 url、显示位置、水平重复显示*/
    padding:0 14px;/*设置 a.hover 样式的内边距*/
    font:bold 11px/27px Arial, Helvetica, sans-serif;/*设置 a.hover 样式的字体*/
    color:#fff;/*设置 a.hover 样式的文字颜色*/
    background-color:inherit;/*从父元素继承背景颜色属性的设置*/
    text-decoration:none;/*去掉超链接文字的下划线*/
    cursor:text;/*设置鼠标显示为手形*/
  }
  #header ul li.last{
    background-image:none;/*取消菜单项的背景图片，用于最后一个菜单项*/
  }
  /*以下一个样式设置 logo 的显示*/
  #header img.logo{
    position:absolute;/*设置相对于最近一个有定位设置的 header 元素的绝对定位*/
    left:40px;/*设置距离 header 左边界的距离*/
    top:98px;/*设置距离 header 顶边界的距离*/
    width:249px;/*设置 logo 的宽度*/
```

```
  height:72px;/*设置 logo 的高度*/
}
/*以下一个样式设置 header 中的标题显示*/
#header h1{
  background:url(../images/slogan.gif) 0 0 no-repeat;/*设置背景图片 url、显示位置、不重复显示*/
  position:absolute;/*设置相对于最近一个有定位设置的 header 元素的绝对定位*/
  left:411px;/*设置距离 header 左边界的距离*/
  top:108px;/*设置距离 header 顶边界的距离*/
  width:484px;/*设置标题宽度*/
  height:32px;/*设置标题高度*/
  text-indent:-10000px;/*让文字缩进一个很大的负值，使其移出屏幕显示区域，以显示背景图片上的文字*/
}
/*以下两个样式设置 header 中的段落显示*/
#header p{
  font:normal 12px/19px Arial, Helvetica, sans-serif;/*设置 P 的字体*/
  color:#fff;/*设置 P 文字色彩为白色*/
  background-color:inherit;/*从父元素继承背景颜色属性的设置*/
  position:absolute;/*设置相对于最近一个有定位设置的 header 元素的绝对定位*/
  left:411px;/*设置距离 header 左边界的距离*/
  top:142px;/*设置距离 header 顶边界的距离*/
}
#header p span.txt1{
  color:#fff;/*设置段落中 span 标记元素的文字颜色为白色*/
  background-color:#1E6887;/*设置段落中 span 标记元素的背景色*/
}
/*结束设置 header 样式*/
```

6．布局 content 部分内容

（1）布局 content 部分的 left 部分内容。

在 index.html 的<div id="content"> </div>中插入 left 部分内容，代码如下：

```
<!--left panel start -->
<div id="left">
  <div class="leftbg">
        <img src="images/lft_pic1.gif" class="pic" />
        <p class="boxTxt">
              <span><img src="images/one.gif" />Pharetra elit arcu</span>
              <b>Nunc magna turpis, molestie sit amet</b>, vehicula non, bibendum
              sagittis, quam condimentum porta.
        </p>
        <br class="spacer" />
  </div>
  <div class="leftbg">
        <img src="images/lft_pic2.gif" class="pic" />
        <p class="boxTxt">
              <span><img src="images/two.gif" />TurpisIntegerac</span>
              <b>Duis iaculis lobortis leo</b>, venenatis dignissim. Nam massa
              lorem, suscipit nonummy,
```

```
            </p>
            <br class="spacer" />
  </div>
  <div class="leftbg">
            <img src="images/lft_pic3.gif" class="pic" />
            <p class="boxTxt">
                    <span><img src="images/three.gif" />Volutpat ullamco</span>
                    <b>Phasellus dapibus odio eu</b>, ipsum ac turpis. Integer ac libero
                    eu orci pharetra eges
            </p>
            <br class="spacer" />
  </div>
</div>
<!--left panel end -->
```

在 style.css 中设置 content 中 left 部分所使用的样式，代码如下：

```
/*开始设置 left 样式*/
#left{
  width:357px;/*设置内容宽度*/
  float:left;/*设置向左浮动*/
  }
/*以下五个样式设置 left 中内容块的显示*/
#left div.leftbg{
  width:324px;/*设置 left 的块内容宽度*/
  background:url(images/lft_box_bg.gif) 0 0 no-repeat #EAEADA;/*设置 left 的块背景图片 url、显示位置、不重复显示、背景颜色*/
  border:#DDDDCA solid 7px;/*设置 left 内容块的边的颜色、线型、宽度*/
  margin:0 0 4px 0;/*设置 left 内容块的外边距*/
  padding:5px 10px 6px 9px;/*设置 left 内容块的内边距*/
  color:#878767;/*设置 left 内容块的文字颜色*/
}
#left div img.pic{
  width:80px;/*设置 left 内容块中左侧图片的宽度*/
  height:74px;/*设置 left 内容块中左侧图片的高度*/
  margin:5px 0 0 0;/*设置 left 内容块中左侧图片的外边距*/
  float:left;/*设置 left 内容块中左侧图片向左浮动*/
}
#left div p.boxTxt{
  float:right;/*设置 left 内容块中文字段落向右浮动*/
  padding:0 0 0 15px;/*设置 left 内容块中文字段落内边距*/
  border-left:#F9F9F1 solid 2px;/*设置 left 内容块中文字段落左边框的颜色、线型、宽度*/
  font:normal 11px/16px "Trebuchet MS", Arial, Helvetica, sans-serif;/*设置 left 内容块中文字段落字体*/
  width:199px;/*设置 left 内容块文字段落宽度*/
}
#left div p span{
  font:normal 19px/17px Arial, Helvetica, sans-serif;/*设置 left 内容块文字段落中 span 元素中文字的字体*/
  color:#D76E08;/*设置 left 内容块文字段落中 span 元素中文字的颜色*/
```

```
  background-color:inherit;/*从父元素继承背景颜色属性的设置*/
  margin:0 0 10px 0;/*设置 left 内容块文字段落中 span 元素外边距*/
  display:block;/*设置 left 内容块文字段落中 span 元素以块显示*/
}
#left div    p span img{
     margin-right:5px;/*设置 left 内容块文字段落中 span 元素中的图片的右边距*/
     height:17px;/*设置 left 内容块文字段落中 span 元素中的图片的高度*/
}
/*结束设置 left 样式*/
```

（2）布局 content 部分的 right 部分内容。

在 index.html 的<div id="content"> </div>中插入 right 部分内容，代码如下：

```
<!--right panel start -->
        <div id="right">
            <p class="rightTop"></p>
            <h2>About Jet 30</h2>
            <p class="rightTxt1">CSS (Cascading Style Sheets) Templates is one of my favorites because they
are fast to load and easily compatible across all major browsers. However, you will need to have some knowledge on
CSS, HTML or JavaScript in order to code up a decent site purely using CSS.</p>
            <p class="rightTxt2"> Jet 30 is a free, tableless, W3C-compliant web design layout by Template
World. This template has been tested and proven compatible with all major browser environments and operating
systems. You are free to modify the design to suit your tastes in any way you like.<br/>
                <br/>
                <span>These templates are licensed under a Creative Commons Attribution 2.5 License.</span> </p>
            <p class="rightPic"></p>
            <p class="rightBottom"></p>
             <br class="spacer" />
        </div>
        <!--right panel end -->
```

在 style.css 中设置 content 中 right 部分所使用的样式，代码如下：

```
/*开始设置 right 样式*/
#right{
  width:608px;/*设置内容宽度*/
  float:right;/*设置向右浮动*/
  background:url(../images/right_panel_bg.gif) 0 0 repeat-y;
  /*设置背景图片 url、位置、垂直方向重复显示*/
}
/*以下一个样式显示 right 背景图片上面的线*/
#right p.rightTop{
  background:url(../images/right_top.gif) 0 0 no-repeat;
  /*设置显示为上边线的图片的 url、位置、不重复显示*/
  width:608px;/*设置图片宽度*/
  height:26px;/*设置图片高度*/
}
/*以下一个样式修饰 right 中的内容标题*/
#right h2{
  font:bold 30px/22px Arial, Helvetica, sans-serif;/*设置字体*/
```

```
    color:#222222;/*设置前景色*/
    background-color:inherit;/*设置背景色*/
    margin:0 0 16px 0;/*设置外边距*/
    padding:0 0 0 38px;/*设置内边距*/
  }
  /*以下一个样式修饰 right 中的第一个文字段落*/
  #right p.rightTxt1{
    font:normal 13px/18px Arial, Helvetica, sans-serif;/*设置字体*/
    color:#62625C;/*设置前景色*/
    background-color:inherit;/*设置背景色*/
    padding:0 38px 10px 38px;/*设置内边距*/
  }
  /*以下两个样式修饰 right 中的第二个文字段落*/
  #right p.rightTxt2{
    font:normal 13px/18px Arial, Helvetica, sans-serif;/*设置字体*/
    color:#62625C;/*设置前景色*/
    background-color:inherit;/*设置背景色*/
    padding:0 0 20px 38px;/*设置内边距*/
    margin:0 27px 0 0;/*设置外边距*/
    float:left;/*设置向左浮动*/
    width:349px;/*设置段落内容宽度*/
  }
  #right p.rightTxt2 span{
    font:bold 17px/18px Arial, Helvetica, sans-serif;/*设置 span 标记中文字的字体*/
    color:#D76E08;/*设置 span 标记中文字前景色*/
    background-color:inherit;/*设置 span 标记中文字背景色*/
    display:block;/*设置 span 标记以块显示*/
    border-bottom:#BCBCB5 dashed 1px;/*设置 span 标记块的下边框的颜色、虚线型、宽度*/
    width:340px;/*设置 span 块的内容宽度*/
    margin:0 0 15px 0;/*设置 span 块的外边距*/
  }
  /*以下一个样式修饰 right 中的图片*/
  #right p.rightPic{
    background:url(../images/right_panel_pic.gif) 0 0 no-repeat;/*设置图片 url、显示位置、不重复显示*/
    width:166px;/*设置图片宽度*/
    height:155px;/*设置图片高度*/
    float:left;/*设置图片向左浮动*/
    margin:0 0 0 0;/*设置图片外边距*/
  }
  /*以下一个样式显示 right 背景图片下面的线*/
  #right p.rightBottom{
    background:url(../images/right_bottom.gif) 0 0 no-repeat;/*设置显示为下边线的图片 url、显示位置、不
重复显示*/
    width:608px;/*设置图片宽度*/
    height:20px;/*设置图片高度*/
    float:left;/*设置图片向左浮动*/
```

```
}
/*结束设置 right 样式*/
```

7．布局 footer 部分内容

在 index.html 的<div id="footer"> </div>中插入 footer 部分内容，代码如下：

```
  <!--footer start -->
  <div id="footer">
    <p class="copyright">&copy;Jet 30. All rights reserved.</p>
    <a href="http://validator.w3.org/check?uri=referer" target="_blank" class="xht"></a>
    <a href="http://jigsaw.w3.org/css-validator/check/referer" target="_blank" class="cs"></a>
</div>
  <!--footer end -->
```

在 style.css 中设置 footer 中所使用的样式，代码如下：

```
/*开始设置 footer 样式*/
#footer{
  width:977px;/*设置 footer 的内容宽度*/
  height:60px;/*设置 footer 的内容高度*/
  background:url(../images/footer_bg.gif) 0 0 repeat-x #323232;
  /*设置背景图片 url、显示位置、水平重复、背景色*/
  color:#fff;/*设置前景色为黑色*/
  margin:0 auto;/*设置上下外边距为 0px，左右外边距自动使元素居中显示*/
  position:relative;/*设置 footer 内容的定位的基对象为 footer*/
}
/*以下一个样式修饰版权内容*/
#footer p.copyright{
  font:normal 11px/19px Arial, Helvetica, sans-serif;/*设置字体*/
  color:#D76E08;/*设置前景色*/
  background-color:inherit;/*设置背景色*/
  position:absolute;/*设置相对于最近一个有定位设置的 footer 元素的绝对定位*/
  left:19px;/*设置距离 footer 左边界的距离*/
  top:23px;/*设置距离 footer 上边界的距离*/
}
/*以下两个样式修饰 XHTML 按钮*/
#footer a.xht{
  width:98px;/*设置内容宽度*/
  height:20px;/*设置内容高度*/
  background:url(../images/xhtml_bg.gif) 0 0 no-repeat;/*设置背景图片 url、显示位置、不重复显示*/
  position:absolute;/*设置相对于最近一个有定位设置的 footer 元素的绝对定位*/
  left:757px;/*设置距离 footer 左边界的距离*/
  top:20px;/*设置距离 footer 上边界的距离*/
}
#footer a.xht:hover{
  background:url(../images/xhtml_bg_hover.gif) 0 0 no-repeat;/*设置鼠标悬停时的背景图片 url、显示位
置、不重复显示*/
}
/*以下两个样式修饰 CSS 按钮*/
#footer a.cs{
```

```
  background:url(../images/css_bg.gif) 0 0 no-repeat;/*设置背景图片 url、显示位置、不重复显示*/
  width:98px;/*设置内容宽度*/
  height:20px;/*设置内容高度*/
  position:absolute;/*设置相对于最近一个有定位设置的 footer 元素的绝对定位*/
  left:866px;/*设置距离 footer 左边界的距离*/
  top:20px;/*设置距离 footer 上边界的距离*/
}
#footer a.cs:hover{
  background:url(../images/css_bg_hover.gif) 0 0 no-repeat;
  /*设置鼠标悬停时的背景图片 url、显示位置、不重复显示*/
}
/*结束设置 footer 样式*/
```

2.6.2 用户注册页面设计

设计一个通用的用户注册页面。注册信息包括：用户 ID 号、密码、真实姓名、用于找回密码的问题与答案、电话号码、身份证及电子邮箱等。其中用户 ID 号、密码、身份证及电子邮箱为必填项，要求用 Javascript 进行格式验证。

例 2-29：验证表单

源文件：register.html

```
<html>
<head>
  <title>注册</title>
  <script language="javascript">
   function checkform(form){
   //定义一个变量，引用表单对象
   var theform=form;
   //定义验证用户 ID 的正则表达式：用户 ID 号由字母、数字、下划线等组成，
   //长度为 6-20 位
   var userId_patrn=/^([a-zA-Z0-9]|[_]){6,20}$/;
   //定义验证密码正则表达式：密码由字母、数字、下划线、$等组成, 长度为 6-20 位
    var password_patrn=/^([a-zA-Z0-9]|[_]){6,20}$/;
   //正则表达式，15 位且全是数字（旧身份证）
   var isIDCard1=/^\d{15}$/;
   //正则表达式，18 位且前 17 位全是数字，最后一位只能是数字或 x 或 X（新的身份证）
   var isIDCard2= /^\d{17}(\d|x|X)$/;
   //电子邮箱正则表达式
   var isEmail=/^[\w-]+(\.[\w-]+)*@[\w-]+(\.[\w-]+)+$/;
    //检验用户 ID 号
    if(!userId_patrn.exec(theform.userId.value)){
      alert("用户 ID 号由字母、数字、下划线等组成，长度为 6-20 位!");
      theform.userId.focus();
      return false;
    }
    //检验密码
    if(!password_patrn.exec(theform.password.value)){
```

```
        alert("密码由字母、数字、下划线、$等组成，长度为 6-20 位!");
        theform.password.focus();
        return false;
        }
      //验证身份证
        if(!(isIDCard1.exec(theform.IdentityCardID.value)||isIDCard2.exec
        (theform.IdentityCardID.value))){
        alert("身份证号不对!");
        theform.IdentityCardID.focus();
        return false;
        }
        //验证邮箱格式
        if(! isEmail.exec(theform.email.value)){
        alert("电子邮箱格式不正确!");
        theform.email.focus();
        return false;
        }
        return true;
    }
    </script>
  </head>
  <body>
   <center>
    <form name="registerForm" method="post" action="">
    <table border="2">
     <tr>
      <td colspan="2" align="center">用户注册</td>
      </tr>
      <tr>
      <td>用户 ID:</td>
      <Td><input type="text" name="userId">
      <font color="#ff0000" size="2">* 用户 ID 号由字母、数字、下划线组成，长度为 6
       -20 位</font></Td>
      </tr>
      <tr>
      <td>密码：</td>
      <td><input type="password" name="password">
      <font color="#ff0000" size="2">* 密码由字母、数字、下划线、$等组成，长度为 6
       -20 位</font></td>
      </tr>
      <tr>
      <td>真实姓名：</td>
      <td><input type="text" name="userName"></td>
      </tr>
      <tr>
      <td>身份证号：</td>
```

```
<td><input type="text" name="IdentityCardID"><font color="#ff0000"
 size="2">* </font></td>
</tr>
<tr>
<td>电话：</td>
<td><input type="text" name="telephone"></td>
</tr>
<tr>
<td>手机：</td>
<td><input type="text" name="mobile"></td>
</tr>
<tr>
<td>电子邮箱：</td>
<td><input type="text" name="email"> <font color="#ff0000" size="2">*
</font></td>
</tr>
<tr>
<td>选择问题:</td>
<td> <select   name="question">
    <option value="1">您宠物的名字</option>
    <option value="2">您最喜欢的明星</option>
    <option value="3">您最喜欢的运动</option>
    </select>
    <font color="#ff0000" size="2">* 请设置一个问题，以方便以后找回丢失的密码</font></td>
</tr>
<tr>
 <td>您的答案:</td>
 <td><input type="text" name="answer" size="30"/></td>
 </tr>
 <tr>
 <td colspan="2" align="center">
 <input type="submit" value="提交"   onclick="return checkform
  (registerForm);">
     <input type="reset" value="取消" >
 </tr>
</table>
</form>
</center>
</body>
</html>
```

上例运行结果如图 2-33 所示。页面中用红色"*"标注的项为必填项。如果用户没填写信息或填写的信息不满足格式要求，则在单击"提交"按钮时，script 会提示相关信息，数据不会提交，第一个不满足格式要求的组件会获得焦点。

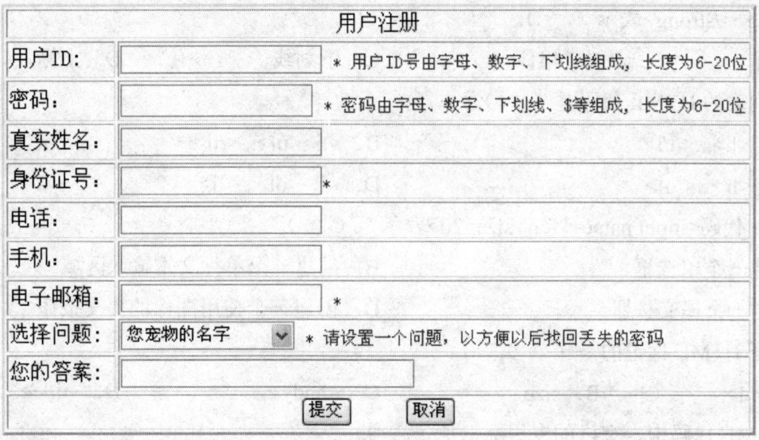

图 2-33　用户注册界面

习题二

1. 填空题

（1）完成下面实现 Form 表单提交用户登录信息的 html 代码。

```
<form action="#"    method="post"    name="form1">
用户名：  <input type="text" name="username"><br>
密码：    <input type="________" name="pass"><br>
<input type="________" value="登录">
<input type="reset"    value="取消">
</form>
```

（2）验证身份证号码的正则表达式为________。

（3）CSS 的两个主要特性是________、________。

（4）HTML 中，添加注释的开始标记是________，结束标记是________。

（5）HTML 中插入表格使用的标记是________。

（6）<form>标记中的 method 属性的值为________或________，其默认为________。

（7）CSS 即________的简称。

（8）CSS 样式表基本语法包括三部分：________、________、________。

（9）JavaScript 中，用于遍历数组或者对象的属性的语句为________。

2. 选择题

（1）HTML 中<body text=red>，表示（　　）。

A．正在单击文字的色彩是红色　　B．可链接文字的色彩是红色

C．非可链接文字的色彩是红色　　D．已链接文字的色彩是红色

（2）链接（Link）基本语法是（　　）。

A．<a goto="URL"> ... </a>　　B．<a herf="URL"> ... </a>

C．<a link="URL"> ... </a>　　D．<a src="URL"> ... </a>

（3）<strong></strong>表示（　　）。

A．斜体　　B．粗体　　C．下划线　　D．上标

（4）有序列表的 HTML 代码是（　　）。

A．<ul><li>...</ul>　　B．<li><ul>...</li>

C．<ol><li>...</ol>　　D．<li><ol>...<li>

（5）HTML 代码<input name="foo" size=20>表示？（　　）

A．创建一个单选框　　B．创建一个单行文本输入区域

C．创建一个提交按钮　　D．创建一个使用图像的提交按钮

（6）不属于 HTML 标记的是（　　）。

A．<html>　　B．size　　C．<body>　　D．<title>

（7）在 HTML 代码中，空格的专用标记是（　　）。

A．
　　B．<p>　　C． 　　D．< >

（8）自动换行的标记是（　　）。

A．
　　B．<p>　　C．<\t>;　　D．\n

（9）CSS 文件的扩展名为（　　）。

A．.txt　　B．.html　　C．.htm　　D．.css

（10）下列选择符优先级最高的是（　　）。

A．类选择符　　B．标记选择符

C．ID 选择符　　D．分组选择符

3. 简答题

（1）Form 表单有两种提交数据的方法：post 和 get，请简述这两种方式的区别？

（2）简述内联样式表。

（3）正则表达式的作用是什么？

第三章 JDBC 数据库编程

本章要点

在 Java Web 编程中，有大量数据库操作，在 Java 中，提供了 JDBC API 来操作数据库。本章介绍 JDBC 相关知识及 JDBC 编程要点，并通过实例介绍 JDBC 编程基本步骤。

3.1 JDBC 简介

3.1.1 JDBC 的概念及特点

JDBC（Java DataBase Connectivity，Java 数据库连接）是一种用于执行 SQL 语句的 Java API，可以为多种关系数据库提供统一的访问接口。JDBC 由一组用 Java 语言编写的类与接口组成，通过调用这些类和接口所提供的方法，能够以一致的方式连接多种不同的数据库系统（如 Access、SQL Server、Oracle、Sybase 等），进而使用标准的 SQL 语言来存取数据库中的数据。

用 JDBC 写的程序能够自动地将 SQL 语句传送给相应的数据库管理系统（DBMS）。不但如此，使用 Java 编写的应用程序可以在任何支持 Java 的平台上运行，不必在不同的平台上编写不同的应用程序。Java 和 JDBC 的结合可以在开发数据库应用时真正实现“一次开发，可随处运行”！简单地说，JDBC 能完成下列 3 个功能：

- 与数据库建立连接；
- 向数据库发送 SQL 指令；
- 处理数据库返回的结果。

3.1.2 JDBC 体系结构

JDBC API 通过数据库驱动程序管理器（DriverManager）加载具体的数据库驱动程序。数据库驱动程序负责与具体数据库的透明连接，如图 3-1 所示。JDBC 数据库驱动程序管理器将确保正确的驱动程序被用于连接数据源。它可以同时支持与不同数据库的连接。JDBC 数据库驱动程序管理器将标准 JDBC 指令转换成适用于不同数据库的通信网络协议指令或其他 API 指令，这种指令的转换机制，使基于 JDBC 接口开发的程序可以独立于数据库的种类。如果底层的数据库被更换了，用户只需相应地替换程序中所引用的 JDBC 驱动程序即可。

3.1.3 JDBC 的种类

数据库连接对动态网站设计是最重要的部分。大多主流数据库厂商都提供了 JDBC 驱动程序，通过 JDBC 驱动程序与数据库相连，就可以对数据库执行查询与更新操作。目前，JDBC 驱动程序主要有以下四种：

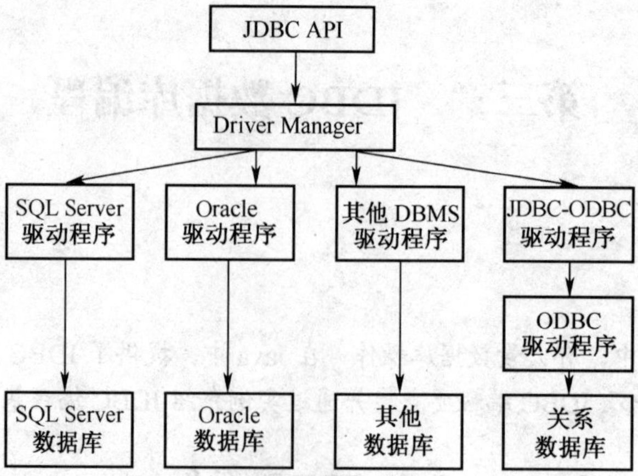

图 3-1 JDBC 结构

1．JDBC-ODBC 桥（TYPE 1）

第 1 类驱动程序用于与 ODBC（OpenDatabaseConnectivity）连接，通过 JDBC-ODBC 桥使基于 JDBC 的程序能通过传统的 ODBC 驱动程序访问数据库。由于大多数数据库系统都带有 ODBC 驱动程序，所以 Java 程序能访问诸如 Oracle、Sybase、MS SOL Server、MS Access 等数据库。这一驱动程序已被包括在 Java 2 SDK 的 sun.jdbc.odbc 包中。JDBC-ODBC 桥由于引入了 ODBC 访问层（见图 3-2），而且 JDBC 与 ODBC 之间的调用是进程外调用，所以程序的执行效率会降低，不适合用于中、大型系统。一般用于对 JDBC 的学习或用于没有其他类型驱动程序的数据库，如 MS Access、Excel、FoxPro 等。

2．本地 API（TYPE 2）

第 2 类驱动程序把客户 JDBC API 的调用转换为 Oracle、Sybase、Informix、DB2 或其他 DBMS 的 API 调用。JDBC 驱动程序使用 Java 本地接口（Java Native Interface）向本地的数据库 API 发送指令。所以它要求在本地安装连接目标数据库的类库，如图 3-3 所示。

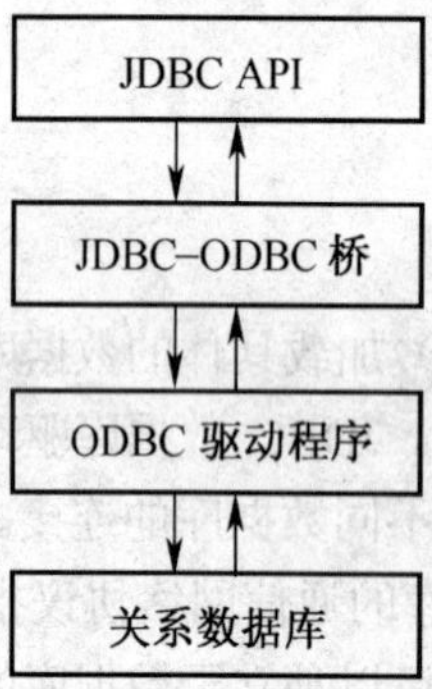

图 3-2 第 1 类驱动

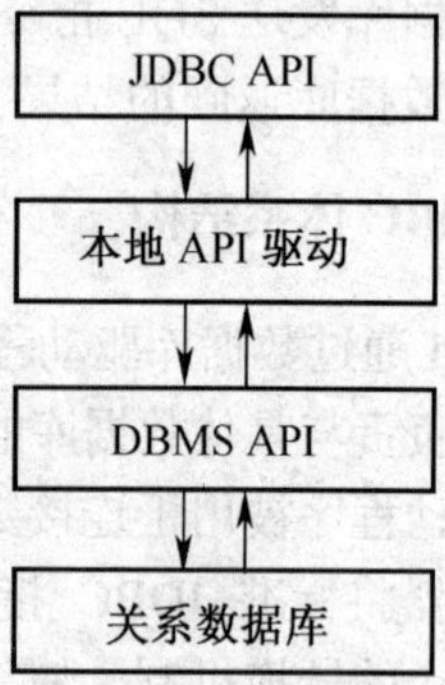

图 3-3 第 2 类驱动

3．Java 到网络协议（TYPE 3）

第 3 类驱动程序是纯 Java 的驱动程序，它通过一定的网络协议与数据库服务器上的 JDBC 中间件（Middleware）通信。这一中间件程序将网络协议指令转换成数据库指令。第 3 类驱动程序是最灵活的 JDBC 方案，因为它不要求在访问数据库的 Java 程序所在地端安装目标数据库的类库，使 Java 应用程序可通过网络协议与不同的数据库通信，如图 3-4 所示。

4．本地协议纯 Java 驱动程序（TYPE 4）

第 4 类驱动程序也是纯 Java 的，它通过实现特定的数据库协议（如 Oracle 公司的 SQL*Net）直接与数据库通信，如图 3-5 所示。和第 3 类驱动程序一样，它直接与数据库通信，所以其效率是 4 种驱动程序中最高的。其缺点是：当目标数据库的类型更换时，必须重新购买 JDBC 驱动程序，并在本地安装。

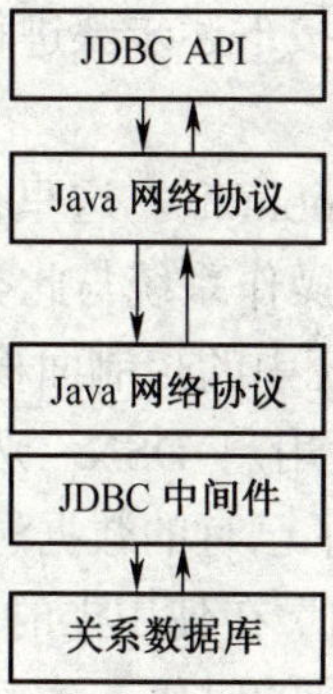

图 3-4　第 3 类驱动

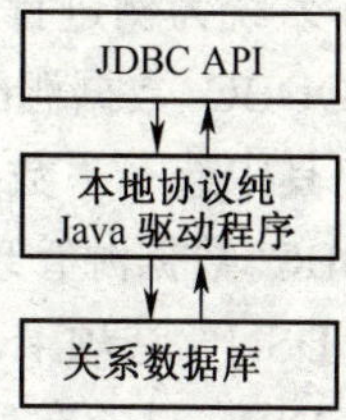

图 3-5　第 4 类驱动

3.1.4　JDBC URL

JDBC URL 提供了一种标识数据库的方法，可以使相应的驱动程序能够识别该数据库并与它建立连接。标准的 JDBC URL 的格式如下：

jdbc:<子协议名>:<子名称>

JDBC URL 由三个部分组成，各个部分之间用冒号分隔。<子协议名>是指数据库连接的方式。<子名称>可以根据子协议名的改变而变化。

JDBC-ODBC 桥驱动程序使用 ODBC 子协议。该子协议的 URL 格式如下：

jdbc:odbc:<data_source_name>[;<attribute_name>=<attribute_valuel>]……[;<attribute_namen>=<attribute_valuen>]

其中：data_source_name 指本地 ODBC 数据源的名字。例如：假设在 ODBC 配置程序中配置了数据源 mydb（mydb 可以是 ODBC 支持的任何数据库），则对应的 URL 格式为：

jdbc:odbc:mydb [;user=用户名;password=密码]

其中 user 和 password 是登录具体数据库的账号（login）。一般在 URL 中可以省略，而在连接数据库时再传递这两个参数。

如果是其他的数据库，请参考对应数据库厂商的 API 文档。下面是常用数据库的 TYPE 4 类型驱动程序的 URL：

1．Oracle（thin 连接方式）

jdbc:oracle:thin:@服务器名/IP 地址:1521:数据库实例名

2．SQL Server 2000

jdbc:microsoft:sqlserver:// 服务器名/IP 地址:1433[;databaseName=数据库名]

3．SQL Server 2005

jdbc:sqlserver:// 服务器名/IP 地址:1433[;databaseName=数据库名]

4．MySQL

jdbc:mysql:// 服务器名/IP 地址:3306/数据库名

JDBC 的设计目标之一就是让它成为一个公共的接口，对于不同的数据库，只需要修改对应的驱动程序和连接数据库的 URL 就可以了，而不需要去修改对应的 SQL 语句。所以，本书后面的例题将主要以 MySQL 来讲解 JDBC 的特征、用法。

3.1.5 ODBC 数据源配置

如果你希望用 JDBC-ODBC 来完成本章的学习内容，请按下述步骤进行 ODBC 数据源配置，否则你可以跳过本节。

（1）在 Access 中创建一个数据库，保存到 d:\student.mdb。这里的操作画面是以 Windows XP 操作系统为例进行说明的，Windows NT/2005 等操作系统与此类似。

（2）进入 ODBC 数据源配置程序：打开 Windows 系统中的控制面板，找到“管理工具”，进入管理工具中选择“数据源（ODBC）”图标，选择“用户 DSN”选项卡，出现如图 3-6 所示的“ODBC 数据源管理器”对话框。对话框中显示了已有的数据源名称。在这里也可以选择“系统 DSN”选项卡。“系统 DSN”和“用户 DSN”在使用上的区别在于：“用户 DSN”上设置的 DSN 只能在使用进行设置操作的用户名登录的时候，才可以使用；而“系统 DSN”则针对任何登录的用户都可以使用。

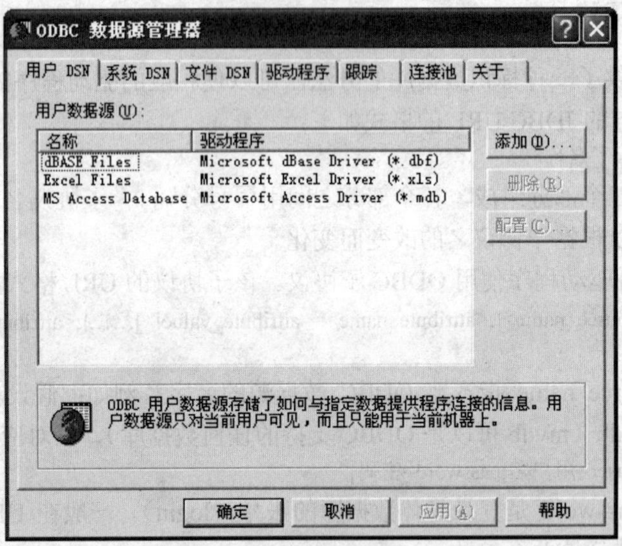

图 3-6 ODBC 数据源配置程序

（3）创建新的数据源：在图 3-6 所示的画面中，单击“添加”按钮出现选择列表，此时选择“**Microsoft Access Driver(*.mdb)**”作为新数据源的驱动程序，单击“完成”按钮，出现如图 3-7 所示的对话框。

（4）为新数据源命名，并与指定的数据库关联：在图 3-7 中的“数据源名”文本框中输入数据源名，如 mydb。再单击“选择”按钮，出现如图 3-8 所示的“选择数据库”对话框。选择某驱动器下、某个目录下的数据库即可。这里选择 d:\student.mdb 数据库。单击“确定”按钮，又回到图 3-7 所示的画面。

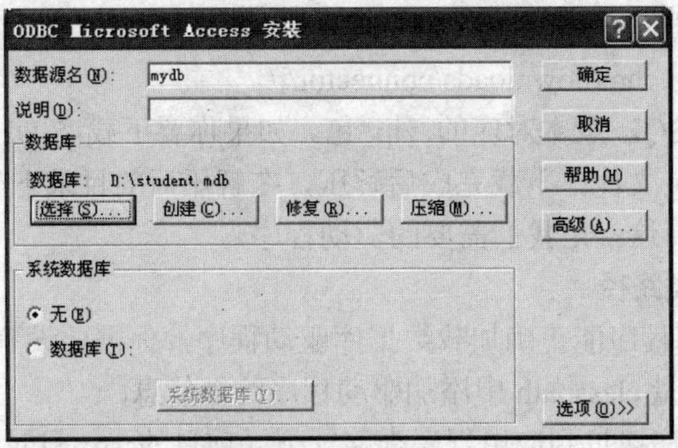

图 3-7　输入数据源名并选择数据库

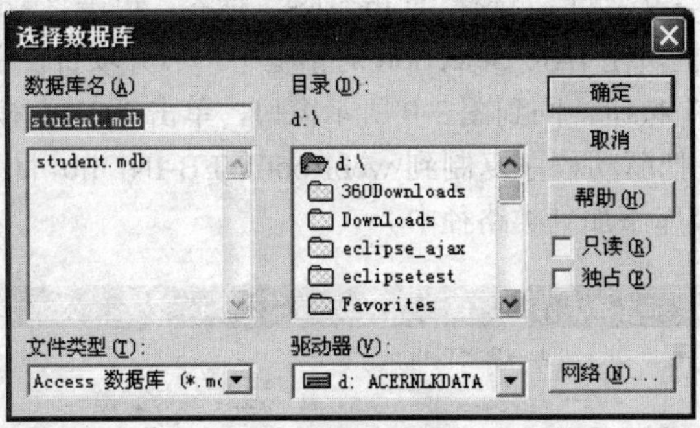

图 3-8　选择数据库

（5）设置用户的登录名称和密码：如果用户需要为数据源“mydb”设置一个登录名称和密码，就单击图 3-7 中的“高级”按钮，否则单击“确定”按钮以完成数据源设置的全部操作。

需要说明的是，对于不同类型的数据库，在建立 ODBC 数据源时，根据选择的数据库驱动程序的不同，数据源的设置画面也会不相同。

3.1.6　JDBC 数据库开发环境配置

1．安装并配置数据库

你可以选择你感兴趣的或你熟悉的任何一种数据库来学习本章内容，建议使用 MySQL，因为 MySQL 是免费的，而且在 WEB 开发中应用广泛。MySQL 下载地址：http://download.MySQL.cn/。数据库的具体安装与配置方法不在本书范围，请读者自己查找相关学习资料。

特别提示：为了使你的 JDBC 应用程序能很好的支持中文，请将你使用的数据库的默认字符集（default-character-set）修改为“gb2312”。

修改 MySQL 默认字符集可以用 MySQL Server Instance Config Wizard 或者修改 MySQL 安装目录下的 my.ini 文件中的“default-character-set”。

2．下载相关驱动程序

你可以到相关数据库厂商的网站去下载需要的数据库驱动程序。

MySQL 的 JDBC 驱动程序下载地址：

http://mysql.ntu.edu.tw/Downloads/Connector-J/

或 http://www.mysql.com/downloads/connector/j/

请下载与你的 MySQL 版本对应的 zip 包。如果你要下载 5.1.10 版本，请下载 mysql-connector-java-5.1.10.zip 文件。下载完成后解压，在解压后的目录下有一个 mysql-connector-java-5.1.10-bin.jar 文件，这就是我们需要的驱动程序。

3．设置驱动程序类路径

要使你的 Java 应用程序能正确加载数据库驱动程序，你需要设置驱动程序的类路径。

方法一：在环境变量 classpath 中添加驱动程序路径信息。

方法二：把驱动程序拷贝到应用程序类路径下（项目的 src 目录）。然后，在 MyEclipse 中，右击项目名，在弹出的下拉菜单中，选择“build path”→“configure build path”将打开项目属性对话框，如图 3-9 所示。选择“Libraries”标签，单击“Add JARs”按钮，将打开“JAR Selection”对话框，在 JAR Selection 对话框中，展开项目，选中 src 目录下的驱动程序 jar 文件，单击“OK”按钮，回到图 3-9 所示窗口，单击“OK”按钮完成配置。

对于 WEB 项目，把驱动程序复制到\webRoot\WEB-INF\lib 目录就可以了。MyEclipse 会自动把 lib 目录下的类库添加到类路径中。

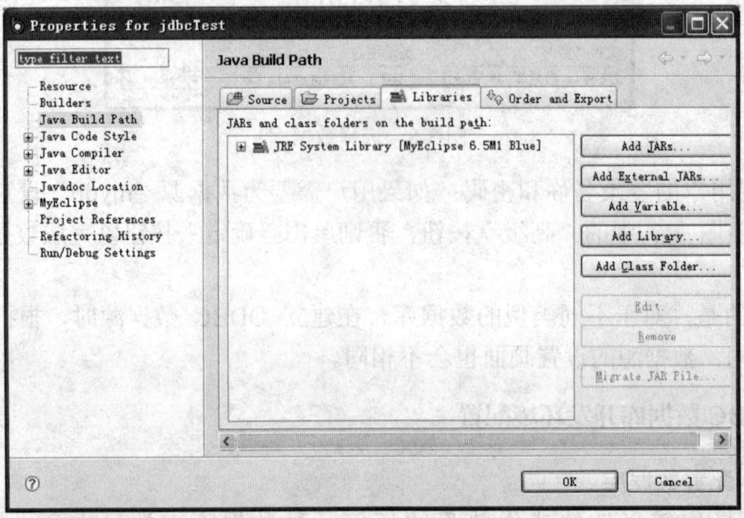

图 3-9　项目属性对话框

4．创建数据库和表

在本书中，使用 MySQL 数据库，读者可以参考下面的 SQL 脚本代码创建数据库和表。数据库名为 mytest，表名分别为 students（学生表）、Speciality（专业表）、department（系部表）。

```
Create database mytest
Use mytest
create   table department(
 dep_id   char(2) primary key,
 dep_name char(40)
)
create table speciality(
```

```
    spe_id char(4) primary key,
    spe_name char(40),
    dep_id char(2)
)
create table students(
    sno char(14) primary key,
    sname char(10) not null,
    sage integer,
    ssex char(2),
    spe_id char(4) ,
    photo longBlob
)
Create table adminUser(
userName char(20) primary key,
password char(20),
realName char(10),
sex char(2),
email char(40),
phone char(11)
userRole int
)
```

添加完整性约束

```
alter table students add constraint fk_speid foreign key(spe_id) references speciality(spe_id)
on delete cascade ----级联删除
on update cascade ----级联修改
alter table speciality add constraint fk_depid foreign key(dep_id) references department(dep_id)
on delete cascade
on update cascade
```

如果你使用其他数据库，也可以参考上述代码，只要对部分数据类型作相应的修改就可以了。

5．输入测试用数据

请读者在进行 JDBC 编程学习之前，先在上述表中输入部分测试数据。

```
insert into department values('01','计算机系')
insert into department values('02','电子系')
insert into speciality values('0101','计算机应用','01')
insert into speciality values('0102','计算机网络','01')
insert into speciality values('0201','电子工程','02')
insert into speciality values('0202','电气自动化','02')
insert into students values('2009001','张伟','18','女','0101')
insert into students values('2009002','刘勇','19','男','0101')
insert into adminUser(userName,password,userRole) values("admin","admin",0)
```

3.2　通过 JDBC 访问数据库

3.2.1　JDBC 访问数据库的基本步骤

1．加载 JDBC 驱动程序

在和某一特定数据库建立连接之前，必须首先加载一种可用的 JDBC 驱动程序。这需要使用下列方法来加载 JDBC 驱动程序：

```
Class.forName("DriverName");
```

或：

```
new DriverName //不常用
```

使用 Class 类的 forName()方法来装载数据库驱动类，并进行类的初始化操作。对于数据库驱动程序来说，还会向 DriverManager 注册自己，这是在使用 JDBC 的程序中的第一步。

因为在创建对象的时候，也会加载相应的类，所以，在一些程序中，也可能有人使用实例化一个数据库驱动对象的方法，但不推荐使用这种方法（没有必要产生一个驱动对象）。

“DriverName”是要加载的 JDBC 驱动程序名称。驱动程序名称根据数据库厂商提供的 JDBC 驱动程序的种类来确定。

下面是常用数据库驱动程序名（TYPE 4）：

MySQL：com.mysql.jdbc.Driver

JDBC-ODBC 桥：sun.jdbc.odbc.JdbcOdbcDriver

Oracle（thin）：oracle.jdbc.driver.OracleDriver

Sql server 2005：com.microsoft.sqlserver.jdbc.SQLServerDriver

SQL Server 2000：com.microsoft.jdbc.sqlserver.SQLServerDriver

DB2：com.ibm.db2.jcc.DB2Driver

例如：加载 MySQL 驱动程序

```
Class.forName("com.mysql.jdbc.Driver");
```

2．**创建数据库连接**

在使用 JDBC 操作数据库之前，必须首先打开一个数据库连接，创建和指定数据库的连接需要使用 DriverManager 类的 getConnection()方法，其一般的使用格式如下：

```
Connection conn=DriverManager.getConnection(String url,String user,String password)
```

该方法返回的是一个 java.sql.Connection 对象。这里的 URL 是一个字符串，代表了将要连接的数据源，即具体的数据库位置，在 3.1.4 节对它有详细的论述。

例 3-1：创建数据库连接类，并测试连接是否成功

因为本章主要学习 JDBC 的编程方法和步骤，所以可以通过编写一个 Java Application 项目进行测试和学习。

（1）在 MyEclipse 中，创建一个 Java Application 项目。方法如下：

单击“File”→“New”→“Java Project”，在打开的“New Java Project”对话框中，如图 3-10 所示，输入项目名：jdbcTest，然后单击“Finish”按钮。

（2）创建包：到“Package Explorer”视图中，展开项目（单击项目名左边的“+”），在 src 目录上右击鼠标，在弹出菜单中选择 New→Package，在打开的对话框中输入包名：com.csmy.，然后单击“Finish”按钮。

（3）把 MySQL 的驱动程序拷贝到 src 目录下，并设置驱动程序路径（参考 3.1.6 节）。

（4）编写数据库连接类。在“com.csmy”包上单击鼠标右键，在弹出菜单中选择“New”→“Class”，将打开如图 3-11 所示的“New Java Class”对话框。输入类名：Dbconn。最后单击“Finish”按钮。

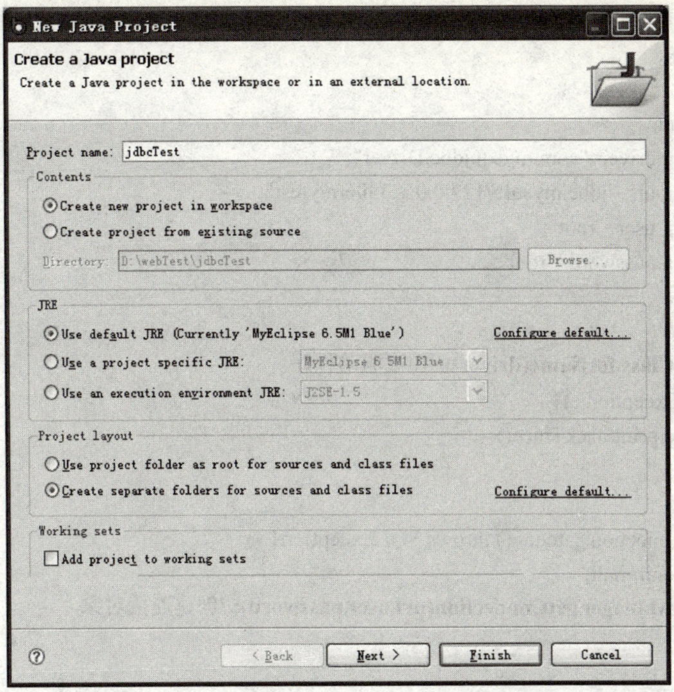

图 3-10　新建项目对话框

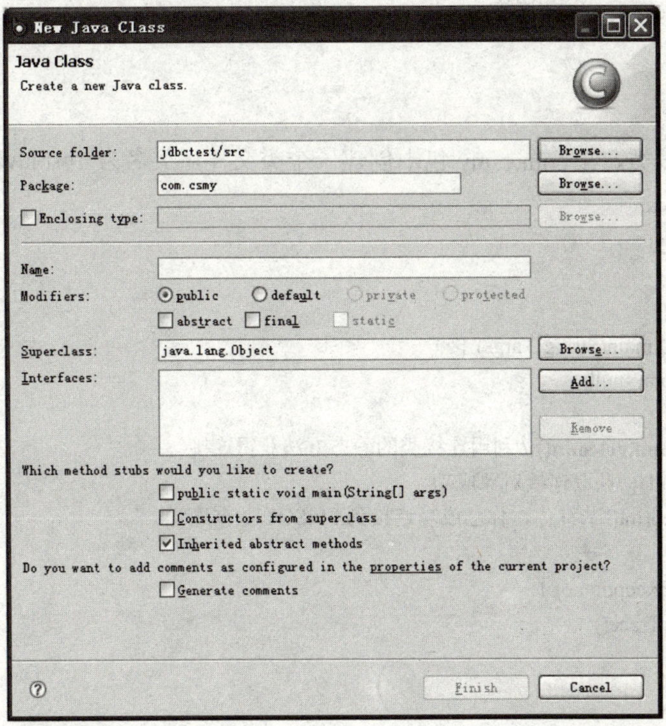

图 3-11　新建类对话框

在代码窗口输入下面代码:

源程序：Dbconn.java

```
package com.csmy;
import java.sql.*;
public class Dbconn {
  final static String driver="com.mysql.jdbc.Driver";
  final static String url="jdbc:mysql://127.0.0.1:3306/mytest";
  final static String user="root";
  final static String password="root";
  static{
        try{
              Class.forName(driver);//加载驱动程序
        }catch(Exception e){
              e.printStackTrace();
        }
  }
   public static Connection getconn() throws SQLException{
     Connection conn=null;
     conn=DriverManager.getConnection(url,user,password);//创建连接对象
     return conn;
   }
   public static void closeconn( Connection conn)throws SQLException{
     if(conn!=null && !conn.isClosed()){
           conn.close();//关闭连接
     }
   }
}
```

（5）编写测试类。在 com.csmy 包中创建一个类文件，类名为 Test.java。代码如下：

源程序 Test.java

```
package com.csmy;
import java.sql.*;
public class Test {
  public static void main(String[] args) {
     Connection conn=null;
     try {
        conn=Dbconn.getconn();//利用连接类的静态方法获得连接
        if(conn!=null){//获取连接对象成功
        System.out.print("恭喜你，你已成功连接到 MySQL 数据库");
        }
     } catch (SQLException e) {
        e.printStackTrace();
     }
  }
}
```

（6）运行 Test.class。在 MyEclipse 环境下运行 Java Application 程序非常简单，只要在 Test.java 代码编辑窗口单击鼠标右键，在弹出菜单中选择“Run As”→“Java Application”。

如果在 MyEclipse 控制台窗口看到了 System.out.print 的输入结果，说明你的数据库连接已经成功，你可以进行下面例题的学习了。

上例的数据库连接类（Dbconn）中定义了四个与具体数据库有关的静态变量，如果你要使用其他数据库，只要修改这四个变量就可以了。所以在整个 JDBC 数据库应用程序设计中，只有这个类与具体数据库有关，其他类都与具体数据库无关。

在后续的数据库操作类设计中，都将调用这个类的的 getconn()方法来创建与数据库的连接，连接用完后，调用该类的 closeconn()方法关闭数据库的连接。

3．创建 Statement 对象

在与某个特定数据库建立连接之后，这个连接会话就可以用于发送 SQL 语句。在发送 SQL 语句之前，必须创建一个 Statement 类的对象，该对象负责将 SQL 语句发送给数据库。如果 SQL 语句运行后产生结果集，Statement 对象将返回一个 ResultSet 对象。

创建 Statement 对象是使用 Connection 接口的 createStatement()方法来实现的：

```
Statement smt=conn.createStatement();
```

4．执行 SQL 语句，返回结果集对象 ResultSet

Statement 对象创建好之后，就可以使用该对象的 executeQuery()方法来执行数据库查询语句，executeQuery()方法返回一个 ResultSet 类的对象，它包含了 SQL 查询语句执行的结果，通常结果集的形式是一张带有表头和相应数据的表。例如：

```
ResultSet rs=smt.executeQuery("SELECT * FROM students");
```

5．处理 SQL 的返回结果

JDBC 接收结果是通过 ResultSet 类的对象来实现的。一个 ResultSet 对象包含了执行某个 SQL 语句后的所有行，它还提供一组 getXXX 方法来访问当前行的不同列。例如：

```
String studentName=rs.getString("sno");//按列名取值
```

或：

```
String studentName=rs.getString(1);//按索引引号取值
```

6．关闭创建的各个对象

一个 Statement 对象在同一时间只能打开一个结果集，所以如果在同一个 Statement 对象中运行下一条 SQL 语句时，第一条 SQL 语句生成的 ResultSet 对象就被自动关闭了。当然也可以通过调用 ResultSet 接口的 close()方法来手工关闭。

连接对象是宝贵的资源，使用完后应该及时关闭。而且关闭连接对象时，在该连接上的 Statement 对象和 ResultSet 对象会自动关闭。所以在 JDBC 编程中，一定及时关闭连接。关闭连接可以使用连接对象的 close()方法，例如：

```
conn.close();
```

例 3-2：查询 studens 表中所有数据，并打印出来

在例 3-1 创建的项目中，再新建一个 Dao 类，代码如下：

```
package com.csmy;
import java.sql.*;
public class Dao {
  public void printAllStudens() throws SQLException {
  Connection conn=null;
  conn=Dbconn.getconn();//连接数据库
```

```
            if(conn!=null){
            Statement stm=conn.createStatement();//创建语句对象
            //执行查询
           ResultSet rs=stm.executeQuery("select sno,sname,ssex,sage from students");
            while(rs.next()){
               System.out.print(rs.getString(1)+",");//按索引号取列值
               System.out.print(rs.getString(2)+",");
               System.out.print(rs.getString(3)+",");
               System.out.print(rs.getString("sage"));//按列名取列值
               System.out.print("\n")          ;
            }
            }else{
               System.out.print("数据库连接错误");
            }
            Dbconn.closeconn(conn);
    }
}
//把例 3-1 的测试类代码修改为：
package com.csmy;
public class Test {
   public static void main(String[] args) {
      Dao dao=new Dao();//创建 Dao 对象
      Try{
        dao.printAllStudens();  //调用 Dao 类中定义的方法
      } catch (SQLException e) {
        e.printStackTrace();
      }
   }
```

注意

结果集合中的列索引号是从 1 开始。尽可能使用列索引号参数，这样可以提高效率，但是在写 SQL 查询语句时，建议 select 后面列名不要使用“*”，而是列出所有要查询的列名，这样就不会因为数据库中列顺序的改变而要修改程序中源代码。

3.2.2 常用的 JDBC 类与方法

1. DriverManager 类

这个类负责管理 JDBC 驱动程序。使用 JDBC 驱动程序之前，必须先将驱动程序加载并向 DriverManager 注册后才可使用，在程序中可以通过 **Class.forName()**这个方法来完成。然后，就可以使用 DriverManager 类提供的方法 getConnection()来建立与数据库的连接。如下所示：

```
static Connection getConnection(String url,String user,String password)
      throws SQLException
```

2．Connection 接口

Connection 接口用于应用程序与数据库之间的静态连接。它提供了进行事务处理的方法以及创建执行 SQL 语句和存储过程所用对象的方法，同时它还提供了一些基本的错误处理方法。Connection 接口提供的常用方法如下：

（1）Statement createStatement()：创建用于执行 SQL 语句的 Statement 对象。

（2）PreparedStatement prepareStatement(String sql)：创建 PrepareStatement 对象；用于实现数据库的动态访问。参数 sql 是数据库的 SQL 语句（如 INSERT、SELECT、UPDATE 和 DELETE 等）。

（3）CallableStatement prepareCall("{call stored_proc}")：创建 CallableStatement 对象，用于执行存储过程。

（4）void close()：关闭与数据库的连接。

（5）boolean isClosed()：测试是否已经关闭 Connection 对象与数据库的连接，如果已经关闭，则返回 true，否则返回 false。

3．Statement 接口

Statement 接口用于执行静态的 SQL 语句，静态的 SQL 语句在执行时不需要接收任何参数。其主要功能是将 SQL 语句传送给数据库，并将 SQL 语句的执行结果返回。Statement 接口提供的常用方法如下：

（1）ResultSet executeQuery(String sql)：执行 SQL 查询语句，返回满足条件的结果集。参数 sql 是一个查询语句。

（2）int executeUpdate(String sql)：执行 SQL 数据更新语句（INSERT、UPDATE、DELETE），返回值为此操作影响的记录数。

（3）boolean execute(String sql)：执行任意 SQL 语句。如果结果是 ResultSet，则返回 true；如果是整型数，则返回 false。参数 sql 可以是任何 SQL 语句。

（4）boolean getMoreResults()：移动到 Statement 对象的下一结果集处，用于返回多个结果集的 SQL 语句。

（5）void close()：关闭当前的 Statement 对象。

通过 Connection 接口提供的 createStatement()方法，可以建立 Statement 对象。当建立好 Statement 对象之后，就可以使用 executeQuery()方法对数据库表中存储的数据进行查询以及使用 executeUpdate()方法进行插入、修改和删除记录的操作。使用 Statement 对象执行数据库查询操作请参考例 3-2。下面来看一个利用 Statement 对象进行数据库插入操作的例子。

例 3-3：向数据库中插入数据

在例 3-2 创建的 Dao 类中再添加一个方法 insertData()，代码如下：

```
public int InsertData() throws SQLException{
  Connection conn=null;
  int result=0;
  conn=Dbconn.getconn();//调用例 3-1 创建的连接类中静态方法
  if(conn!=null){
        Statement stm=conn.createStatement();//创建语句对象
        String sql="insert into students(sno,sname,sage,ssex,spe_id)" +
                          " values('2009003','丁玉','20','女','0102')";//标准 SQL 语句
```

```
            result=stm.executeUpdate(sql);//执行行插入语句
            Dbconn.closeconn(conn);//关闭连接
        }
    return result;
}
```

上例中，将一个标准 SQL 语句的 insert 操作当成字符串参数传给 executeUpdate()方法，它将会返回一个受影响的行数，紧接着 executeUpdate()方法便会通过由 Connection 类对象所维护的数据库连接，将实际 SQL 命令传给数据库以进行新增记录操作。其实 executeQuery()方法和 executeUpdate()方法的使用方式是相当类似的，它们都需要传入一个标准的 SQL 命令作为参数，主要的差别在于 executeQuery()方法是专门处理查询操作，当使用 SQL 命令 SELECT 对数据库做查询时，必须使用 executeQuery()方法，而 executeQuery()方法会建立一个 ResultSet 的对象保存查询的结果，除了 SELECT 命令之外的其他 SQL 命令如 INSERT、DELETE、UPDATE、DROP 等操作数据库的命令，都可通过 executeUpdate()方法来执行。

4．ResultSet 接口

ResultSet 接口用于得到包含了执行 SQL 查询语句返回的结果集，这个结果集实质上就是一个二维数据表。要得到这张表中的任何一个字段的值，都需要先找到该字段项所处的行，再找到它所处的列。而完成这个工作要靠一个指向当前行的指针，开始它指向第一行记录前面（不指向任何记录），每调用一次 next()方法，它就向下移动一行，到达目标行之后，就可以使用 getXXX()方法得到目标的字段值。ResultSet 接口提供的常用方法如下：

（1）boolean absolute(int row)：移动记录指针到指定的 row 位置，返回布尔值，只能用于可滚动结果集。

（2）boolean relative(int row)：让记录指针相对当前位置移动 row 位置，如果 row 是正数，往前移动，如果为负数，往后移动，只能用于可滚动结果集。

（3）beforeFirst()：将记录指针移动到第一条记录前面，只能用于可滚动结果集。

（4）afterLast()：将记录指针移动到最后一条记录后面，只能用于可滚动结果集。

（5）boolean first()：移动记录指针到第一条记录，返回布尔值，只能用于可滚动结果集。

（6）boolean last()：移动记录指针到最后一条记录，返回布尔值，只能用于可滚动结果集。

（7）**boolean next()：移动记录指针到下一个记录，返回布尔值；这个最常用。**

（8）boolean previous()：移动记录指针到上一个记录，返回布尔值，只能用于可滚动结果集。

（9）boolean getBoolean(int index) / getBoolean(String ColumnName)：返回 Java 语言的逻辑型（boolean）数据，用于读取查询结果中的逻辑型字段。参数 index 为列的顺序号，参数 columnName 为列名，也就是说，可以按列顺序号读取列值，也可以按列名读取列值。下面的 getXXX()方法中，参数意义相同。

（10）**String getString(int index) / getString(String ColumnName)**：返回 Java 语言的 String 类型数据；用于读取查询结果中的字符型数据。

（11）**int getInt(int index) / getInt(String ColumnName)**：返回 Java 语言的 int 类型数据；用于读取查询结果中的整数型数据。

（12）long getLong(int index) / getLong(String ColumnName)：返回 Java 语言的 long 类型数据，用于读取查询结果中的长整型数据。

（13）float getFloat(int index) / getFloat(String ColumnName)：返回 Java 语言的 float 类型数据，用于读取查询结果中的浮点型数据。

（15）double getDouble(int index) / getDouble(String ColumnName)：返回 Java 语言的 double 类型数据，用于读取查询结果中的双精度型数据。

（16）**Date getDate(int index) / getDate(String ColumnName)**：返回 java.sql.Date 类型数据，用于读取查询结果中的日期型数据。

（17）byte[] getBytes(int index) / getBytes(String ColumnName)：返回 Java 语言的字节数组，通常用来获得二进制数据或字符型数据。

（18）**inputStream getBinaryStream(int index) / getBinaryStream(String ColumnName):** 返回 java.io.inputStream 的 inputStream 类型数据。通常用来获得数据库中二进制数据（如图片、声音等）或大的文本数据（如一些数据库中的备注型、text 类型等）。

（19）Blob getBlob(int index) / getBlob(String ColumnName)：返回的是 java.sql.Blob 类型，与 getBinaryStream()方法功能类似，用于读取数据库中 Blob（二进制大对象）类型的数据。

（20）Clob getClob(int index) / getClob(ColumnName)：返回的是 java.sql.Clob 类型，用于读取数据库中 Clob（字符大对象）类型的数据。

在使用 getXXX()方法来从数据库中取得数据的时候，一定要注意数据库的字段数据类型和 Java 的数据类型之间的匹配，例如，对于数据库中的 int 或者 integer 的字段，对应的 Java 数据类型是 int，应该使用 ResultSet 类的 getInt()方法去读取。表 3-1 列出了 SQL 数据类型和 Java 数据类型之间的对应关系。需要提醒读者的是，因为各种数据库之间的差异，在此并没有完全列出所有可能的 SQL 数据类型。

表 3-1　SQL 数据类型和 Java 数据类型对应表

SQL 数据类型	Java 数据类型	对应方法
Integer/int	int	getInt()
Smallint	short	getShort()
double	double	getDouble()
real/fload	float	getFloat()
varchar(n)	java.1ang.String	getString()/getBytes()
character(n) / char(n)	java.1ang.String	getString()/getBytes()
boolean	boolean	getBoolean()
date	java.sql.Date	getDate()
time	java.sql.Time	getTime()
blob	java.sql.Blob	getBlob()/getBytes()/getBinaryStream()
clob	java.sql.Clob	getClob()/getBytes()/getBinaryStream()
binary	java.io.InputStream	getBinaryStream()/getBytes()
array	java.sql.Array	getArray()

5．PreparedStatement 接口

在使用 Statement 对象时，每次查询都需要将一个固定的 SQL 语句传递给数据库。这种方式在某些情况下是不适当的。例如，在 SQL 语句中，有某一部分是不确定的，比如，要查询具有某个特定"sno"的学生信息，这个时候使用 PreparedStatement 对象就会方便得多，因为 PreparedStatement 对于具有某部分不固定的 SQL 语句，它可以暂时不考虑它，只需用一个"？"作为占位符，在真正执行这条语句的时候，用一个值替换对应的占位符部分就可以了。

此外 PreparedStatement 对象会将传入的 SQL 语句进行预编译。所以当单一的 SQL 语句在程序中被执行多次时，使用 PreparedStatement 对象来执行 SQL 语句具有时间短、效率高的特点。PreparedStatement 接口提供的常用方法如下：

（1）ResultSet executeQuery()：使用 SQL 语句 SELECT 对数据库进行查询操作。

（2）int executeUpdate()：使用 SQL 语句 INSERT、DELETE 和 UPDATE 对数据库进行插入、删除和修改记录操作，返回值为更新语句所影响的记录数。

（3）void setInt(int parameterIndex，int x)：将整型数据赋给 PreparedStatement 对象的 IN 参数。参数 parameterIndex 是动态 SQL 语句中参数的位置（序号）。

（4）void setFloat(int parameterIndex，float x)：将浮点型数据赋给 PreparedStatement 对象的 IN 参数。

（5）void setNull(int parameterIndex，int sqlType)：将 NULL 赋给 PreparedStatement 对象的 IN 参数。

（6）void setString(int parameterIndex，String x)：将字符串数据赋给 PreparedStatement 对象的 IN 参数。

（7）void setDate(int parameterIndex，Date x)：将日期型数据赋给 PreparedStatement 对象的 IN 参数。

（8）void setTime(int parameterIndex，Time x)：将时间型数据赋给 PreparedStatement 对象的 IN 参数。

（9）void setBinaryStream(int parameterIndex，InputStream x，int length)：将长度为 length 的输入流数据，赋给 PreparedStatement 对象的 IN 参数，一般用这个方法来存储二进制数据到数据库中。

例 3-4：使用 PreparedStatement 进行数据库操作

例 3-3 用 Statement 实现数据的静态插入其实有一个问题：把要插入的数据写在代码中，这是不合适的，实际编程中不可能这么做。下面来改写 Dao 类中 InsertData()函数，使其成为一个实用的函数。代码如下：

源文件：Dao.java

```
…
public int insertData(String sno,String sname, int sage, String ssex,String spe_id) throws SQLException{
        Connection conn=null;
        int result=0;
        conn=Dbconn.getconn();//调用例 3-1 创建的连接类中静态方法
        if(conn!=null){
                String sql="insert into students(sno,sname,sage,ssex,spe_id) " +
                "values(?,?,?,?,?)";//带参数 SQL 语句
```

```
            PreparedStatement pstm=conn.prepareStatement(sql);
            pstm.setString(1, sno);//设置第一个参数
            pstm.setString(2, sname);
            pstm.setInt(3, sage);
            pstm.setString(4, ssex);
            pstm.setString(5, spe_id);
            result=pstm.executeUpdate();//执行更新操作
            Dbconn.closeconn(conn);//关闭连接
        }
        return result;
    }
}
```

这个方法是一个通用的方法，调用者通过传递不同的参数就可以实现插入不同的数据。读者可通过下面的代码来调用该方法：

```
Dao dao=new Dao();
  try {
    dao.insertData("2009004","张三",20,"男","0102");
  } catch (SQLException e) {
    e.printStackTrace();
  }
```

在 insertData 方法中，**PreparedStatement stmt=conn.prepareStatement(sql)**用于创建 PreparedStatement 对象，这样在 PreparedStatement 对象被创建的同时，就将带有占位符参数的 SQL 语句作为参数传递给了它。然后就可以利用 PreparedStatement 接口提供的方法来指定这些占位符参数，这些占位符参数称为 IN 参数。为了传递这些 IN 参数，需要调用 PreparedStatement 对象的 setXXX()方法，其中，XXX 根据不同的数据类型选择。

例如，为上例创建的 pstm 对象传递的 IN 参数有五个，它们分别对应数据库的字段“sno”、“sname”、“sage”、“ssex”以及 spe_id。然后调用和各个字段匹配的 setXXX()方法，例如，对于“sno”调用 setString()方法，而对于“sage”调用 setInt()方法。

6．CallableStatement

对于高级数据库，一般都会提供存储过程的功能，以加快 SQL 语句的执行。那么，在 JDBC 中如何去调用一个存储过程呢？JDBC 中的 CallableStatement 接口提供了调用存储过程的方法。

CallableStatement 接口继承了 Statement 接口和 PreparedStatement 接口，因此它具有两者的特点：可以处理一般的 SQL 语句，也可以处理带 IN（输入）参数的 SQL 语句。它还自己定义了 OUT（输出）参数以及 INOUT（输入输出）参数的处理方法。通过 Connection 对象的 prepareCall()方法，可以创建 CallableStatement 对象，如：

```
conn.prepareCall("{call stored_proc}");
```

其中，stored_proc 为存储过程名称。如果存储过程有参数（比如有两个参数），可以使用如下的方式调用：

```
conn.prepareCall("{call stored proc(?,?)}");
```

其中，占位符“?”是 IN、OUT 还是 INOUT 取决于存储过程定义。而如果存储过程有返回值，使用下面的方式调用：

```
conn.prepareCall("{?=call stored proc(?,?)}");
```

例 3-5：调用存储过程的例子

首先需要在 MySQL 中创建一个存储过程，该存储过程接收一个系部 ID 参数，通过输出参数返加系部名称，SQL 语句如下：

```
delimiter //      --设置 MySQL 的结束标志为“//”
create procedure finddepnamebyid(id char(2),out depname char(40))
begin
 select dep_name into depname from department where dep_id=id;
end;
delimiter ;    --把 MySQL 的结束标志改回为“;”
```

> **注意**
> 由于存储过程内部语句要以分号结束，所以在定义存储过程前应将 MySQL 的语句结束标志“;”更该为其他字符，并且该字符应该在存储过程中不会出现，可以用关键字 delimiter 更改，例如：MySQL>delimiter //。
> 对于不同数据库系统，创建存储过程的语法是不一样的，如果你不是使用 MySQL，请参考相关数据库的存储过程创建语法。

这个存储过程名为 finddepnamebyid，它有一个 IN 参数，一个 OUT 参数。下面利用 JDBC 的 **CallableStatement** 对象来调用这个存储过程。

在例 3-2 中，创建了一个 Dao 类，现在在该类中添加下面的方法：

```
public String getdepname(String depid) throws SQLException{
  Connection conn=null;
  String result=null;
  conn=Dbconn.getconn();//调用例 3-1 创建的连接类中静态方法
  if(conn!=null){
        //调用存储过程
        CallableStatement cstm=conn.prepareCall("{call finddepnamebyid(?,?)}");
        cstm.setString(1, depid);
        cstm.registerOutParameter(2, Types.CHAR); //注册输出参数
        cstm.execute();
        result=cstm.getString(2);//读取输出参数
  }
  return result;
}
```

上例测试代码：

```
try {
  String depname= dao.getdepname("01");
  System.out.print(depname);
  } catch (SQLException e) {
  e.printStackTrace();
  }
```

在上例的 getdepname()方法中，首先创建了一个 CallableStatement 对象，并且将调用存储过程的语句“{call finddepnamebyid (?,?)}”当作它的参数，然后使用 CallableStatement 接口的 setXXX()方法给它设置 IN 参数，使用 CallableStatement 接口的 registerOutParameter()方

法注册输出参数，之后调用 execute()方法来执行这个存储过程，然后就可以使用 CallableStatement 对象的 getXXX()方法来获取输出参数。

对于输出参数，一定要调用 CallableStatement 接口的 **registerOutParameter()**方法进行注册，这个方法有两个参数，第一个参数为对应的占位符序号，第二个参数为输出参数的 SQL 数据类型，可以通过 **java.sql.Types** 的静态常量来指定，例如，Types.FLOAT、Types.INTEGER 等。

提示 如果你使用的 JDBC 版本是 3.0（被包含在 JDK1.4 及以后的版本中），那么，使用 CallableStatement 的 setXXX()方法来设置 IN 参数的时候，既可以使用索引，也可以使用参数名称。如果使用的是 JDBC2.0 及以下的版本，那么，只能使用索引。对于对应的 getXXX()中的参数也一样。

3.2.3 事务处理

如果希望在某种情况下，将更新操作取消，那么如何做呢？还有一种情况，如果同时执行了多条更新的语句，希望它们要么全部成功执行，要么全部失败，这种方式称为“事务处理”。那么在 JDBC 中，怎么处理事务呢？

在 JDBC 中，在对数据库进行更新操作（包括增、删、改）的时候，默认情况下，每条更新语句执行完成后就会自动提交，更改是永久性地提交到数据库中的。但是，连接接口（Connection）提供了将自动提交关闭的方法。如果将自动提交功能关闭，那么，就可以暂时不永久地更改数据库，如果有某条语句无法正确执行，可以将前面正确执行的语句取消更改，这在事务处理中称作“回滚（rollback）”，而如果所有的语句都能够正确执行，才将所有这些更改永久的提交（commit）到数据库中。

利用 Connection 对象的 **setAutoCommit()**方法，可以开启或者关闭自动提交方式，它接受一个 boolean 类型的参数，如果为 false，表示关闭自动提交，如果为 true，则表示打开自动提交。还可以使用 Connection 对象的 **getAutoCommit()**方法来检查自动提交方式是否打开。如果将自动提交功能关闭，那么，就要调用 Connection 的 **commit()**方法来提交所有更新或者调用 **rollBack()**方法来取消更新。JDBC 进行事务控制的语法如下：

```
conn.setAutoCommit(false);//开始事务（关闭自动提交）
//执行数据库更新操作
…
//如果要提交更新
conn.commit//; //结束本事务，开始一个新事务
//如果要取消更新操作
conn.rollBack//; //结束本事务，开始一个新事务
conn.setAutoCommit(true);//打开自动提交
```

例 3-6：事务编程

在 3.1.6 节介绍的数据库中，专业表中（speciality）的专业代号（spe_id）由两部分组成，前两位就是对应的系部号，后两位为序列号。现在如果要修改一个系部的编号（dep_id），相应的专业代号也要进行修改。假如要把系部编号“01”改为“03”，相应的 SQL 语句（对于 MySQL）如下：

```
Begin;
update department set dep_id='03' where dep_id='01';
update speciality    set spe_id=concat('03',substr(spe_id,3,2)) where dep_id='03';
commit;
```

注意 因为专业表中 dep_id 为外键，并设置为级联修改，所有专业表中的 dep_id 会自动修改。

下面用 JDBC 来实现上述功能。

在例 3-2 创建的 Dao 类，添加下面的方法：

```
public boolean updateDepid(String olddepid,String newdepid) throws SQLException {
  Connection conn=null;
  boolean result=false;
  String sql1="update department set dep_id=? where dep_id=?";
  String sql2="update speciality    set spe_id=concat(?,substr(spe_id,3,2)) where dep_id=?";
  PreparedStatement pstm=null;
  conn=Dbconn.getconn();
  if(conn!=null){
        try {
              conn.setAutoCommit(false); //开始事务，关闭自动提交
              pstm=conn.prepareStatement(sql1);
              pstm.setString(1, newdepid);
              pstm.setString(1, olddepid);
              pstm.executeUpdate();//执行更新

              pstm=conn.prepareStatement(sql2);
              pstm.setString(1, newdepid);
              pstm.setString(1, newdepid);
              pstm.executeUpdate();第二个更新

              conn.commit(); //提交事务
              result=true;
        }catch (SQLException e) {
              conn.rollback(); //回滚事务
        }finally{
              conn.setAutoCommit(true);//恢复自动提交
              Dbconn.closeconn(conn);
        }
  }
  return result;
   }
```

在这个程序中，在将自动提交功能关闭的情况下，如果所有的 SQL 语句都正确执行了，那么需要调用 Connection 的 commit()方法提交事务，如果出现异常，需要调用 Connection 的 rollback()方法进行回滚。

3.2.4 可滚动和可更新的结果集

在前面讲述 ResultSet 类的时候，使用了 next()方法来从结果集的一条记录移动到下一条记录。默认情况下，ResultSet 只能使用 next()方法往前移动。在 JDBC2 中，对 ResultSet 作

了重大的改进：让 ResultSet 可以往回滚动，并且可以按照指定的定位往前或者往后滚动。并且，还可以通过 ResultSet 类来对数据库进行增加、删除以及修改的操作。

注意 如果要使用 ResultSet 的可滚动和可更新的特性，必须确认你的 JDBC 版本是 2.0 或以上版本。

要让 ResultSet 可以滚动和可以更新，必须在创建 Statement 对象或 PreparedStatement 的时候使用下面的方式指定对应的参数：

Statement stmt=conn.createStatement(type,concurrency);

或：

PreparedStatement pstmt=corm.prepareStatement(sql,type,concurrency);

其中，type 表示 ResultSet 的类型，而 concurrency 表示是否可以使用 ResultSet 来更新数据库。表 3-2 列出了 type 可能的取值以及含义，表 3-3 列出了 concurrency 的取值以及含义。

表 3-2　type 的取值及含义

取值	含义
ResultSet.TYPE_FORWARD_ONLY	结果集不能滚动，这是默认值
ResultSet.TYPE_SCROLL_INSENSITIVE	结果集可以滚动，但 ResultSet 对数据库中发生的数据改变不敏感
ResultSet.TYPE_SCROLL_SENSITIVE	结果集可以滚动，并且 ResultSet 对数据库中发生的数据改变敏感

表 3-3　concurrency 的取值及含义

取值	含义
ResultSet.CONCUR_READ_ONLY	只读结果集，不能用于更新数据库
ResultSet.CONCUR_UPDATABLE	可更新结果集，可以用于更新数据库

当使用 TYPE_SCROLL_INSENSITIVE 或者 TYPE_SCROLL_SENSITIVE 来创建 Statement 对象时，可以使用 ResultSet 的 first()/last()/beforeFirst()/afterLast()/relative()/absolute()等方法在结果集中随意前后移动。

要让结果集成为可以更新数据库的结果集，必须在创建 Statement 或 PreparedStatement 对象时指定第二个参数为 ResultSet.CONCUR_UPDATABLE。

提示 即使用了 CONCUR_UPDATABLE 参数来创建 Statement，得到的记录集也并非一定是“可更新的”，如果你的记录集来自于合并查询，即该查询结果来自多个表格，那么这样的结果集就可能不是可更新的结果集。可以使用 ResultSet.getConcurrency()方法来确定是否为可更新的结果集。

如果结果集是可更新的，那么可以使用 ResultSet 中的下列方法来对数据库进行更新操作：

（1）updateXXX(int index，XXX data)：和 getXXX()/setXXX()方法类似，其中，XXX 为 Java 数据类型，index 为查询结果中的字段索引，而 data 是需要更新的数据。另外也可以

更新指定名称字段对应的数据，使用 updateXXX(String fieldName，XXX data)，其中 fieldName 就是要更新的字段的名称。需要注意的是，使用这些 updateXXX()方法只会修改结果集中的数据，要让修改真正影响到数据库，还必须执行 updateXXX()方法后执行 updateRow()方法。

（2）updateRow()：用于将当前行中的数据更新到数据库中，这个方法要紧跟着 updateXXX()执行，否则如果执行完 updateXXX()方法后移动了指针，将会取消对结果集所作的更新。

（3）moveToInsertRow()：在结果集最后插入一空行，并把记录指针移到该空行，之后，需要调用 updateXXX()方法来向这个空行中插入数据，在执行完 updateXXX()方法之后，需要调用 insertRow()方法，来将新增到结果集中的数据同步到数据库中。

（4）insertRow()：将新增到结果集中的新记录同步到数据库。

（5）moveToCurrentRow()：将指针移回到调用 moveToInsertRow()之前的位置。

（6）deleteRow()：删除当前行的数据，将会同时删除数据库中的数据。

（7）cancelRowUpdates()：将取消当前行的更新信息。

例 3-7：使用可更新结果集，将所有学生的年龄都加一岁

```
public void updateResult() throws SQLException{
  Connection conn=null;
  conn=Dbconn.getconn();
  String sql="select sno,sage from students";
  Statement stm=conn.createStatement(ResultSet.TYPE_SCROLL_INSENSITIVE,
                ResultSet.CONCUR_UPDATABLE);//可更新结果集的语句对象
     ResultSet rs=stm.executeQuery(sql);
     while(rs.next()){
          int age=rs.getInt(2);
          rs.updateInt(2,age+1);//更新字段
          rs.updateRow();     //写入到数据库
     }
     Dbconn.closeconn(conn);
  }
```

在这个程序中，创建 Statement 的参数设置为 CONCUR_UPDATABLE，然后使用 updateInt()方法将学生的年龄在原来的基础加 1，最后调用 updateRow()方法将更新同步到数据库中。

注意

在 JDBC 中使用可更新的结果集来更新数据库，不能使用“select * from table”方式的 SQL 语句，必须将它写成如下两种形式之一：

（1）select table.* from table

（2）select columnl，column2，column3 from table

3.2.5 批处理

在 JDBC2 中，加入了批处理（batch）的功能。所谓批处理，就是将很多的命令（此处

是 SQL 语句）集合到一起执行，以提高效率。

要使用 JDBC 的批处理，首先需要使用 Statement 对象的 addBatch()方法向其中加入 SQL 语句，然后，使用 Statement 对象的 executeBatch()方法来一次执行加入到批处理中的 SQL 语句。

注意，在使用 addBatch()加入 SQL 语句的时候，语句并不会执行，只有在调用了 executeBatch()方法后，才会执行。通常，会将批处理和事务处理结合起来使用。

例 3-8：批处理

```
public boolean   Batch_insert(String olddepid,String newdepid) throws SQLException {
        Connection conn=null;
        boolean result=false;
        String sql1="insert into department values('04','经济贸易系')";
        String sql2="insert into department values('05','数学系')";
        Statement stm=null;
        conn=Dbconn.getconn();
        if(conn!=null){
                try {
                        conn.setAutoCommit(false);
                        stm.addBatch(sql1); //将 SQL 语句加入到 Batch 中
                        stm.addBatch(sql2); //将 SQL 语句加入到 Batch 中
                        stm.executeBatch();
                        conn.commit();//提交事务
                        result=true;
                }catch (SQLException e) {
                        conn.rollback();
                }finally{
                        conn.setAutoCommit(true);
                        Dbconn.closeconn(conn);
                }
        }
        return result;
    }
```

在程序中，请读者注意这几行程序：

```
//将 SQL 语句加入到 Batch 中
stmt.addBatch(sql1);
stmt.addBatch(sql2);
//执行批处理
stmt.executeBatch();
```

这就是批处理的基本语法。

3.2.6 操作数据库中的 BLOB/CLOB 类型数据

有时候，需要将图片、声音等内容保存到数据库中，或者要将一个内容较大的文本文件保存到数据库中。这些数据在数据库系统中一般使用的数据类型为：

BLOB(Binary Large OBject)或 BINARY：用于保存大的二进制数据；

CLOB(Character Large OBject)或 TEXT:：用于保存大的文本数据；

在 JDBC 中，保存图片、声音、文本等大数据到数据库，主要用到 PreparedStatement 接口提供的下列 setXXX()方法：

（1）**void setBinaryStream(int parameterIndex, java.io.InputStream in, int length);**

其中 length 为输入流长度，一般可以通过输入流的 available()方法计算（即 in.available()）。这个方法最常用，适合任何 SQL 类型。

（2）**void setAsciiStream(int parameterIndex, java.io.InputStream in, int length);**

主要用于处理文本对象。

（3）void setBytes(int parameterIndex, byte[] x);

（4）void setBlob(int parameterIndex , java.sql.Blob x);

（5）void setClob(int parameterIndex , java.sql.Clob x);

从数据库中读取图片、声音、文本等大数据，主要使用 ResultSet 接口提供的下列 getXXX()方法：

（1）java.io.InputStream getBinaryStream(int columnIndex);//读取二进制数据

（2）java.io.InputStream getAsciiStream(int columnIndex);//读取大文本

（3）byte[] getBytes(int columnIndex);

（4）java.sql.Blob getBlob(int columnIndex);

（5）java.sql.Clob getBlob(int columnIndex);

例 3-9：往数据库中保存图片

3.1.6 节创建的数据库案例中，students 表有一个字段 photo，下例通过数据更新方法为指定学号的学生保存一张照片。首先，在例 3-2 创建的 Dao 类中添加下面的方法：

```
public int saveimage(String key ,InputStream fis) throws SQLException,IOException{
        Connection conn = null;
        PreparedStatement pstm = null;
        int result=0;
        conn=Dbconn.getconn();
        pstm = conn.prepareStatement("update students set photo=? where sno=?");
        if (fis!=null){
        pstm.setBinaryStream(1, fis, fis.available());//将输入流传给 photo 字段
        }else{
          result=0;
          pstm.setNull(1, Types.BLOB);
        }
        pstm.setString(2, key);
        result=pstm.executeUpdate();
        pstm.close();
        fis.close();
        conn.close();
        return result;

    }
```

上面的函数定义了两个参数：key 为在数据表中定位记录的关键字（一般为主键），本例中就是学号；fis 为要保存的图片输入流。

调用该函数：在 Test 类的 main()方法中添加下面代码：

```
Dao dao=new Dao();
File file=new File("D:/javatest/jdbcTest/img1.jpg");            //图片文件
int i=0;
try {
    java.io.InputStream in=new java.io.FileInputStream(file);      //图片输入流
    String sno="2009001";
    i= dao.saveimage(sno, in);//把图片文件保存到数据库
    System.out.print(i);
} catch (Exception e) {
   e.printStackTrace();
}
```

运行 Test 类，如果没发生异常，并输出结果为 1，表示图片保存成功。

现在图片已保存到数据库，但在数据库中看不到图片，接下来从数据库中把图片读取出来。

例 3-10：从数据库中获取保存的图片

同样先在 Dao 类中添加一个方法，该方法接收两个参数：一个为定位记录的关键字（key）；一个为输出流（out），用于输出图片。代码如下：

```
public void   getimage(String key ,OutputStream fos) throws SQLException,IOException{
  Connection conn = null;
  PreparedStatement pstm = null;
  InputStream fin=null;
  conn=Dbconn.getconn();//创建数据库连接
  pstm = conn.prepareStatement("select photo from students where sno=?");
  pstm.setString(1, key);
  ResultSet rs = pstm.executeQuery();
  if (rs.next()) {
        fin = rs.getBinaryStream(1);//读取图片数据
        if(fin!=null){
           byte b[]=new byte[4*1024];//定义缓存区
           int len=0;
           while((len=fin.read(b))!=-1) {//把输入流写到输出流中
                fos.write(b,0,len);
           }
           fin.close();
        }
  }
  rs.close();
  Dbconn.closeconn(conn);//关闭数据库连接
 }
```

调用该函数：在 Test 类的 main()方法中添加下面代码：

```
Dao dao=new Dao();//构建 Dao 类对象
File file=new File("D:/img2.jpg");//输出文件路径与文件名
try {
    java.io.OutputStream out=new java.io.FileOutputStream(file);
    String sno="2009001";
    dao.getimage(sno, out);//读取图片保存到 out 指向的文件中
    System.out.print("图片已从数据库中读取，并保存到"+file.getPath())
```

```
    } catch (Exception e) {
        e.printStackTrace();
    }
```

编译并运行这个程序，如果没有发生错误，可以在 D:\下看到一个图片 img2.jpg，它的内容和刚才保存到数据库中的一样。通过上面的这两个例子，读者应该可以掌握如何去操作 BLOB 数据。而对于 CLOB 类型的数据，请读者参考这节内容自行完成。

3.2.7 获得数据库元数据

所谓“元数据（Meta Data）”，就是有关数据库和表结构的信息。在 JDBC 中，DatabaseMetaData 类保存了数据库的所有特性，而 ResultSetMetaData 类保存了结果集的所有特性，它们提供许多的方法来取得这些信息。

1．DatabaseMetaData 类

可以使用 **Connection 对象的 getMetaData()方法**来获得 DatabaseMetaData 对象。DatabaseMetaData 类提供的常用方法如下：

String getDatabaseProductName() throws SQLException：取得数据库名称；

String getDatabaseProductVersion() throws SQLException：取得数据库的版本代号；

String getDriverName() throws SQLException：取得 JDBC 驱动程序的名称；

String getDriverVersion()throws SQLException：取得 JDBC 驱动程序的版本代号；

String getURL() throws SQLException：取得连接数据库的 JDBC URL；

String getUserName()throws SQLException：取得登录数据库的使用者账号。

2．ResultSetMetaData 类

ResultSetMetaData 类保存了结果集的所有特性，例如，结果集的列的数量、列的名字等。可以通过 ResultSet 的 getMetaData()方法来获得对应的 ResultSetMetaData 对象。ResultSetMetaData 类提供的常用的方法如下：

int getColumnCount() throws SQLException：取得当前结果集中的列的数量；

int getColumnDisplaySize(int column) throws SQLException：取得指定索引对应的列的最大宽度；

String getColumnName(int column) throws SQLException：取得指定索引对应的列的名称；

boolean isAutoIncreament(int column) throws SQLException：用于判断指定索引对应的列是否是自动增长类型；

int getColumnType(int column) throws SQLException：用于判断指定索引对应的列的类型，返回值是和 java.sql.Types 对应的静态常量。

下面来看如何通过 JDBC 的 DatabaseMetaData 类和 ResultSetMetaData 类来获得数据库的信息。

例 3-11：获得元数据

该例将演示上述方法的使用。

源文件：MetaData.java

```
package com.csmy;
import   java.sql.*;
public class MetaData{
```

```
public static void main(String[] args){
    try{
            Connection conn=Dbconn.getconn();//创建数据库连接
            DatabaseMetaData dmd=conn.getMetaData();
            System.out.println("数据库名称："+dmd.getDatabaseProductName());
            System.out.println("数据库版本："
            +dmd.getDatabaseProductVersion());
            System.out.println("数据库用户名："+dmd.getUserName());
            Statement stm=conn.createStatement();
            ResultSet rs=stm.executeQuery("select * from students");
            ResultSetMetaData rmd=rs.getMetaData();
            System.out.println("有"+rmd.getColumnCount()+"字段");
            System.out.println("第 2 个字段名称是："+rmd.getColumnName(2));
            Dbconn.closeconn(conn);//关闭数据库连接
    }catch(SQLException e){
            System.err.println(e);
    }
}
}
```

3.3 实用案例

例 3-12：利用 ResultSetMetaData 类将一个数据集封装为 List 对象

在例 3-1 创建的 Dbconn 类中添加下面的方法。

```
public static List<Map<String,Object>> getList(ResultSet rs) throws SQLException {
  if(rs==null) return null;
  List<Map<String,Object>> list=new ArrayList<Map<String,Object>>();
  ResultSetMetaData rmd= rs.getMetaData();//获得表的元数据
  int columNum=rmd.getColumnCount();//获得列数
  while(rs.next()){//处理所有记录
        Map<String,Object> map= new HashMap<String,Object>();
        for(int i=0;i<columNum;i++){//处理一行
                String columName=rmd.getColumnName(i+1);//获得列名
                Object ob=rs.getObject(i+1);//获得列值
                map.put(columName, ob);//添加 map 中
        }
        list.add(map);//把 map 添加到 list 中
  }
  rs.close();
  return list;
}
```

该例是一个非常实用的方法，在后续的 JavaBean 编程中，经常使用它来封装数据集数据，以便对数据集进行缓存。再看一个使用上述方法的案例。

例 3-13：给定一个系部编号，返回该系所有专业

在 Dao 类中添加下面的方法：

```
public List<Map<String,Object>> getAllzyBydepid(String depid) throws SQLException{
```

```
        Connection conn=Dbconn.getconn();
        List<Map<String,Object>> list=null;
        if(conn!=null){
                String sql="select * from speciality where dep_id=?";
                PreparedStatement pstm=conn.prepareStatement(sql);
                pstm.setString(1, depid);
                ResultSet rs=pstm.executeQuery();
                list=Dbconn.getList(rs);//调用例 3-12 中的方法
                Dbconn.closeconn(conn);//关闭数据库连接
        }else{
                 throw new SQLException("数据库连接错误");
        }
        return list;
    }
```

该方法并不像大多数教材中介绍的返回一个 ResultSet 对象，而是返回一个 List。其好处在于：可以在方法中及时关闭宝贵的数据库连接对象（如果你是返回一个 ResultSet 对象，数据库连接对象是不能关闭的）。这对像 WEB 这种多线程应用程序非常重要，因为数据库连接（Connection）数太多，会降低 DBMS 执行效率，严重的情况下，会使系统崩溃。

例 3-14：打印系部编号为“01”的所有专业

```
package com.csmy;
import java.util.*;
public class Test {
public static void main(String[] args) {
   Dao dao=new Dao(); //创建 Dao 类对象
   String depid="01";
   try {
     //调用例 3-13 定义的方法
        List<Map<String,Object>> list=dao.getAllzyBydepid(depid);
     //将 list 转换为 Iterator 类型对象
        java.util.Iterator<Map<String,Object>> it = list.iterator();
        while(it.hasNext()){
                Map<String,Object> map=it.next();
                System.out.print(map.get("spe_id")+"    ");//从 map 中按字段名读数据
                System.out.print(map.get("spe_name")+"\n");
        }
   } catch (SQLException e) {
        e.printStackTrace();
   }
}
```

习题三

1. 填空题

（1）JDBC 的主要功能_________、_________、_________。

（2）目前，JDBC 驱动程序主要有四种类型，分别为：________、________、________、________。

（3）MySQL 驱动程序的 URL 格式为________。

（4）加载 JDBC 驱动程序的方法是：________。

（5）创建和指定数据库的连接需要使用________类的________方法。

（6）关闭连接的方法是________。

（7）CallableStatement 接口继承了________接口和 PreparedStatement 接口，因此它具有两者的特点。

（8）利用 Connection 对象的________方法，可以开启或者关闭自动提交方式。

（9）下面是一个数据库连接类的设计，请完成“________”处的代码。

```
public class Dbconn {
 final static String driver="com.mysql.jdbc.Driver";
 final static String url="jdbc:mysql://127.0.0.1:3306/mytest";
 final static String user="root";
 final static String password="root";
 static{
        try{
              Class.forName(________);
        }catch(Exception e){
              e.printStackTrace();
        }
 }
 public static Connection getconn() throws SQLException{
   Connection conn=null;
   conn=DriverManager.getConnection(________,________,password);
   return conn;
 }
 public static void closeconn( Connection conn)throws SQLException{
   if(conn!=null && !conn.isClosed()){
        conn.________;
   }
 }
}
```

2. 选择题

（1）executeUpdate 返回的类型是（　　）。

A．ResultSet　　B．int

C．boolean　　D．受影响的记录数量

（2）executeQuery 方法返回的类型是（　　）。

A．ResultSet　　B．int

C．boolean　　D．受影响的记录数量

（3）下列哪种驱动程序使用 Java 本地接口向本地的数据库 API 发送指令？（　　）

A．JDBC-ODBC 桥　　B．Java 到本地 API

C．Java 到网络协议　　D．Java 到数据库协议

（4）下列描述中，（　　）不是描述 JDBC 功能的。

A．和一个数据库建立连接　　B．向数据库发送 SQL 指令

C．处理数据库返回的结果　　D．过滤用户的输入

（5）典型的 JDBC 程序通常第一步编写（　　）。

A．释放资源　　B．获得与数据库的物理连接

C．执行 SQL 命令　　D．注册 JDBC Driver

（6）接口 Statement 中定义的 execute 方法的返回类型是（　　）。

A．ResultSet　　B．int

C．boolean　　D．受影响的记录数量

（7）JDBC 驱动程序的种类有（　　）。

A．两种　　B．三种

C．四种　　D．五种

3. 简答题

（1）简述在 MyEclipse 中设置驱动程序类路径的方法。

（2）简述 Statement 接口和 PreparedStatement 接口的区别。

第四章 Java Servlet 编程

本章要点

本章讲解 Java Web 编程中的 Servlet 编程，重点介绍 HttpServlet、HttpServletRequest、HttpServletResponse 等 API，并且介绍了 Servlet 的生命周期、如何处理 HTTP 报头、如何处理请求数据、如何处理 Cookie 和 Session 等。读者如果熟练掌握了 Servlet 编程，对于后面的 JSP 编程，会达到事半功倍的效果。

4.1 Servlet 概述

Servlet 是 Java Web 应用的基本技术，也是 JSP 实现的基础，JSP 页面最后是通过转化为 Servlet 形式来实现功能的。

Servlet 是使用 Java Servlet 应用程序设计接口（Java Servlet API）及相关类和方法的 Java 程序。它在 Web 服务器上或应用服务器上运行并扩展了该服务器的能力。Java Servlet API 定义了 Servlet 和服务器之间的一个标准接口，这使得 Servlet 具有跨服务器平台的特性。

Servlet 通过创建一个框架扩展服务器的能力，采用请求－响应模式提供 Web 服务。当客户机发送请求至服务器时，服务器将请求信息发送给 Servlet，Servlet 生成响应内容并传给服务器，然后再由服务器将响应返回给客户端，如图 4-1 所示。

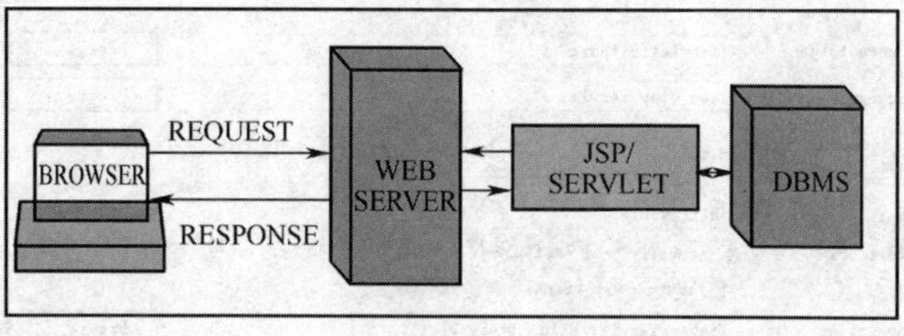

图 4-1　Servlet 在 WEB 服务中的地位

4.2 Servlet 编程基础

Servlet 和其他的 Java 程序一样编写、编译，它的特点在于，Servlet 必须继承 Servlet 类或它的子类，通常是继承 HttpServlet 这个类。

4.2.1 第一个简单的 Servlet 程序

利用 MyEclipse 的 Servlet 向导来编写第一个 Servlet 程序。通过这个简单的程序来分析一下 Servlet 编程的基本框架。这个程序很简单，就是当客户端连接到这个 Setvlet 程序时，自动产生当前时间和“你好”等信息，并返回给客户端。

例 4-1：第一个 Servlet 程序

（1） 新建 WEB 项目（本章后面的所有例题都在这个项目中完成）：在 MyEclipse 中，新建一个 WEB 项目：“File”→“New”→“Web Project”，在打开的“New Web Project”对话框中，输入项目名称：servletTest。单击“Finish”按钮。到“Package Explorer”视图中，展开项目（单击项目名左边的“+”）。这时项目的目录结构如图 4-2 所示。

图 4-2 WEB 项目目录结构

（2）创建包：在 src 目录上右击，在弹出菜单中选择“New”→“Package”，在打开的对话框中输入包名：com.csmy.servlet（当然你也可以使用其他包名，最好是按 Servlet 分类创建不同的包），然后单击“Finish”按钮。

（3）创建 Servlet：在“com.csmy.servlet”包上单击鼠标右键，在弹出菜单中选择“New”→“Servlet”，将打开如图 4-3 所示的 MyEclipse 的 Servlet 向导对话框。输入 Servlet 类名：“HelloWorld”。单击“Next”按钮，将显示如图 4-4 所示的 Servlet 配置对话框。

图 4-3 Servlet 向导对话框

（4）配置 Servlet：在图 4-4 所示对话框中，可以使用默认值，之后可以到 web.xml 文件中进行查看与修改，一般情况下，建议把“Servlet/JSP Maping URL”的默认值中的“/servlet”删除，**本书所有 Servlet 的 Maping URL 配置都不带路径“/servlet”**。单击“Finish”按钮回到代码编辑窗口。

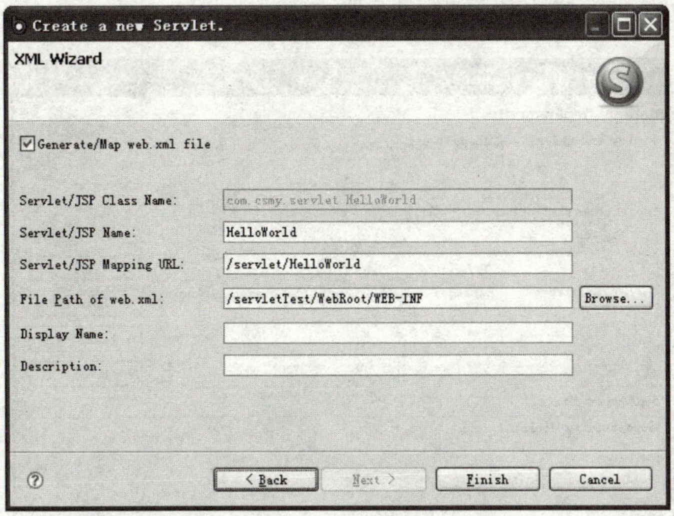

图 4-4　Servlet 配置向导对话框

（5）修改向导产生的代码：在代码编辑窗口中，可以看到向导已经生成了一个 servlet 类：**public class HelloWorld extends HttpServlet**。该类中有两个重要的方法 **doGet()**和 **doPost()**分别用于处理 GET 请求和 POST 请求，其中的默认代码就是生成一个 HTML 文档。修改 doGet()使其输出当前日期。

```
public void doGet(HttpServletRequest request, HttpServletResponse response)
                throws ServletException, IOException {
        //设置响应类型和字符编码
        response.setContentType("text/html;charset=gb2312");
         //获得输出流对象
        PrintWriter out = response.getWriter();
        out.println("<HTML>");
        out.println("<HEAD><TITLE>A Servlet</TITLE></HEAD>");
        out.println("<BODY>");
        out.println("你好<br>");
        out.println(" 现在的时间是:");
        out.println(new java.util.Date());      //输出当前日期
        out.println("</BODY>");
        out.println("</HTML>");
        out.flush();
        out.close();
}
```

删除 doPost()方法的默认代码，为了使该 Servlet 能处理 Post 请求。添加一句对 doGet()方法的调用。

```
public void doPost(HttpServletRequest request, HttpServletResponse response)
                throws ServletException, IOException {
    doGet(request,response);
}
```

（6）把 WEB 项目发布到 WEB 服务器中：在 MyEclipse 工具栏中，单击按钮，打开“Project Deployments”对话框，如图 4-5 所示。

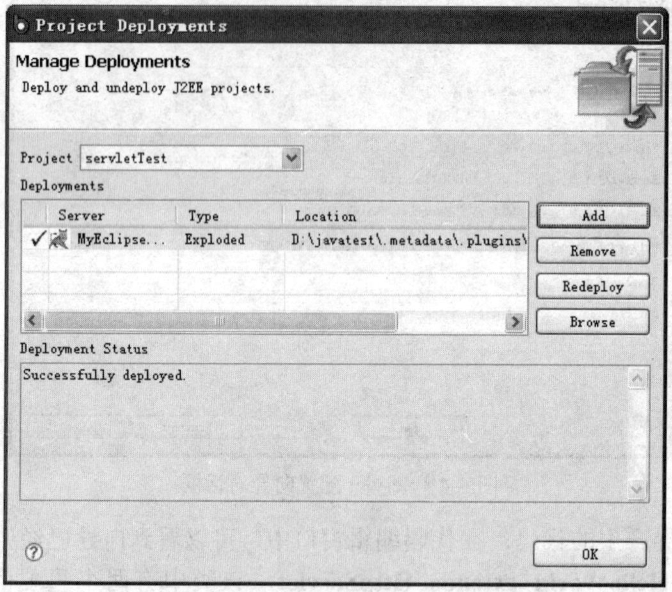

图 4-5 “Project Deployments”对话框

在“Project”下拉列表中选择要发布的项目，如本例的 servletTest，在“Deployments”列表中选择要发布的 WEB 服务器，如果列表中没有可选的服务器，单击“Add”按钮，打开如图 4-6 所示的“New Deployment”对话框，在该对话框中，选择“MyEclipse Tomcat”或其他已配置的服务器。

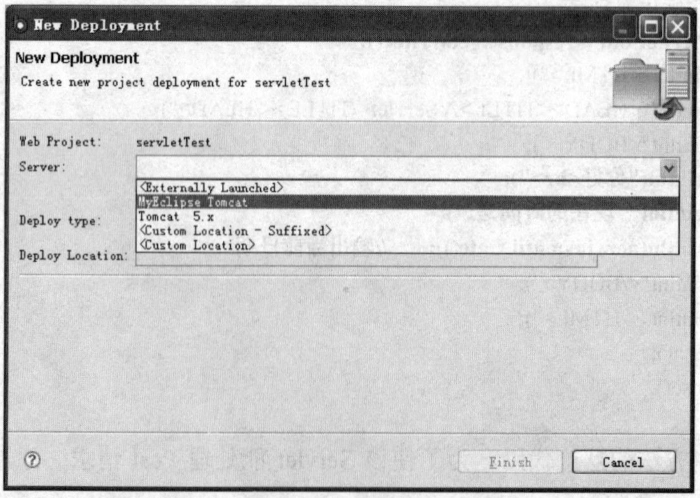

图 4-6 “New Deployments”对话框

（7）启动 WEB 服务器：单击 MyEclipse 工具栏上的 中下拉箭头，在下拉列表中，选择“MyEclipse Tomcat”→“Start”。

（8）运行 Servlet：打开浏览器，在地址栏中输入：

http://127.0.0.1:8080/servletTest/HelloWorld

这时浏览器窗口可以看到“HelloWorld”这个 Servlet 的输出结果，如图 4-7 所示。

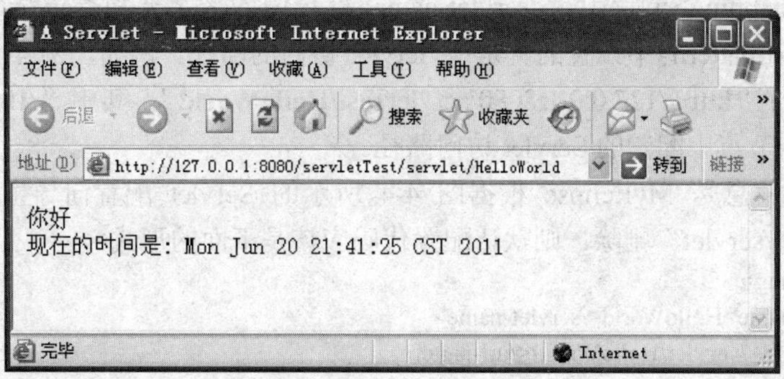

图 4-7　例 4-1 运行结果

读者可以在浏览器的菜单栏中选择“查看”→“源文件”。就可以看到“HelloWorld”这个 Servlet 在浏览器端生成的源代码，如图 4-8 所示。仔细比较“HelloWorld”在浏览器端生成的源代码与“HelloWorld”类中 doGet 方法中代码，应该就能明白 Servlet 是如何工作的。

图 4-8　“HelloWorld”在浏览器端生成的源代码

4.2.2　配置 Servlet

为了使开发的 Servlet 能通过浏览器访问，还需要在 web.xml 文件中对这个 Servlet 进行配置。MyEclipse 的 Servlet 向导在生成 Servlet 类框架的同时，会在 web.xml 文件中自动产生相关的配置信息。

在 Package Explorer 视图的 WebRoot\WEB-INF 目录下，可以找到 web.xml 文件，其中有关“HelloWorld”这个 Servlet 的主要配置信息如下：

```
……
<servlet>
    <servlet-name>HelloWorld</servlet-name>
    <servlet-class>com.csmy.servlet.HelloWorld</servlet-class>
  </servlet>

  <servlet-mapping>
```

```
        <servlet-name>HelloWorld</servlet-name>
        <url-pattern>/HelloWorld</url-pattern>
    </servlet-mapping>
.....
```

在<servlet> 节点中，使用<servlet-name>标记给 servlet 取一个名字（注意名字之间不要有空格），并通过<servlet-class>标记指定 Servlet 的类名（包括包名）。

在<servlet-mapping>节点中，<servlet-name>标记中的名字要和<servlet> 节点中设置的名字一致，而<url-pattern>中设置的就是该 Servlet 访问的路径。例如，例 4-1 的第（8）步使用的访问地址为："http://127.0.0.1:8080/servletTest/**HelloWorld**"。其中"**/HelloWorld**"就是上述<url-pattern>节点中配置的 Servlet 访问路径。

上面的配置信息是 MyEclipse 根据图 4-4 所示的 Servlet 配置向导生成的。如果在第（4）步没有把"/servlet"删除，则默认配置代码应该是下面的形式：

```
<servlet-mapping>
    <servlet-name>HelloWorld</servlet-name>
    <url-pattern>/servlet/HelloWorld</url-pattern>
</servlet-mapping>
```

如果是这样，在浏览器中访问该 Servlet 的地址应该写成：

http://127.0.0.1:8080/servletTest/**servlet/HelloWorld**

其中/servlet/HelloWorld 为 HelloWorld 的访问路径。在实际开发中，一般将图 4-4 所示的 Servlet 配置向导对话框中的"Servlet/JSP mapping URL"内容中的"/servlet"删除。

如果你没有使用向导。就必需在 web.xml 文件中为每一个 Servlet 进行手动配置。配置方法可以模仿上述 HelloWorld 的配置。

4.2.3 Servlet 的运行机制

当浏览器向服务器发送一个 Servlet 请求时，如果这个 Servlet 是第一次被调用，那么服务器将会创建一个 Servlet 实例，并且运行它，而如果这个 Servlet 已经被实例化，那么，服务器只是会新启动一个线程来运行它。也就是说，Servlet 会一直驻留在内存中，而不是对于每次的连接都重新创建实例。这是 Servlet 与其他动态网页编程语言的一个重要区别。正是因为在默认情况下，对于每个新增的请求，将会产生一个新的线程，所以，多个线程有可能会去访问共享的全局变量，因此，在使用这些全局变量的时候，一定需要特别小心，让这些线程不会访问到不同步的数据。在 Servlet 2.3 之前，可以通过让 Servlet 类实现 SingleThreadModel 接口来避免这个问题，它将会对于每个客户端的请求都产生一个独立的实例，所以避免了共享数据的不同步问题，但是，你不应该在流量很大的网站上使用这个接口，因为它将极大地降低 Servlet 的执行效率。因此，在 Servlet 2.4 版本以后，已经将这个接口设置成 deprecated 了，你不应该再在实现了 Servlet 2.4 的 Web 服务器上使用这个接口。相反的，对于共享数据，你应该在 Servlet 代码中自己去控制对共享数据的同步，比如，使用 **synchronized** 关键字来保护共享的对象。

4.2.4 HttpServlet 中的方法

从例 4-1 可以看到，在编写自己的 Servlet 程序的时候，通常都是让它继承 HttpServlet 类，然后根据需要去覆盖 HttpServlet 中的方法。在这些方法中，比较常用的方法有：init()、 doGet()、doPost()以及 destroy()。下面将详细介绍这些方法。

1．doGet()/doPost()方法

从上面例子中，知道了通过覆盖 HttpServlet 类中的 doGet()方法，可以处理浏览器端发送过来的 GET 请求。覆盖 HttpServlet 类中的 doPost()方法可以处理浏览器端发送过来的 POST 请求。这两个方法中都有两个参数：HttpServletRequest 和 HttpServletResponse，它们分别代表客户端的请求和向客户端的响应。如果不能确定客户端的请求方式到底是 GET 方式还是 POST 方式，那么可以在自己的 Servlet 中同时定义这两个方法，并且如果这两个方法的处理过程一样，那么就可以像例 4-1 一样，只需要定义其中的一个，而让另外一个调用这个方法。这样，无论是 GET 请求还是 POST 请求，这个程序都能够处理。

2．init()方法

在服务器上最多只会驻留一个 Servlet 的实例，也就是说，在第一次调用这个 Servlet 的时候，将会创建这个 Servlet 的实例。其实，在创建这个 Servlet 实例的时候，HttpServlet 中的 init()方法会被调用，如果需要对这个 Servlet 做一些初始化的话，可以将初始化代码放在这个方法中。注意，这个方法只会被调用一次，不会对于每次的请求都调用它。

3．service()方法

前面已经介绍了 doGet()和 doPost()方法，并且已经知道了对于不同方式的请求，会自动去调用对应的方法。其实，如果客户端有一个对 Servlet 的请求发送过来，那么，服务器会产生一个新的线程，并且让它调用 Servlet 的 service()方法。service()方法会根据收到的客户端的请求类型，决定调用 doGet()还是 doPost()甚至其他的 doXXX()方法。虽然可以通过覆盖 service()来达到 doGet()和 doPost()的处理一样的目的，但并不建议你这样做。

4．destroy()方法

如果因为某种原因，需要删除某个 Servlet 实例，那么，在删除这个 Servlet 实例之前，服务器会首先调用 destroy()方法。可以在这个方法中执行一些清理的动作，比如释放数据库连接、关闭打开的文件等。

4.2.5 servlet 的生命周期

Servlet 的生命周期是服务器装载运行 Servlet、接收来自客户端的请求并返回数据给客户端、最后卸载 Servlet 的全过程。

从上面的说明中大致可以描绘出 Servlet 的生命周期：当客户端第一次向 WEB 服务器提出一个对 Servlet 的请求时，WEB 服务器将会创建一个该 Servlet 的实例，并且调用此 Servlet 的 init()方法，如果当 WEB 服务器中已经存在了一个 Servlet 的实例，那么，将直接使用此实例，然后再调用 service()方法，service()方法将根据客户端的请求方式来决定调用对应的 doXXX()方法，当 Servlet 从 WEB 服务器中删除的时候，WEB 服务器将会调用 Servlet 的 destroy()方法。

4.3 利用 Servlet 读取 HTML 表单数据

4.3.1 客户端传递数据的方式

如果需要从客户端（浏览器）往 WEB 服务器传递数据，通常可以使用两种方式：使用表

单或者将数据附在 URL 后面。在第二章中，已经对这两种方式进行了讨论。这些数据传递给 WEB 服务器中的程序后，通常需要将它们提取出来，然后对这些数据进行相应的处理。

4.3.2 在 Servlet 中读取客户端发送的数据

在第二章曾经讨论过<FORM>这个标记，它的作用是利用它的各种类型的表单组件，接收客户端用户的输入，并且将用户输入的数据传送（提交）到<FORM>标记的 ACTION 属性所指定的服务器端的 WEB 应用程序中，如 ASP、JSP、CGI 或本章所要讨论的 Servlet 等。通常情况下，无论是使用 POST 还是 GET 方式提交表单，都是将表单中的各个元素值按照“名－值”对的形式传递到服务器端的。因此，可以在服务器端的程序中，通过分析这个“名－值”对系列来获得需要的数据。但是，一般而言，在 Servlet 中，可以使用 Servlet 内建机制，轻易的达到这个目的。在 Servlet 中，根据客户端的请求方式，会调用 doGet()或者 doPost()方法来处理，并且，这两个方法都有相同的参数：HttpServletRequest 和 HttpServletResponse。其中 HttpServletRequest 中包含有很多的客户端请求信息，而表单数据就包含在其中。通过 HttpServletRequest 对象上的 **getParameter()**方法，并且给这个方法一个字符串参数，用于指定需要获取的参数的名字，就可以得到对应参数名的值。在这里需要特别注意的是，getParameter()方法的参数必须和表单元素的名称一致，并且严格区分大小写。getParameter()方法已经封装好了如何分析并获得客户端传递的这些表单数据的过程，直接使用这个方法就可以得到客户端输入的数据。

下面来看一个例子。这个例子非常简单，就是使用一个简单的表单（Form）从客户端接收用户名和密码，用户将表单填写好以后，将它提交给 GetLoginData 这个 Servlet 处理。GetLoginData 这个 Servlet 取得数据后，只是简单地返回给客户端。

例 4-2：用 Servlet 接收客户端的参数

（1）创建接收用户输入的表单：在 MyEclipse 的“Package Explorer”视图中，在例 4-1 案例创建的 WEB 项目中，选择 WebRoot 目录，右击鼠标，在弹出菜单中选择“New”→“HTML”。在打开的向导对话框中，输入 HTML 文件名“Login”，在打开的 Login.html 代码窗口中输入下面的代码：

源程序：Login.html

```
<html>
<head><title>用户登录</title></head>
<body>
<center>
    <form name="longin" method="post" action="GetLoginData">
    用户名：<input type="text" name="userName" value=""> <p>
    密码：    <input type="password" name="password" value=""> <p>
    <input type="submit" value="提交">
    <input type="reset" value="取消">
  </form>
</center>
</body>
</html>
```

在这个 HTML 文件中，定义了一个<form>，它的 action 属性为“GetLoginData”，也就

是说，这个表单将提交给 web.xml 中<servlet-mapping>标记中的<url-pattern>配置为“/GetLoginData”的 Servlet 处理。

注意

action="GetLoginData"不能写成 action="/GetLoginData"，但可以写成：
action="/servletTest/GetLoginData"
或 action="http://127.0.0.1:8080/servletTest/GetLoginData"。
其中/servletTest 为 web 项目名或是在 WEB 服务器上配置的虚拟站点目录。后两种写法较为安全，不管 Login.html 在项目中的哪个目录下都不会出错。前一种写法要求 Login.html 在 WEB 应用基目录（WebRoot）下，否则会出现 404 错误（资源找不到）。

（2）创建 Servlet：读者可以参考例 4-1 的步骤，利用 MyEclipse 向导创键一个名为“GetLoginData”的 Servlet。也可以直接创键一个类（Class），但该类必需继承“**HttpServlet**”，并在 web.xml 文件中对该 Servlet 进行配置。GetLoginData 类代码如下：

源程序：GetLoginData.java

```
package com.csmy.servlet;
import java.io.*;
import javax.servlet.*;
import javax.servlet.http.*;
public class GetLoginData extends HttpServlet {
  public void doGet(HttpServletRequest request, HttpServletResponse response)
                throws ServletException, IOException {
        doPost(request,response);
  }

  public void doPost(HttpServletRequest request, HttpServletResponse response)
                throws ServletException, IOException {
           response.setContentType("text/html;charset=gb2312");//响应中文
           request.setCharacterEncoding("gb2312");//接收中文
           String userName = request.getParameter("userName");//读表单参数
           String password = request.getParameter("password");
           PrintWriter out=response.getWriter();
           out.println("User Name："+userName);
           out.println("<BR>");
           out.println("Password："+password);
              }
  }
```

在这个 servlet 中，定义了 doGet()方法和 doPost()方法，doGet()方法只是简单的去调用 doPost()方法，所以，无论是 POST 还是 GET 方法传递过来的数据，都能够得到一样的处理。利用 HttpServletRequest 的 getParameter()方法取出参数值，并且将它打印到客户端。

发布项目，启动 Tomcat，在浏览器地址栏输入：http://127.0.0.1:8080/servletTest/Login.html。浏览器将显示例 4-2 的表单，如图 4-9 所示。在表单中输入用户名和密码，单击提交后的显示结果如图 4-10 所示。

图 4-9　用户输入界面

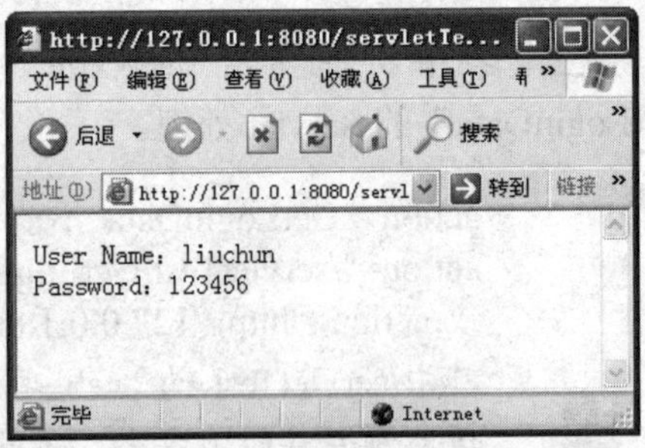

图 4-10　接收数据的 Servlet 运行结果

通常情况下，不要使用相同名字的表单元素名称，这样就可以避免在 Servlet 中取数据的时候带来的不确定性。对于多选列表这种无法避免的一个元素名多个值的情况，需要使用 getParameterValues()来取得可能传递过来的多个值。下面是一个接收多值的例子。

例 4-3：接收具有多选列表的表单数据

在多选列表中，用户可以一次选择多项内容并提交到服务器端。这时服务器端应该使用 HttpServletRequest 参数的 request.getParameterValues()方法获取用户选择的所有内容。

（1）创建接收用户输入的表单：在例 4-1 创建的项目中，创建文件名为 multiple.html 的 HTML 文件，输入下列代码：

```
<html>
<head><title>用户注册</title></head>
<body>
<center>
   <form  name="frm" method="post" action="GetMultiple">
    姓  名：<input type="text"  name="userName" ><P>
    密码：  <input  type="password"   name="password" ><P>
    兴趣：<select name="favor" size="4" multiple>
    <option value="篮球">篮球</option>
    <option value="排球">排球</option>
    <option value="乒乓球">乒乓球</option>
    <option value="网球">网球</option>
    </select>
    <br>
    <input type="submit" value="提交">
    <input type="reset" value="取消">
  </form>
</center>
</body>
</html>
```

（2）利用 MyEclipse 的 Servlet 向导创建类名为“GetMultiple”的 Servlet。代码如下：

源程序：GetMultiple.java

```
public class GetMultiple extends HttpServlet {
  public void doGet(HttpServletRequest request, HttpServletResponse response)
                    throws ServletException, IOException {
          doPost(request,response);
  }
```

```
public void doPost(HttpServletRequest request, HttpServletResponse response)
        throws ServletException, IOException {
    response.setContentType("text/html;charset=gb2312");//响应中文
    request.setCharacterEncoding("gb2312");//接收中文
    String userName = request.getParameter("userName");
    String password = request.getParameter("password");
    String[] favor=request.getParameterValues("favor");//获取多选项值
    PrintWriter out=response.getWriter();
    out.println("User Name: "+userName+"<br>");
    out.println("Password: "+password+"<br>");
    out.println("你的爱好：<br>");
    for(int i=0;i<favor.length;i++){//处理多选项
        out.print(favor[i]+"<br>") ;
    }
}
}
```

请注意其中的代码：

```
String[] favor=request.getparameterValues("favor");
```

因为 getParameterValues()方法返回的是 String 数组，所以记得要将它的返回值赋给一个 String 数组变量，而不是 getParameter()方法的 Strirg 变量。然后使用下面的语句来将这个数组中元素一一取出并且输出到客户端页面：

```
for(int i=0;i<favor.length;i++)
{
  out.print(favor[i]+"<br>") ;
}
```

本例运行结果如图 4-11 和图 4-12 所示。

图 4-11 用户输入表单

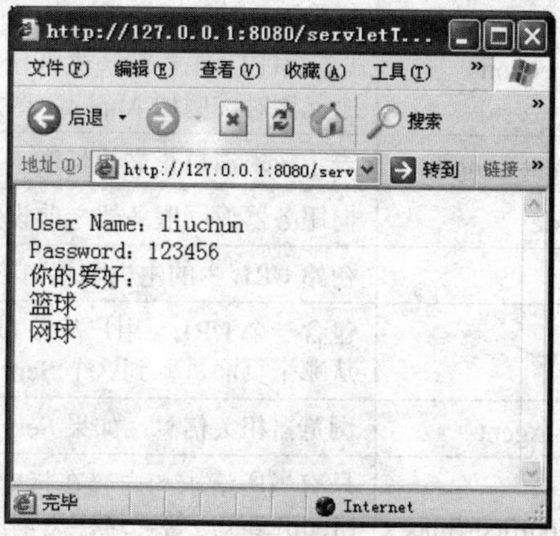

图 4-12 Servlet 接收表单并输出

4.4 处理 HTTP 报头

HTTP 建立在请求（Request）和响应（Response）的基础之上。当客户端的浏览器向服务器发送请求的时候，除了用户输入的表单数据或者查询数据之外，通常浏览器还会自己在Get/Post 请求行后面加上一些附加的信息，而在服务器向客户端的请求做出响应的时候，也会自动向客户端发送一些附加的信息。通常将这些信息称为 HTTP 报头，将附加在请求信息后面的称为 HTTP 请求报头，而将附加在响应信息后面的信息称为 HTTP 响应报头。在 Servlet 中可以获得请求报头信息，或者设置响应报头的信息。

4.4.1 在 Servlet 中取得 HTTP 请求报头

在 Servlet 中，可以通过 HttpServletRequest 的 getHeader(String headerName)方法来获得对应的 HTTP 请求报头，只需要给这个方法传递一个 HTTP 报头的 String 参数就可以了，比如，如果需要获取 User-Agent（标识生成请求的浏览器或者其他客户程序，如 Java Application 或者 MIDlet 或者其他的网络应用程序等）请求报头，可以使用方法：getHeader("User-Agent")。

另外，这些报头的参数名称不区分大小写，也就是说，可以通过 getHeader("user-agent")来获得 User-Agent 报头。表 4-1 列出了常用的 HTTP 请求报头以及各自的含义。

表 4-1 常用 HTTP 请求报头

请求报头名称	说明
Accept	浏览器可接受的 MIME 类型
Accept-Charset	浏览器可接受的字符集
Accept-Encoding	浏览器能够进行解码的数据编码方式
Accept-Language	浏览器所希望的语言种类，当服务器能够提供一种以上的语言版本时要用到这个请求头信息，特别是在有国际化要求的应用中，需要通过这个信息以确定应该向客户端显示何种语言的界面
Authorization	授权信息，通常出现在对服务器发送的 WWW-Authenticate 头的应答中
Connection	表示是否需要持久连接。如果它的值为“Keep-Alive”，或者该请求使用的是 HTTP 1.1（HTTP 1.1 默认进行持久连接），它就可以利用持久连接的优点，当页面包含多个元素时（例如 Applet、图片），将显著地减少下载所需要的时间
Content-Length	表示请求消息正文的长度
Cookie	向服务器返回服务器之前设置的 cookie 信息
Host	初始 URL 中的主机和端口，可以通过这个信息获得提出请求的机器主机名称
Referer	包含一个 URL，用户从该 URL 代表的页面出发访问当前请求的页面。也就是说，是从哪个页面进入到这个 Servlet 的
User-Agent	浏览器相关信息，如果 Servlet 返回的内容与浏览器类型有关则该值非常有用
If-Modified-Since	只有当所请求的内容在指定的日期之后又经过修改才返回它，否则返回 304 “Not Modified”应答，这样浏览器就可以直接使用缓存中的内容而不需要再次从服务器下载。和它相反的一个报头是“If-Unmodified-Since”
Pragma	指定“no.cache”值表示不使用浏览器的缓存，即使它是代理服务器而且已经有了页面的本地拷贝

需要提醒读者注意的是，并非所有的浏览器都会发送所有这些 HTTP 请求报头，比如，在 IE 浏览器中就无法获得 Accept-Charset 这个请求报头，而在其他的非浏览器类型的客户端

应用程序中，就更加可能没有发送某些请求报头了。

例 4-4：获得 HTTP 请求头信息

源文件：GetRequestHeader.java

```
package com.csmy.servlet;
import java.io.*;
import javax.servlet.*;
import javax.servlet.http.*;
import java.util.Date;
public class GetRequestHeader extends HttpServlet{
  public void doGet(HttpServletRequest request,HttpServletResponse response)
    throws ServletException,IOException {
    String Header[]={"Accept","Accept-Encoding","Accept-Charset",
    "Accept-Language","Authorization","Connection",
    "Content-Length","Host","Referer","User-Agent"};
    PrintWriter out=response.getWriter();
    out.println("<html><head><title>");
    out.println("Http Request Header</title></head>");
    out.println("<body>");
    out.println("<center>");
    out.println("<table border=1>\n");
    out.println("<tr>");
    out.println("<td>");
    out.println("Http Header Name");
    out.println("<td>");
    out.println("Http Header Value");
    out.println("</td>");
    out.println("</tr>");
    for(int i=0;i<Header.length;i++){
      out.println("<tr>");
      out.println("<td>");
      out.println(Header[i]);
      out.println("</td>");
      out.println("<td>");
      out.println(request.getHeader(Header[i]));
      out.println("</td>");
      out.println("</tr>");
    }
    out.println("</table>\n");
    out.println("</body>\n");
    out.println("</html>");
    }

    public void doPost(HttpServletRequest request,HttpServletResponse response)
    throws ServletException,IOException {
    doGet(request,response);
    }
}
```

使用 IE 或者 Netscape 浏览器访问这个 Servlet，比较两种浏览器访问的结果有什么不同。图 4-13 是在 IE 中得到的结果。

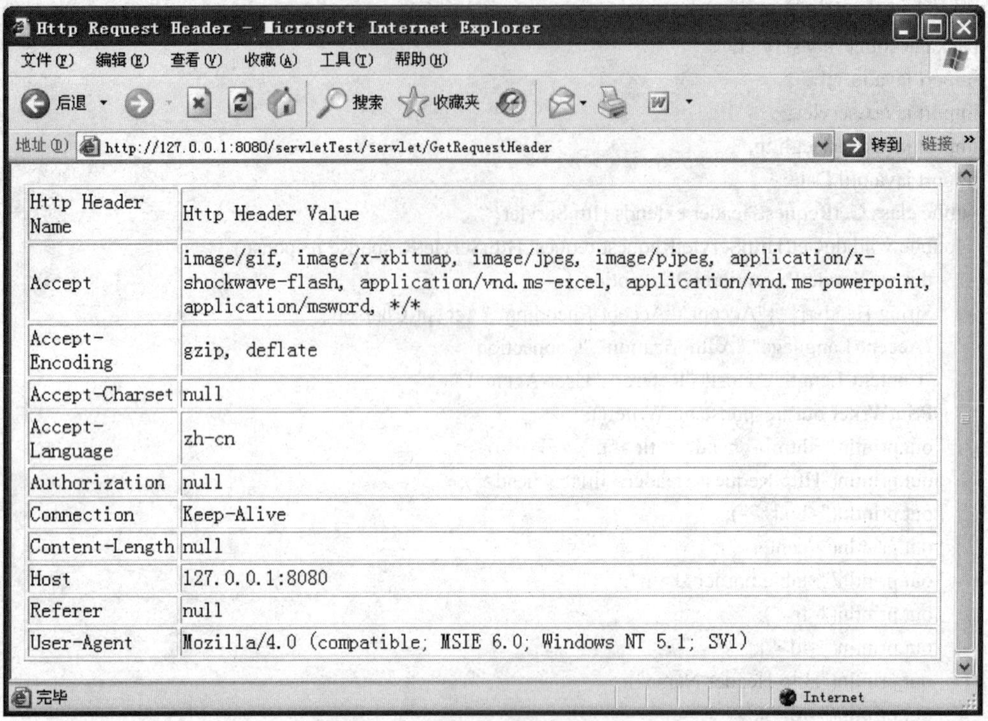

图 4-13 在 IE 中得到 HTTP 请求报头

除了 getHeader()方法外，HttpServletRequest 中还有一些方法用于获得 HTTP 请求报头信息：

- getHeaderNames()：使用这个方法可以得到一个包含了所有的请求报头名称 Enumeration 类型的值，然后可以通过遍历这个 Enumeration，取出对应请求报头；
- getHeaders()：这个方法用于在一个请求报头对应多个值的情况。虽然通常情况下一个请求报头对应一个值，但在某些情况下也有可能会出现一个请求报头对应多个值的情况，这个时候就需要使用这个方法来获得所有的值。
- getDateHeader()和 getIntHeader()：使用这两个方法，可以将读取出来的请求报头的信息转换成 Date 或者 int 值。当然，这些请求头的值必须是可以转换成 Date 或者 int 的。

4.4.2 读取 CGI 变量

CGI 变量是传统的 CGI 编程中常用的，它汇集了各种有关请求的信息，这些信息中，有些来自 HTTP 命令和请求头，有些来自于 Socket 本身，而有些是和服务器的安装配置相关。在 Servlet 中，也借鉴了传统 CGI 中的 CGI 变量表示，通过 HttpServletRequest 上的相应的 getXXX()方法，可以获得对应的 CGI 变量的值，表 4-2 列出了一些常用的 CGI 变量以及对应的获取方法。

表 4-2　CGI 变量

CGI 变量	含义	获取方法
CONTENT_LENGTH	只用于 POST 请求，表示所发送数据的字节数	getContentLength()
CONTENT_TYPE	如果指定的话，表示后面所跟数据的类型	getContentType()
HTTP_XXX_YYY	访问任意 HTTP 头	getHeader("XXX-YYY ")
PATH_INFO	URL 中的附加路径信息，即 URL 中 Servlet 路径之后、查询字符串之前的那部分	getPathInfo()
PATH_TRANSLATED	映射到服务器实际路径之后的路息	getPathTranslated()
QUERY_STRING	这是字符串形式的附加到 URL 后面的查询字符串，数据仍旧是 URL 编码的，也就是说，各个参数之间是用“&”隔开的，而参数名称和参数值之间是用“=”隔开的。在 Servlet 中很少需要用到未经解码的数据，一般使用 getParameter 访问各个参数	getQueryString()
REMOTE_ADDR	发出请求的客户端机器的 IP 地址	getRemoteAddr()
REMOTE_HOST	发出请求的客户端机器的完整的域名。如果不能确定该域名，则返回 IP 地址	getRemoteHost()
REQUEST_METHOD	客户端发出请求的类型。通常是 GET 或者 POST。但偶尔也会出现 HEAD、PUT、DELETE、OPTIONS，或者 TRACE	getMethod()
SCRIPT_NAME	URL 中调用 Servlet 的那一部分，不包含附加路径信息和查询字符串（Query String）	getServletPath()
SERVER_NAME	Web 服务器名字，注意和“REMOTE_ADDR”区分	getServerName()
SERVER_PORT	服务器监听的端口，比如 Tomcat 常用的 8080，WebLogic 常用的 7001 等	getServerPort()
SERVER_PROTOCOL	请求命令中的协议名字和版本（即 HTTP1.0 或 HTTP1.1）	getProtocol()

例 4-5：在 Servlet 中获得 CGI 变量

源文件：GetCGIVar.java

```
package com.csmy.servlet;
import java.io.*;
import javax.servlet.*;
import javax.servlet.http.*;
public class GetCGIVar extends HttpServlet
{
  public void doGet(HttpServletRequest request, HttpServletResponse response)
    throws ServletException,IOException {
    String cgiVars[][]= {
    {"AUTH_TYPE",request.getAuthType()},
    {"CONTENT_LENGTH", String.valueOf(request.getContentLength())},
    {"DOCUMENT_ROOT",getServletContext().getRealPath("/")},
    {"CONTENT_TYPE",request.getContentType()},
    {"REMOTE_ADDR",request.getRemoteAddr()},
```

```
        {"REMOTE_HOST",request.getRemoteHost()},
        {"REMOTE_USER",request.getRemoteUser()},
        {"REQUEST_METHOD",request.getMethod()},
        {"PATH_INFO",request.getPathInfo()},
        {"PATH_TRANSLATED",request.getPathTranslated()},
        {"QUERY_STRING",request.getQueryString()},
        {"REQUEST_URI",request.getRequestURI()},
        {"SCRIPT_NAME",request.getServletPath()},
        {"SERVER_NAME",request.getServerName()},
        {"SERVER_PORT",String.valueOf(request.getServerPort())},
        {"SERVER_PROTOCOL",request.getProtocol()},
        {"SERVER_SOFTWARE",getServletContext().getServerInfo()}
        };
        PrintWriter out=response.getWriter();
        out.println("<html><head><title>");
        out.println("CGI 变量</title></head>");
        out.println("<body>");
        out.println("<center>");
        out.println("<table border=1>\n");
        out.println("<tr>");
        out.println("<td>");
        out.println("CGI Var Name");
        out.println("</td>");
        out.println("<td>");
        out.println("Value");
        out.println("</td>");
        out.println("</tr>");
        //输出参数
        for(int i=0;i< cgiVars.length;i++)
        {
        out.println("<tr>");
        out.println("<td>");
        out.println(cgivars[i][0]);
        out.println("</td>");
        out.println("<td>");
        out.println(cgivars[i][1]);
        out.println("</td>");
        out.println("</tr>");
        }
        out.println("</table>\n");
        out.println("</center>");
        out.println("</body>\n");
        out.println("</html>");
    }
    public void doPost(HttpServletRequest request,HttpServletResponse response)
        throws ServletException,IOException
```

```
    {
    doGet(request,response);
    }
}
```

在浏览器中输入下面地址（具体的端口配置等请读者根据具体情况修改），可以得到如图 4-14 的结果。

http://127.0.0.1:8080/servletTest/GetCGIVar

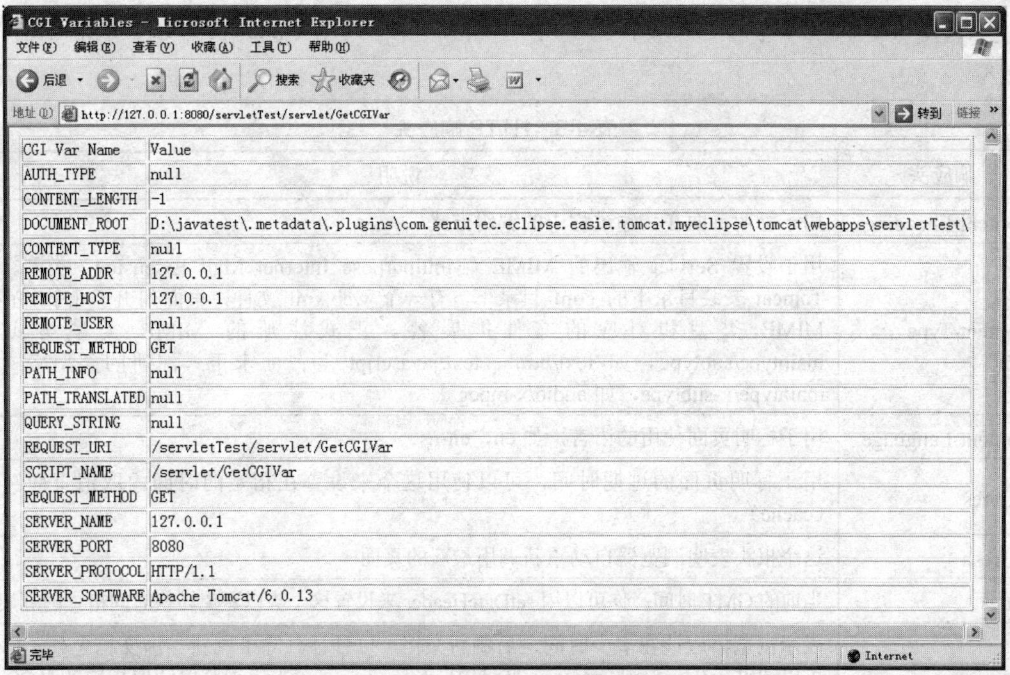

CGI Var Name	Value
AUTH_TYPE	null
CONTENT_LENGTH	-1
DOCUMENT_ROOT	D:\javatest\.metadata\.plugins\com.genuitec.eclipse.easie.tomcat.myeclipse\tomcat\webapps\servletTest\
CONTENT_TYPE	null
REMOTE_ADDR	127.0.0.1
REMOTE_HOST	127.0.0.1
REMOTE_USER	null
REQUEST_METHOD	GET
PATH_INFO	null
PATH_TRANSLATED	null
QUERY_STRING	null
REQUEST_URI	/servletTest/servlet/GetCGIVar
SCRIPT_NAME	/servlet/GetCGIVar
REQUEST_METHOD	GET
SERVER_NAME	127.0.0.1
SERVER_PORT	8080
SERVER_PROTOCOL	HTTP/1.1
SERVER_SOFTWARE	Apache Tomcat/6.0.13

图 4-14　在 IE 浏览器中得到的 CGI 变量值

因为 CONTENT_TYPE 和 CONTENT_LENGTH 只有在 POST 方式提交的时候才能获得，所以在这里得到的值为 null 和-1，读者可以自己建立一个 FORM，然后让这个 FORM 提交到上面的 Servlet，看看上面的这些 CGI 变量有哪些值不一样。

4.4.3　在 Servlet 中设置 HTTP 响应报头

在前面已经学习了如何通过 Servlet 来获得 HTTP 请求报头，在本节，将学习如何通过 Servlet 来设置响应报头。

在 Servlet 中，可以通过 HttpServletResponse 的 setHeader()方法来设置 HTTP 响应报头，它接收两个参数，用于指定响应报头的名称和对应的值：

setHeader(String headerName, String headerValue);

这是通用的方法，对于含有整数和日期的报头，提供了专门的方法：

setDateHeader(String header, long milliseconds)

setIntHeader(String header, int headerValue)

对于一些常用的报头，HttpServletResponse 接口还提供了下述的专用方法：

- **setContentType(String mime)**：这个方法用于设置 Content-Type 报头。通常使用这

个方法来设置 Servlet 的 MIME 类型，甚至字符编码（Encoding），特别是在需要将 Servlet 的输出设置为非 HTML 格式的时候。

- setContentLength(int length)：设置 Content-Length 报头。
- addCookie(Cookie c)：设置 Cookie 报头。
- sendRedirect(String url)：设置 Location 报头，让 Servlet 跳转到指定的 url。

表 4-3 列出了常用的 HTTP1.1 响应报头，需要注意的是，一些旧版本的浏览器只支持 HTTP1.0 的报头，所以，为了保证你的程序能够有更好的兼容性，应该慎重的使用这些报头，或者你可以使用 HttpServletRequest 的 getRequestProtocol()方法获得 HTTP 的版本后再做选择。

表 4-3 HTTP 响应头

响应头	说明
Content-Encoding	用于标明页面在传输过程中的编码方式
Content-Type	用于设置 Servlet 输出的 MIME（Multipurpose Internet Mail Extension）类型。在 Tomcat 安装目录下的 conf 目录下，有一个 web.xml 文件，里面列出了几乎所有的 MIME 类型和对应的文件扩展名。正式注册的 MIME 类型格式为 maintype/subtype，如 text/html、text/javascript 等；而未正式注册的类型格式为 maintype/x-subtype，如 audio/x-mpeg
Content-Language	用于标明页面使用的语言，如 en、en-us
Expires	用于标明页面的过期时间，可以使用这个来设置在指定的时间内取消页面缓存（cache）
Refresh	这个报头表明浏览器自动重新调用最新的页面
Date	当前的 GMT 时间。你可以用 setDateHeader 来设置这个头以避免转换时间格式的麻烦
Refresh	表示浏览器应该在多少时间之后刷新文档，以秒计。除了刷新当前文档之外，你还可以通过 setHeader("Refresh", "5; URL=http://host/path")让浏览器读取指定的页面。注意 Refresh 的意义是“N 秒之后刷新本页面或访问指定页面”，而不是“每隔 N 秒刷新本页面或访问指定页面”

下面来看一个实用的例子，这个案例用于说明 Content-Type 的设置和用途，该例是现在比较常用的用于生成登录或注册时候的验证码。这个功能是为了防止有恶意的用户使用自动注册机等工具来不停的登录而设立的。我们知道，有一些黑客工具使用穷举法来获得用户的密码，这种方式虽然效率低下，但是只要有足够耐心，基本可以破解所有的密码。而因为用户名和密码是相对固定的，所以你很难防止被人破解。因此，必须使用某种方法来动态的生成一些验证信息，比如在这个案例中，每次访问登录界面，都随机生成一个新的验证码，然后一方面将这个验证码生成图片显示给用户，一方面将它保存在服务器上，当用户进行登录的时候，必须输入验证码，这样就可以让用户输入的验证码和保存在服务器上的验证码相比较，如果一致并且用户名和密码正确则可以登录，否则拒绝让其登录。之所以使用图片而不是直接使用文字显示验证码主要是为了防止有些工具能够通过分析网页而得到验证码，这就达不到我们的设计目的。

在这个例子中，将讨论如何产生随机的四位验证码，并且将这四位验证码产生图形到客户端。在这里，使用 Servlet 来实现这个功能，它将产生四位随机数，并且使用这四位随机数产生图像输出。

例 4-6：利用 Servlet 动态生成图片

源文件：ImgServlet.java

```
package com.csmy.servlet;
import java.io.*;
import javax.servlet.*;
import javax.servlet.http.*;
import java.util.Random;
import java.awt.*;
import java.awt.image.*;
import javax.imageio.*;
public class ImgServlet extends HttpServlet
{
  public void doGet(HttpServletRequest request,HttpServletResponse response)
                    throws ServletException,IOException  {
      //设置 Content-Type 响应头
      response.setContentType("image/jpeg");
      //下面三条语句用于设置页面不缓存
      response.setHeader("Pragma","No-cache");
      response.setHeader("Cache-Control","no-cache");
      response.setDateHeader("Expires",0);
      OutputStream out = response.getOutputStream();//得到输出流
      int width=80, height=20;
      //建立指定宽、高 BufferedImage 对象
      BufferedImage image = new BufferedImage(width, height,
      BufferedImage.TYPE_INT_RGB);
      Graphics g = image.getGraphics();//获取绘图对象
      //生成随机类
      Random random = new Random();
      g.setColor(Color.gray);//设置填充色
      g.fillRect(0, 0, width, height);
      //设置字体
      g.setFont(new Font("Times New Roman",Font.ITALIC,18));
      String sRand = "";
      for (int i=0;i<4;i++){
          String rand = String.valueOf(random.nextInt(10));//产生随机数
          sRand += rand;
          // 设置随机颜色
          g.setColor(new Color(20 + random.nextInt(110),20 + random.nextInt(110),20 +
          random.nextInt(110)));
          //绘制
          g.drawString(rand,20*i + 6,16);
      }
      HttpSession session=request.getSession();//关于 session 请参考 4.7 节
      session.setAttribute("Verification-code", sRand);//保存到 session 中
      g.dispose();
```

```
            // 输出图像到页面
            ImageIO.write(image, "JPEG", out);
    }
    public void doPost(HttpServletRequest request,
                HttpServletResponse response)
                        throws ServletException,IOException
    {
            doGet(request,response);
    }
}
```

在这个程序中，首先指定了这个 Servlet 的 Content-Type，将它的值设置为“image/jpeg”，也就是这个 Servlet 输出内容的 MIME 格式，为了避免在浏览器端使用缓存里的图像，在程序中使用三条语句来避免客户端缓存。然后使用 BufferedImage 类对象在内存中创建一个缓冲图像，通过这个缓冲图像对象的 getGraphics()方法得到 Graphics 对象，然后在这个对象上就可以去绘制图形了。

现在，可以使用这个 Servlet 产生的随机图形，作为登录界面的验证码了，下面就是一个应用的例子：

例 4-7：将产生的图片用到登录表单中

对例 4-2 设计的 Login.html 页面的表单代码进行下列修改：

```
…
<form name="longin" method="post" action="servlet/GetLoginData">
    用户名：<input type="text" name="userName" value=""> <p>
    密码：   <input type="password" name="password" value=""> <p>
    验证码:  <input type="text" name="ValCode" >
    <img src="servlet/ImgServlet"><!--插入验证码图片-->
    <p>
    <input type="submit" value="提交">
    <input type="reset" value="取消">
 </form>
…
```

在 IE 浏览器中打开 Login.html，结果如图 4-15 所示。

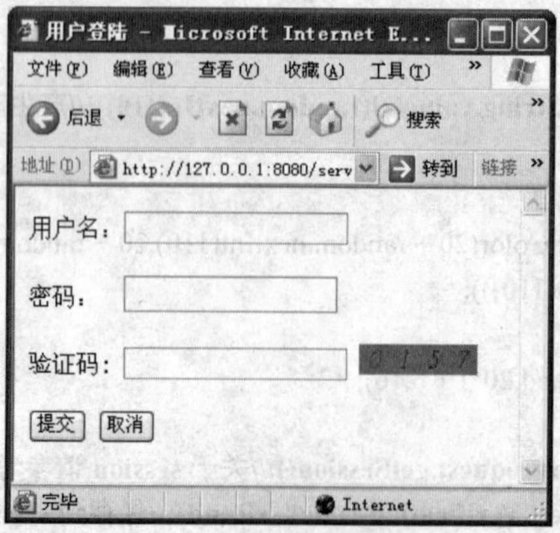

图 4-15 带验证码的登录窗口

注意 在这个 HTML 文档中，与前面学习 HTML 的<img>标签不同的是：在这里 src 引用的是一个 Servlet，而不是我们熟悉的图片文件，其实，这个 Servlet 也是返回一个图片。

4.4.4 在 Servlet 中跳转到其他的页面

在编写 Servlet 时，可能需要实现这样的功能：假设这个 Servlet 用于处理用户的登录，它从客户端浏览器接收用户的输入，然后去验证用户是否为合法用户，如果为合法用户，就跳转到 A 页面，如果没有通过验证，则跳转到 B 页面或者返回到登录页面。在这个 Servlet 中需要用到“跳转”的概念，即从一个 Servlet“切换”到另一个页面（HTML、JSP、Servlet 等）。

1．跳转的实现

在 Servlet 中，可以使用 HttpServletResponse 的 sendRedirect()方法或 RequestDispatcher 对象的 forward()方法来实现这个功能。

- HttpServletResponse 的 sendRedirect(String url)方法：这个方法接收一个参数，用于指定跳转的 URL。当调用 sendRedirect()时，WEB 服务器将会向浏览器返回响应，指示浏览器请求新的 URL。因为浏览器会重新提出新的请求，所以在跳转之前所存储的所有的请求属性都会被清空。
- RequestDispatcher 对象的 forward(HttpServletRequest request, HttpServletResponse response) 方法：这个方法接收两个参数：HttpServletRequest 和 HttpServletResponse，并且将封装在其中的属性传递到跳转的页面，这是这种方法和 sendRedirect()方法很重要的一个区别。另外，forward()方法和 sendRedirect()方法另一个不同的地方在于，当执行到 forward()方法时，WEB 服务器直接加载新的资源，而不会通知浏览器，所以，使用这个方式不需要在服务器端和浏览器端进行通信，在浏览器地址栏里也无法反映实际的 URL。

例 4-8：使用 sendRedirect 跳转

在例 4-1 创建的项目中，创建一个 Servlet，接收一个 Dir 参数，如果 Dir 为“login”则转到例 4-7 设计的 Login.html。

源文件：Redirect.java

```
package com.csmy.servlet;
import java.io.*;
import javax.servlet.ServletException;
import javax.servlet.http.*;
public class Redirect extends HttpServlet {
  public void doGet(HttpServletRequest request, HttpServletResponse response)
                throws ServletException, IOException {
        String dir=request.getParameter("Dir");
        if("login".equals(dir))
        response.sendRedirect("Login.html");
   }
}
```

这个程序非常简单，如果“Dir”的值为“login”，则跳转到“Login.html”。在浏览器中输入如下的 URL：

http://127.0.0.1:8080/servletTest/Redirect?Dir=login

将会跳转到 Login.html，请读者仔细观察地址栏中的 URL 的变化，可以看出，地址栏中 URL 已经变成了 http://127.0.0.1:8080/servletTest/Login.html。

另外，需要提醒读者注意的是：

（1）不要试图在执行 sendRedirect(String url)之前或之后向浏览器输出任何结果，因为一旦执行 sendRedirect()方法，服务器就会通知浏览器请求另一个资源，所以将会跳转到其他的页面，原来的输出结果在浏览器中无法看到。

（2）注意 url 参数的写法，上例 response.sendRedirect("Login.html")也可以写成：response.sendRedirect("http://127.0.0.1:8080/servletTest/Login.html")。该方法甚至可以把请求转到其他网站，例如，response.sendRedirect("http://www.sina.com.cn/")将转到新浪网。

例 4-9：使用 forward()方法跳转

源程序：Forward.java

```
package com.csmy.servlet;
import java.io.*;
import javax.servlet.ServletException;
import javax.servlet.http.*;
public class Forward extends HttpServlet {
  public void doGet(HttpServletRequest request, HttpServletResponse response)
            throws ServletException, IOException {
      String dir=request.getParameter("Dir");
      if("login".equals(dir))
      request.getRequestDispatcher("/Login.html").forward(request, response);
     //也可以使用下面的方法:
     // this.getServletContext().getRequestDispatcher("/Login.html").forward(request, response);
  }
}
```

在浏览器中输入如下的 URL：

http://127.0.0.1:8080/servletTest/Forward?Dir=login

你将发现，浏览器窗口的内容为 Login.html 页面，但地址栏仍然显示：

http://127.0.0.1:8080/servletTest/Forward?Dir=login

2．跳转时的参数传递

有时要把从客户端传来的参数传递到跳转的页面（JSP/Servlet），有时还需要把 Servlet 运行时的计算结果传到跳转的页面。这可以通过 forword()跳转方法来实现。因为 forword()方法跳转后的 Servlet 或 JSP 与跳转前的 Servlet 是同一个请求，它们共享同一个 HttpServletRequest 对象。

例 4-10：页面跳转时的参数传递

功能说明：用户通过登录页面输入登录信息，登录信息传递到类名为 LoginCheck 的 Servlet，LoginCheck 对用户名和密码进行验证后转到类名为 Result 的 Servlet，该 Servlet 把用户名和是否登录成功显示出来。

（1）传递数据的表单——Login.html。在例 4-7 的基础上作如下修改：

```
…
<form name="longin" method="post" action=" LoginCheck">
…
```

（2）利用 MyEclipse 向导生成类名为 LoginCheck 的 Servlet。代码如下：

源文件：LoginCheck.java

```
package com.csmy.servlet;
import java.io.*;
import javax.servlet.ServletException;
import javax.servlet.*;
public class LoginCheck extends HttpServlet {
  public void doGet(HttpServletRequest request, HttpServletResponse response)
                  throws ServletException, IOException {
          doPost(request,response);
  }
public void doPost(HttpServletRequest request, HttpServletResponse response)
                  throws ServletException, IOException {
          String userNmae=request.getParameter("userName");
          String password= request.getParameter("password");
          if("admin".equals(userName) && "admin".equals(password)){
          request.setAttribute("msg" ,"登录成功");
          }else{
          request.setAttribute("msg","登录失败");
          }
          request.getRequestDispatcher("/Result").forward(request, response);
  }
}
```

（3）利用 MyEclipse 向导生成类名为 Result 的 Servlet。修改后代码如下：

源程序：Result.java

```
package com.csmy.servlet;
import java.io.*;
import javax.servlet.ServletException;
import javax.servlet.*;
public class Result extends HttpServlet {
 public void doPost(HttpServletRequest request, HttpServletResponse response)
                  throws ServletException, IOException {
        request.setCharacterEncoding("gb2312");
        response.setContentType("text/html;charset=gb2312");
          //读取 Login.html 传过来的参数
          String userName=request.getParameter("userName");
          //读取 LoginCheck 设置的属性值
          String msg=(String)request.getAttribute("msg");
          PrintWriter out = response.getWriter();
          out.print("用户名:"+userName+"<br>");
          out.print("是否登录成功:"+msg+"<br>");
```

```
    }
  }
  public void doGet(HttpServletRequest request, HttpServletResponse response)
          throws ServletException, IOException {
      doPost(request,response);
  }
```

（4）修改 web.xml：配置 Servlet。如 LoginCheck 配置如下：

```
<servlet>
    <servlet-name>LoginCheck</servlet-name>
    <servlet-class>com.csmy.servlet.LoginCheck</servlet-class>
</servlet>
... ...
<servlet-mapping>
    <servlet-name>LoginCheck</servlet-name>
    <url-pattern>/LoginCheck</url-pattern>
</servlet-mapping>
```

（5）发布项目后，在浏览器中输入：

http://127.0.0.1:8080/servletTest/Login.html

输入用户名：admin

输入密码：admin

单击“提交”后的结果如图 4-16 所示。

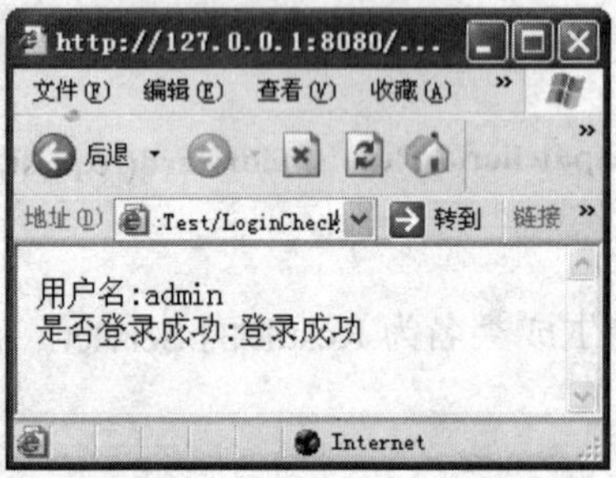

图 4-16 Result 类输出结果

请读者注意上述代码的加粗部分。登录信息传到 LoginCheck 中，LoginCheck 验证登录后，把相关信息通过 setAttribute(String propertyName,Object value)方法添加到 request 的属性列表中。之后 request 被传到 Result 中，在 Result 中可以通过 getParameter(String ParameterName)方法获取表单传递的数据，还可能通过 getAttribute(String propertyName)从 request 读取属性值。另外与 sendRedirect()方法一样，不要试图在执行 forward()之前或之后向浏览器输出任何结果，因为一旦执行 forward()方法，原来输出流中内容会被清除。

4.5 Servlet 的中文问题

在编写 Web 应用的时候，可能经常需要使用中文的界面。但是，因为编码的问题，可能会出现乱码。

读者可以试一下，将例 4-1 中的第一条语句 response.setContentType("text/html;charset=

gb2312")删除，你会发现在浏览器中输出的中文都不能正常显示。

这是为什么呢？因为，在 Servlet 运行的时候，它会采用默认的“ISO-8859-1”的编码来获得输出流，并使用这个输出流向客户端输出数据，但我们汉字的编码是“GBK”，也可以使用“GB2312”或“UTF-8”，所以，需要修改默认的编码方式来获得输出流。

在 Servlet 中，可以通过修改“Content-Type”报头完成，也就是在获得输出流之前，利用 HttpServletResponse 类的 setContentType()方法去设置“Content-Type”报头，在使用 HttpServletResponse 的 getWriter()方法获得输出流之前加上如下语句：

response.setContentType("text/html；charset=GBK");

通过上面这条语句，就可以将输出的编码方式设置成“GBK”编码。

> **注意** response.setContentType()方法的调用，一定要放在 response.getWriter()之前才能起作用，如果将它放在 response.getWriter()之后，因为输出流已经获得，就无法去改变它的编码格式了，也就起不了作用了。

通过设置 Content-Type，就可以解决向客户端输出中文的问题。但是，如果要从表单中取出中文，也会出现乱码的问题，这个问题也是因为编码引起的。

Servlet 在读取表单数据的时候，也是采用的“ISO-8859-1”的编码方式，所以，这个时候读出来的数据就是乱码，如果将这个读取出来的数据向客户端输出，即使设置了“Content-Type”也无济于事。此时，需要将 Servlet 读取表单数据的编码方式设置成“GBK”或“GB2312”或“UTF-8”，这个任务可以由 HttpServletRequest 类的 setCharacterEncoding()方法来完成。如例 4-2 中的 **request.setCharacterEncoding("gb2312")** 语句就是用于设置接收数据的中文编码（请参考例 4-2）。

> **提示** 在一些 Servlet 容器中，可能会对 GET 和 POST 方式的参数采用不同的读取方式，如本书所使用的 Tomcat，可以使用上面的方法解决 POST 方式提交的表单数据的中文问题，但还是无法正确处理 GET 方式提交的表单数据。请读者参考所使用的 Servlet 容器的相关文档来解决这个问题。对于本书所使用的 Tomcat 6.0，可以通过修改 Tomcat 安装目录下 conf 目录中的 server.xml 来解决这个问题，方法是在<Connector>元素中，加入如下一个属性：
> URIEncoding="GBK"

然后重新启动 Tomcat，这样，就可以让 GET 方式提交的数据也能够被正确的处理。

4.6 处理 Cookie

4.6.1 Cookie 基础

我们知道，HTTP 连接是一个无状态的连接，这就意味着，当浏览器得到它所请求的资源以后，浏览器和服务器端就失去了关联，浏览器无法知道服务器的状态，而服务器也无法知道浏览器的状态，即使有任何一方被关闭了，另外一方都无从知晓，当浏览器下一次再访问服务器的时候，服务器只是将它当作一个新的连接，它也无法知晓这个浏览器是否曾经访问过，这就给服务器对浏览器的跟踪带来了很大的难题。而通过 Cookie，可以让服务器和浏览器建立一种联系。

Cookie 是一小段的文本，通过 CGI/ASP/JSP/Servlet 等程序，可以将 Cookie 保存到浏览器所在的客户端的内存或磁盘上，而通过这些应用程序，也可以从客户端读出这些 Cookie，这样，通过 Cookie，客户端和服务器端就建立起了一种松散的联系。也就是说，Cookie 是一种可以让服务器端的应用程序在客户端保存和获取信息的机制，通过这种机制，可以大大扩展基于 Web 的应用功能。通过 Cookie，在需要登录的网站，用户在第一次输入用户名和密码后，将用户名和密码利用 Cookie 保存在客户端，当用户下一次访问这个网站的时候，可以直接从客户端读出用户名和密码来，这样就可以免得用户每次都需要重新登录。另外，可能需要让用户定制自己喜欢的内容，用户可以选择自己喜欢的新闻、显示的风格、显示的顺序等，可以将用户的设置保存到客户端的 Cookie 中，这样，用户每次访问这个网站的时候，都可以按照他预设的显示。除了这些功能外，Cookie 还是 Session（会话）的基础，关于 Session 的使用，请阅读下一节的内容。

当然，因为需要将信息保存在客户端的机器上，所以，自 Cookie 诞生之日起，有关于它所可能带来的安全问题就一直是人们关注的焦点。但截至目前，还没有有关因为 Cookie 所带来的重大的安全问题，这主要也是由 Cookie 的安全机制所决定的：Cookie 不会以任何方式在客户端被执行；浏览器一般会限制来自同一个网站的 Cookie 数目；单个 Cookie 的长度也作了限制；浏览器最多可以接受的 Cookie 也被做了限制，这样，客户端就不必担心硬盘被这些 Cookie 所撑爆了。虽然 Cookie 不太可能带来安全问题，但因为它会保存信息到客户端，所以可能会带来一些隐私问题，因此，通常情况下，不要将敏感的信息保存到 Cookie 中，特别是一些重要的个人资料如信用卡账号等。或者在保存这些信息之前，提示用户，确保保存的信息不是在公共计算机上。

另外，因为浏览器可以设置成拒绝 Cookie，所以，通常不要将你的程序设计成对 Cookie 有很大的依赖性，因为一旦用户关闭了浏览器的 Cookie 功能，有可能造成你的程序无法正确运行。

4.6.2 在 Servlet 中处理 Cookie

在 Servlet 中，Cookie 是封装在 Cookie 类中的，如果需要向客户端发送一个 Cookie，首先需要创建一个 Cookie 实例，可以通过 Cookie 的构造器来创建，它接收两个 String 类型参数，用于指定 Cookie 的属性名称和属性值。另外，也可以使用 setValue()来改变它的属性值。表 4-4 列出了 Cookie 的常用方法。

表 4-4 Cookie 方法

方法	说明
getMaxAge()/setMaxAge()	读取/设置 Cookie 的过期时间。如果使用 setMaxAge()方法设置了一个负值，表示这个 Cookie 在用户退出浏览器后马上过期，如果使用 setMaxAge()指定一个 0 值，表示删除此 Cookie
getValue()/setValue()	读取/设置 Cookie 属性值
getComment()/setComment()	读取/设置注释

在创建好 Cookie 对象后，需要将它发送到客户端，可以使用 HttpServletResponse 实例的 addCookie()方法来实现，它接收一个 Cookie 类型的对象，并将这个 Cookie 发送到客户端。注意这一步一定要记得做，否则，在客户端无法得到 Cookie。可以多次使用 addCookie()方法来将不同的 Cookie 发送到客户端。在将 Cookie 发送到客户端以后，可以使用 HttpServletRequest 实例的 getCookies()方法从客户端获得这个网站的所有的 Cookie，它返回包含所有本站 Cookie 的数组，然后通过遍历这个数组就可以获得对应的 Cookie。

默认情况下，Cookie 在客户端是保存在内存中的，如果浏览器关闭，那么，Cookie 也就失效了，如果想要让 Cookie 长久的保存到磁盘上，需要让 Cookie 的生命周期变得更长，可以通过 Cookie 对象的 setMaxAge()来修改它的生命周期，这个方法接收一个以秒为单位的整数，表示这个 Cookie 可以在客户端的保存时间。如果将它设置成 0，则表示在客户端删除这个会话。

下面来看一个简单的例子，这个例子中，有一个表单用于接收用户的登录信息，用户可以选择保存用户名和密码，这样用户下次就可以不用输入用户名和密码而直接登录了。首先来看这个用于接收用户输入的 HTML 表单文件，在这个例子中，没有使用 HTML 文件而是用一个 Servlet 来完成这个功能，这是因为还需要通过这个文件去试图读取客户端的 Cookie，而 HTML 文件无法完成这个功能。在下一章，读者了解 JSP 后，可以用 JSP 改写这个例题。

例 4-11：处理 Cookie

（1）创建类名为 LoginServlet 的 Servlet：产生用户登录页面，读取客户端 Cookie 中信息，设置用户名和密码的默认值。代码如下：

源程序：LoginServlet.java

```
package com.csmy.servlet;
import java.io.*;
import javax.servlet.ServletException;
import javax.servlet.http.*;
public class LoginServlet extends HttpServlet{
  public void doGet(HttpServletRequest request, HttpServletResponse response)
                throws ServletException, IOException {
        String cookieName="userName";
        String cookiePwd="pwd";
        //获得所有 cookie
        Cookie[] cookies=request.getCookies();
        String userName="";
        String pwd="";
        String isChecked="";//用于保存 checkbox 状态
        //如果 cookie 数组不为 null，说明曾经设置过
        //也就是曾经登录过，那么取出上次登录的用户名、密码
        if(cookies!=null) {
           //如果曾经设置过 cookie，checkbox 状态应该是 checked
           isChecked="checked";
           for(int i=0;i<cookies.length;i++){
              //取出登录名
              if(cookies[i].getName().equals(cookieName)) {
```

```
                userName=cookies[i].getValue();
            }
            //取出密码
            if(cookies[i].getName().equals(cookiePwd)) {
                pwd=cookies[i].getValue();
            }
        }
    }
    response.setContentType("text/html;charset=gb2312");
    PrintWriter out=response.getWriter();
    out.println("<html>\n");
    out.println("<head><title>登录</title></head>\n");
    out.println("<body>\n");
    out.println("<center>\n");
    out.println("<form action=\"CookieTest\""
            +"method=\"post\">\n");
    out.println("姓名：<input type=\"text\""
            +"name=\"userName\"   value=\""
            +userName+"\"><br>\n");
    out.println("密码：<input type=\"password\""
            +"name=\"pwd\"   value=\""
            +pwd+"\"><br>\n");
    out.println("保存用户名和密码<input type=\"checkbox\""
            +"name=\"saveCookie\" value=\"Yes\"" +isChecked+">\n");
            out.println("<br>\n");
            out.println("<input type=\"submit\">\n");
            out.println("</form>\n");
            out.println("</center>\n");
            out.println("</body>\n");
    out.println("</html>\n");
    out.close();
    }

  public void doPost(HttpServletRequest request, HttpServletResponse response)
                throws ServletException, IOException {
        doGet(request,response);
  }
}
```

（2）创建类名为 CookieTest 的 Servlet。根据客户端的参数“saveCookie”保存或删除客户端 Cookie。代码如下：

源程序：CookieTest.java

```
package com.csmy.servlet;
import java.io.*;
import javax.servlet.ServletException;
import javax.servlet.http.*;
public class CookieTest extends HttpServlet {
```

```
public void doGet(HttpServletRequest request, HttpServletResponse response)
            throws ServletException, IOException {
        doPost(request,response);
}
public void doPost(HttpServletRequest request, HttpServletResponse response)
            throws ServletException, IOException {
        response.setContentType("text/html;charset=gb2312");
        request.setCharacterEncoding("gb2312");
        PrintWriter out=response.getWriter();
        String userName=request.getParameter("userName");
        Cookie userCookie = new Cookie("userName",userName);
        Cookie pwdCookie = new Cookie("pwd",request.getParameter("pwd"));
        if(request.getParameter("saveCookie")!=null
        &&request.getParameter("saveCookie").equals("Yes")){
            userCookie.setMaxAge(7*24*60*60);//设置 Cookie 的保存时间
            pwdCookie.setMaxAge(7*24*60*60);
            out.print("你的信息已经保存到 Cookie 中");
        }else{
            userCookie.setMaxAge(0);
            pwdCookie.setMaxAge(0);
            out.print("你的信息已经从 Cookie 中删除");
        }
        response.addCookie(userCookie);//发送 Cookie 到客户端
        response.addCookie(pwdCookie);
        }
}
```

在 CookieTest 中，首先生成了两个 Cookie 对象，分别用来存储表单中传递过来的登录名和密码，然后根据客户端的“saveCookie”元素，决定是否向客户端发送 Cookie，或者删除以前存储的 Cookie，通过 Cookie 对象的 setMaxAge()可以实现这个目的。记住，如果 setMaxAge()的参数为 0，表示删除客户端对应的 Cookie。

图 4-17 是第一次访问 LoginServlet 的结果，图 4-18 是选择了将用户名和密码保存到客户端后，第二次登录以后的访问结果。

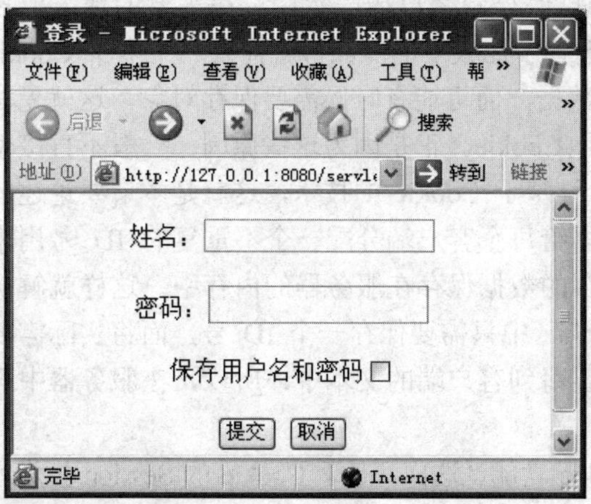

图 4-17　第一次运行的结果

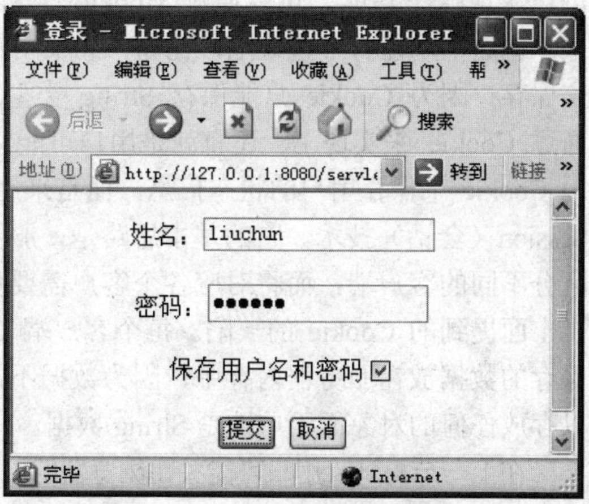

图 4-18　保存 Cookie 后的第二次运行结果

4.6.3 Cookie 中文问题

如果读者在上例中，输入中文的用户名，将会发现中文无法正常显示。这是因为 Cookie 不支持中文。解决方法：保存 Cookie 时，先用 java.net.URLEncoder.encode(String str, "utf-8")方法对要保存的数据进行 UTF-8 编码。读取 Cookie 时，利用 java.net.URLDecoder.decode（String str , "utf-8"）进行解码。如果要使上例能支持中文的用户名，可以进行如下修改：

在 LoginServlet 类中，找到下面的代码：

```
if(cookies[i].getName().equals(cookieName)) {
    userName=cookies[i].getValue();
  }
```

修改为：

```
if(cookies[i].getName().equals(cookieName)) {
 userName=cookies[i].getValue();
 userName=java.net.URLDecoder.decode(userName,"utf-8");//解码
}
```

在 CookieTest 类中，找到下面的代码：

```
String userName=request.getParameter("userName");
```

修改为：

```
String userName=request.getParameter("userName");
userName= java.net.URLEncoder.encode(userName,"utf-8");//编码
```

4.7 会话跟踪

4.7.1 会话的意义和用途

在上一节说过，HTTP 协议是一个“无状态”的协议，因此，要跟踪用户的状态非常困难，最常用的对用户信息的跟踪就是购物网站的“购物车”的跟踪，因为用户对网站的访问是随意的，所以如果要对用户选中的产品进行跟踪也很困难。通过上一节的 Cookie 技术，可以实现这个功能。可以通过 Cookie 来将信息保存到客户端，然后再在需要的地方取出来。但这个功能有一些缺陷，比如，如果用户选择了比较多的产品，就需要产生多个 Cookie 来保存；因为 Cookie 只能保存 String 类型的数据，而可能有时候需要保存对象，这就无法通过 Cookie 来实现了。还有就是用户可能禁用 Cookie。正是因为这些原因，一般不直接使用 Cookie 来保存用户的状态信息，而是采用一种基于 Cookie 的技术，这就是本节要论述的 Session（会话）技术。它的基本思路是，服务器给每个客户端分配一个不重复的 ID 号用来区分不同的客户端，而将对应各个客户需要保存的数据保存在服务器的内存中，这样就解决了上面提到的 Cookie 的缺陷。每个客户端 Cookie 中只需要保存一个 ID 号，而将实际需要保存的数据放在服务器内存中，因为数据不需要写到客户端的文本中，所以，在服务器中可以存放任何的对象而不单纯是 String 数据。

在上一节提到，用户可能关闭浏览器的 Cookie 功能，这样，基于 Cookie 的 Session 技术就不能再使用了。在一些 Web 编程语言中，这确实是一个大问题，但是，Sun 创造性地提出了另

外一种替代的方法，那就是所谓的 URL 重写。所谓的 URL 重写，简单而言，就是将本来保存在 Cookie 中的用于标识不同客户端的 Session ID 放在 url 后面，这样，即使用户关闭了浏览器的 Cookie 功能，Session 还是能正常使用。一般来说，支持 J2EE 的 WEB 服务器会自动根据情况在 Cookie 和 URL 重写之间进行切换，不需要程序员干预。但是，后面将会看到，对于 URL 重写实现的 Session，程序员还是需要做一些工作，以确保 Session 能够被正确的使用。

4.7.2 Servlet 中操作会话（session）对象

在 Servlet 中，Session 是实现 javax.servlet.http.HttpSession 接口的对象。这个接口构建在 Cookie 或者 URL 重写的基础上。要得到一个 HttpSession 的实例，可以通过 HttpServletRequest 的 getSession()方法来获得，HttpServletRequest 有两个重载的 getSession()方法，一个不带任何参数，一个接收一个 boolean 类型的值，getSession()方法和 getSession(true)功能一样，就是如果对应的客户端已经产生过一个 Session，那么就会返回这个 Session，否则，这个方法将产生一个新的 session ID 并且和对应的客户端绑定在一起。而 getSession(false)表示如果对应的客户端已经有对应的 Session，那么返回这个 Session，否则，不会产生新的 Session。可以使用 HttpSession 对象上的 isNew()方法来判定这个 Session 是否为新建的。

在 HttpSession 中定义了很多的方法来对会话进行管理，表 4-5 列出了 HttpSession 接口的常用方法。

表 4-5 HttpSession 中的常用方法

方法	说明
Object getAttribute(String name)	从 session 中返回指定 name 的属性的值，如果指定的 name 属性不存在，则返回 null
Enumeration getAttributeNames()	返回 session 中所有的属性名称，并且封装在 Enumeration 对象中返回
void setAttribute(String name,Object value)	在 session 中设置名称为 name 的属性，属性值为一个对象 value
void removeAttribute(String name)	从 session 中删除指定名称 name 的属性
void invalidate()	废除整个 session，并且释放 session 关联的对象
boolean isNew()	用于检测此 session 是否为新创建的
long getLastAccessedTime()	返回会话最后被客户端程序访问的时间，返回的值是从 1970 年 1 月 1 日以来的毫秒数
int getMaxInactiveInterval()	读取在没有访问的情况下，会话在服务器端被自动废除的时间，单位是秒
void setMaxInactiveInterval(int time)	设置在没有访问的情况下，会话在服务器端被自动废除的时间，单位是秒

注意 在 Servlet 中，request.getSession()方法要在向客户端输出内容之前被调用，否则，如果使用 Cookie 来维护 Session，而 getSession()是在向客户端输出内容之后被调用，将会抛出一个 IllegalStateException 异常。

下面来看一个例子，这个例子中，用户通过一个登录表单登录，然后，如果用户通过验证（通常是连接到数据库中去比较用户名和密码），就将用户的一些信息保存到 HttpSession 对象中。如果某个 Servlet 需要用户登录后才可以访问，就在那个 Servlet 中把保存到 Session 中的信息取出来，如果能够取得对应的 Session 信息，那么，说明用户已经登录了，否则，说明没有登录，就跳转到登录表单的页面让用户登录。

例 4-12：操作 Session

（1）登录页面：使用例 4-2 设计的 Login.html。把其中表单的 action 属性指向 LoginCheck：

```
…
<form name="longin" method="post" action="LoginCheck">
…
```

（2）处理登录：修改例 4-10 创建的 LoginCheck.java 类中的 doPost 方法：

```
public class LoginCheck extends HttpServlet {
  public void doPost(HttpServletRequest request, HttpServletResponse response)
                throws ServletException, IOException {
        String userNmae=request.getParameter("userName");
        String password= request.getParameter("password");
        HttpSession session=request.getSession();//获取 session 对象
        //如果用户和密码都是“admin”就登录成功
        if("admin".equals(userName) && "admin".equals(password)){
        session.setAttribute(“userName”,userName) ;//把用户保存到 session 中
        request.setAttribute("msg" ,"登录成功");
        request.getRequestDispatcher("/Result").forward(request, response);
        }else{
        request.getRequestDispatcher("/Login.html").forward(request, response);
        }
  }
}
```

（3）在所有需要登录后才可以访问的 Servlet 或 JSP 中加上下面的代码。

```
HttpSession session=request.getSession();
String userName=(String)session.getAttribute("userName");
if (userName==null){
  request.getRequestDispatcher("Login.html").forward(request, response);
  return;
}
```

作为测试，你可以修改任何一个 Servlet。比如修改例 4-1 创建的 HelloWorld.java 类：

```
public void doGet(HttpServletRequest request, HttpServletResponse response)
                throws ServletException, IOException {
HttpSession session=request.getSession();//获取 session
String userName=(String)session.getAttribute("userName");//读取 session 中属性
if (userName==null){//如果 session 中没有”userName”属性，表示没登录
  request.getRequestDispatcher("Login.html").forward(request, response);
  return;
}
```

```
        //设置响应类型和字符编码
        response.setContentType("text/html;charset=gb2312");
         //获得输出流对象
        PrintWriter out = response.getWriter();
        out.println("<HTML>");
        out.println("<HEAD><TITLE>A Servlet</TITLE></HEAD>");
        out.println("<BODY>");
        out.println("你好<br>");
        out.println(" 现在的时间是:");
        out.println(new java.util.Date());          //输出当前日期
        out.println("</BODY>");
        out.println("</HTML>");
        out.flush();
        out.close();
    }
```

（4）测试结果：在浏览器中输入下面的地址：

http://127.0.0.1:8080/servletTest/HelloWorld

结果发现：浏览器的显示结果为登录页面。在登录页面中，输入用户名 admin 和密码 admin（为了简便，本例没有从数据库中验证登录。而是使用“admin”作为用户名和密码）。再次访问 http://127.0.0.1:8080/servletTest/HelloWorld，则结果与例 2-1 显示结果完全相同，即直接显示 HelloWorld 的输出结果。

Session 在电子商务等应用领域有很广泛的用途，比如上面说到的“购物车”功能，用户可能在一个购物网站上四处游荡，随时选中自己喜欢的产品放到“购物车”中，其实是放在 Session 中，然后在任何的页面都可以将 Session 中的这些商品取出来。

上面讨论的都是基于 Cookie 技术的 Session，如果客户端关闭了 Cookie 功能，那么，通常情况下，服务器会自动切换到 URL 重写来实现 Session 功能。虽然这个动作不需要程序员来完成。但是，程序员在某些情况下，需要自己实现 URL 重写功能，这主要出现在两种情况下：一种是在 Servlet（或者 JSP）中生成了超链接；还有一种情况是使用了 HttpServletResponse 的 sendRedirect()方法实现跳转。幸运的是，对于 Servlet 程序员而言，只需要通过简单的编程即可实现这个功能：通过将超链接 url 调用 HttpServletResponse 的 encodeURL()方法或者对 sendRedirect()方法使用的 url 调用 HttpServletResponse 上的 encodeRedirectURL()方法，就可以对它们进行必要的编码。如果当前客户端使用 URL 重写来实现 Session，那么，将会在这些 url 后面自动加上必要的附加信息，否则，不会加上附加信息。

例 4-13：URL 重写

创建类名为 SessionTest 的 Servlet，代码如下：

源程序：SessionTest.java

```
public class SessionTest extends HttpServlet {
  public void doGet(HttpServletRequest request, HttpServletResponse response) throws ServletException, IOException {
    HttpSession session=request.getSession(true);
    String dir=request.getParameter("Dir");
    if("login".equals(dir)){
```

```
            String url ="Login.html";
            url=response.encodeRedirectURL(url);
            response.sendRedirect(url);
        }
      }
    }
```

此例与例 4-8 类似，是通过 response.sendRedirect()方法实现跳转，不同的是加了 URL 重写功能（加粗的代码部分）。在浏览器中输入下面地址，结果如图 4-19 所示。虽然窗口中的内容与例 4-8 相同，但地址栏的内容是不同的。

http://127.0.0.1:8080/servletTest/ SessionTest?Dir=login

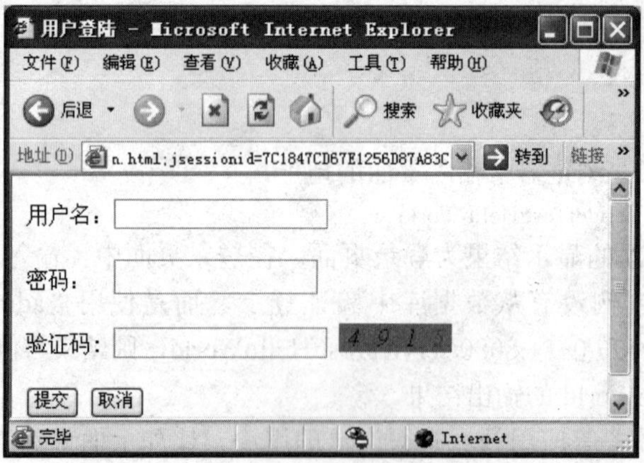

图 4-19　URL 重写来实现 Session

4.8　ServletContext 接口

所谓 Servlet Context（Servlet 上下文），指的是 Servlet 的运行容器（运行环境）。同一个应用下的所有的 Servlet/JSP 共享这个容器中的属性。可以将一些共享信息保存到 Servlet Context 中，那么，同一应用下的任何的 Servlet/JSP 或者 JavaBean 等都可以访问到它。在 Servlet API 中，定义了一个 ServletContext 接口把有关 Servlet 运行的环境，或者上下文的信息的存取方法集成起来。可以通过 ServletConfig 对象上的 getServletContext()方法来获得表示对应的 Servlet 上下文的对象。为了更加方便的获得它，可以调用 GenericServlet 类（它是 HttpServlet 的父类）中定义的 getServletContext()方法。

在 ServletContext 接口中定义了很多有用的方法，在这些方法中，比较常用的有：

- String getRealPath(String path)：这个方法将会把虚拟路径 path 转换成物理路径，如果无法转换，那么将会返回 null。如果指定 path 为“/”，那么将会返回当前应用所对应的根目录，在本章的前面的例子中已经用到了这个方法。
- void setAttribute(String name，Object value)：将一个属性保存到上下文中，属性名称由“name”指定，而对应的属性值由“value”指定。如果上下文中已经有一个同名的属性存在，将会覆盖原来的值，保存在上下文中的属性可以在此应用的任何地方读取出来。保存在 Servlet 上下文中的属性将会一直存在，直到重新启动服务器或者调用了 removeAttribute()方法。

- Object getAttribute(String name)：此方法从 Servlet 上下文中返回与指定名称“name”相匹配的属性，如果指定的属性不存在，将返回 null。注意这个方法的返回值类型是 Object，所以在取出来后，通常需要将它进行类型转换。
- void removeAttribute(String name)：从 Servlet 上下文中删除对应“name”的属性。此时原来设置的属性将不可再用。
- String getInitParameter(String name)：获得在 web.xml 中设置的上下文相关的初始化参数值，其中，name 为参数名称，而返回的数据为对应的参数的值。
- Enumeration getInitParameterNames()：获得在 web.xml 中设置的所有上下文相关的初始化参数名称，返回类型为 Enumeration 类型。
- void log(String msg)：用于将指定的 msg 写入到特定的 log 文件中。log 文件由 Web 服务器指定，对于 Tomcat，log 文件通常是写入到<tomcat 安装目录>/log 文件夹下，文件名为 localhost_log.<日期>.txt，也就是说，每天对应一个 log 文件。
- void log(String msg,Throwable throwable)：将一些解释性的信息以及异常堆栈信息写入到 log 文件中。

下面来看一个使用 Servlet 上下文来保存访问人数的例子（计数器）。在这个例子中，假设有一个 MainServlet 的程序，是所有客户端访问这个应用一定会首先访问的。每当有客户访问这个程序的时候，在这个程序中将访问数加上 1，然后保存到 Servlet 上下文中，这样，在这个应用中的任何程序都可以访问到这个计数器。下面来看这个例子。

例 4-14：将数据保存到 ServletContext 中，实现网站访问计数器

源文件：MainServlet.Java

```
public class MainServlet extends HttpServlet {
  public void doGet(HttpServletRequest request, HttpServletResponse response)
              throws ServletException, IOException {
     ServletContext ctx = this.getServletContext();//获取 ServletContext 实例
     Integer counter=null;
     synchronized(this){//同步控制
       //ServletContext 对象读取 userNumber 属性值
       counter = (Integer)ctx.getAttribute("userNumber");
       int tmp = 0;
       //如果 counter 为 null，说明 Servlet 上下文中还没有设置 userNumber 属性
       if(counter == null){
         counter = new Integer(1);
       }else{
        //取出原来计数器的值加上 1
         tmp = counter.intValue()+1;
         counter = new Integer(tmp);
       }
     ctx.setAttribute("userNumber",counter);   //设置属性值
     }
     response.setContentType("text/html;charset=GBK");
     PrintWriter out = response.getWriter();
```

```
            out.println("<html>");
            out.println("<head><title>首页</title></head>");
            out.println("<body>");
            out.println("这是第一页<p>");
            out.print("你是第"+counter+"位访问者");
            out.println("</body></html>");
    }
}
```

在浏览器中输入下面地址：http://127.0.0.1:8080/servletTest/MainServlet，结果如图 4-20 所示。

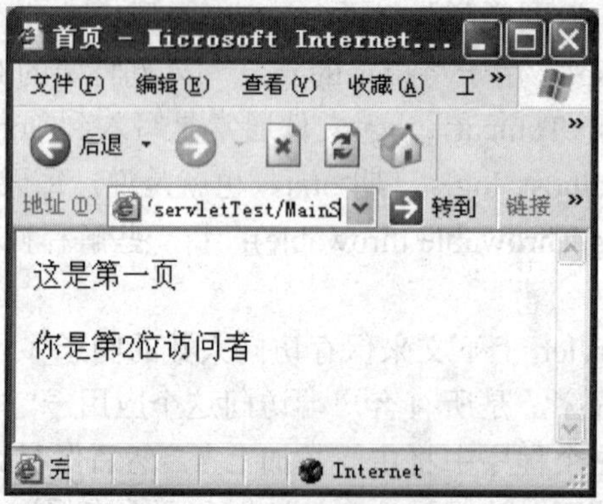

图 4-20　计数器运行结果

在这个程序中，首先通过 HttpServlet 的 getServletContext()方法（从 GenericServlet 继承来的）获得对应的 ServletContext 对象，然后，试图通过 ServletContext 的方法 getAttribute()从 Servlet 上下文中读取一个名为“userNumber”的属性值，如果这个属性值不存在（getAttribute()方法返回 null 值），说明“userNumber”还没有被设置，此次访问为第一次访问，否则，将其中的计数值读取出来加上 1，再写回到上下文中。只要在 Servlet 上下文中设置了属性值，那么在这个对应的应用的任何程序中，都可以访问到它。

另外，为了防止多个客户同时访问这个 Servlet 引起数据不同步问题，此处进行了同步控制——**synchronized(this){}**，该语句的作用是：当线程运行{}中的代码时，就对当前对象（**this**）加锁。为了提高应用程序的并发度，程序员应该加锁最小化对象。所以此处改为：**synchronized(ctx){}**，程序的效率会更高。

该例说明了 ServletContext 实例的用法，但作为实用计数器，该例有两个缺陷：①页面每刷新一次，计数器就会加 1；②服务器重启，计数器就会清零。所以，如果在实际编程中，不要使用这种方式来作为计数器，而应该将访问次数写到一个永久存储介质上，比如数据库或者文件。关于实用计数器，会在第九章有介绍。

除了可以在 ServletContext 中存取和 WEB 应用全局相关的属性外，还可以通过 ServletContext 的 getInitParameter()方法获得设置在 web.xml 中的初始化参数。比如，在 web.xml 中设置如下的参数（JDBC 数据库连接信息）：

```
<web-app>
  <context-param>
```

```
<param-name>serverName</param-name>
<param-value>localhost</param-value>
</context-param>
<context-param>
<param-name>dbInstance</param-name>
<param-value>myTest</param-value>
</context-param>
<context-param>
<param-name>userName</param-name>
<param-value>root</param-value>
</context-param>
<context-param>
<param-name>password</param-name>
<param-value>root</param-value>
</context-param>
<!—其他配置—>
</ web-app>
```

在这个 web.xml 中，设置了四个全局初始化参数，它们的名字为“serverName”、“dbInstance”、“userName”和“password”。现在，可以在 Servlet 或者 JSP 中去访问这些参数值，请看下面的 Servlet：

例 4-15：读取 web.xml 中设置的参数

源程序：GetInitParamsServlet.java

```
public class GetInitParamsServlet extends HttpServlet {
public void doGet(HttpServletRequest request, HttpServletResponse response)
                throws ServletException, IOException {
        response.setContentType("text/html;charset=GBK");
        PrintWriter out = response.getWriter();
        //获得 ServletContext 对象
        ServletContext ctx = this.getServletContext();
        //通过 ServletContext 获得 web.xml 中设置的初始化参数
        String serverName = ctx.getInitParameter("serverName");
        String dbInstance = ctx.getInitParameter("dbInstance");
        String userName = ctx.getInitParameter("userName");
        String password = ctx.getInitParameter("password");
        out.println("<html>");
        out.println("<head><title>");
        out.println("读取初始化参数</title></head>");
        out.println("<body>");
        out.println("服务器："+ serverName +"<br>");
        out.println("数据库实例："+ dbInstance +"<br>");
        out.println("用户名称："+ userName +"<br>");
        out.println("用户密码："+ password +"<br>");
        out.println("</body></html>");
  }
}
```

4.9 编写线程安全的 Servlet

4.9.1 编写线程安全的 Servlet

在 Servlet 规范中，明确说明了 Servlet 是非线程安全的。在前面的内容中也已经知道了，在多个客户端访问同一个 Servlet 的时候，一般不会对每个客户端都新建一个 Servlet 实例，而是利用多线程机制，使用同一个 Servlet 实例，这也是 Servlet 的优势所在。对于每一个客户端请求，都会调用同一个 Servlet 的 service()方法，然后决定调用 doGet()或者 doPost()方法来处理请求。因为这些处理线程调用的都是同一个 Servlet 实例，那么，对 Servlet 的全局变量的访问就可能会带来线程安全问题。

下面来看一个例子。这个例子中，定义了一个 Servlet，然后在一个 HTML 文件中使用 3 个 Frame 去调用这个 Servlet，用于模拟多线程对 Servlet 的并发访问。首先来看这个 Servlet：

例 4-16：模拟多线程并发

（1）在上述项目中创建类名为 MultiThreadServlet.java 的 Servlet。代码如下：

源程序：MultiThreadServlet.java

```
public class MultiThreadServlet extends HttpServlet {
  private int instanceVar = 0;//定义全局变量
  public void doGet(HttpServletRequest request,HttpServletResponse response)
          throws ServletException,IOException  {
          PrintWriter out = response.getWriter();
          response.setContentType("text/html;charset=GBK");
          out.println("<html>");
          out.println("<body>");
          try {
                  for(int i=0;i<10;i++){
                          out.println(instanceVar); //读全局变量
                          if(i<9){
                          out.println(", ");
                          }
                          Thread.sleep(1000);//休眠 1 秒钟
                          instanceVar++;//改写全局变量
                  }
          }catch(InterruptedException e){
                  out.println("Error");
          }
          out.println("</body></html>");
  }
  public void doPost(HttpServletRequest request,
                  HttpServletResponse response)
                          throws ServletException,IOException
  {
```

```
        doGet(request,response);
    }
}
```

在这个 Servlet 程序中，定义了一个全局变量 instanceVar，目的是对每个调用此 Servlet 的客户端，将这个变量循环十次，每次加上 1，并且将它打印到客户端。在这里，为了更好地模拟实际应用中的情况，在打印变量和变量递增之间让线程休眠了 1 秒钟。

（2）模拟并发访问的 HTML 文件

源文件：MultiThread.html

```
<html>
  <frameset rows="32%,25%,43%">
        <frame src=" MultiThreadServlet">
        <frame src=" MultiThreadServlet">
        <frame src=" MultiThreadServlet">
  </frameset>
</html>
```

在 IE 浏览器器访问 MultiThread.html：http://127.0.0.1:8080/servletTest/MultiThread.html，结果如图 4-21 所示。

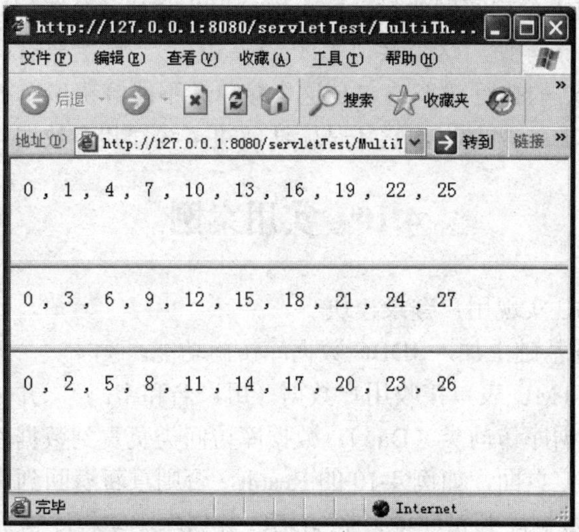

图 4-21　模拟并发访问第一次运行的结果

按照我们的设计，应该在每一个客户端都能够打印出连续的数字。但是，得到的在三个 frame 中的结果却并非如此，图 4-21 就是其中的一种运行结果，可以看出，这并非我们所期待的结果。这个问题就是因为多线程引起的。那么，如何确保 Servlet 是线程安全的呢？其实，如果读者有 J2SE 编程方面的经验，很容易就可以解决这个问题，比如，使用同步（synchronized）机制，或者干脆避免使用全局变量。比如，对于这个例子，可以将 doGet() 方法中的 for 循环放在同步块中：

```
synchronized(this){
  for(int i=0;i<10;i++){
  out.println(instanceVar);
```

```
        if(i<9){
          out.println(", ");
        }
      Thread.sleep(1000);
      instanceVar++;
      }
    }
```

这样，就可以避免多线程所带来的问题了。当然，你也可以将 doGet()方法设置成同步的，不过，一般并不建议这么做，这是因为同步代码块的效率会比较低，应该尽可能的缩小同步代码块的大小。

4.9.2 Servlet 2.4 中废弃的 SingleThreadModel 接口

如果你使用的是 Servlet 2.4 之前的版本，那么，你还有一个选择，就是让你的 Servlet 实现 SingleThreadModel 接口。这是一个“标记接口”，也就是这个接口没有任何的方法，所以对于实现这个接口的 Servlet，无需对程序做任何的额外改动。对于实现了这个接口的 Servlet，Servlet 容器将会对每一个客户端请求排队，每次只对一个请求进行处理，或者，服务器创建多个 Servlet 实例，并将它们放到实例池中，当客户端请求到达时，调用空闲的 Servlet 实例。这样，对于全局实例变量，就不用再担心会被多个线程同时访问了。但是，在 Servlet 2.4 中，已经不推荐使用这个接口了（deprecated）。这主要有两个原因：一是这种方式极大地降低了 Servlet 的执行效率；二是这个接口并不能解决所有的多线程问题，如对于 Session 和全局类变量（static 变量），它还是无法解决多线程共享数据问题。

4.10 实用案例

例 4-17：结合 JDBC 实现用户登录模块

本例就是在例 4-10 基础上加入 JDBC 数据库访问功能。

功能描述：通过 HTML 表单接收用户数据（用户名和密码），并传递给 Servlet，Servlet 把接收到的数据传到数据库访问类（Dao），数据库访问类负责到数据库中验证数据。如果用户登录成功，则转到指定页面，如例 4-10 的 Result，否则重新返回到登录页面。

（1）配置 JDBC 数据库开发环境：把 JDBC 数据库驱动程序拷贝到 servletTest 项目的 WebRoot/WEB-INF/lib 目录下。

（2）创建数据库连接类：在 servletTest 项目的 src 目录下创建包：com.csmy.db，在 com.csmy.db 包中创建数据库连接类：Dbconn。Dbconn 类代码请参考第三章的例 3-1。

（3）创建数据库访问：在 com.csmy.db 包中创建数据库访问类 Dao，并在该类中添加登录验证方法，代码如下：

源程序：Dao.java

```
package com.csmy.db;
import java.sql.*;
public class Dao {
public boolean loginCheck(String userName ,String psw) throws SQLException{
  Connection conn=null;
```

```
        boolean result=false;
        conn=Dbconn.getconn();//连接数据库
            if(conn!=null){
                String sql="select * from adminUser where userName=? and password=?";
                PreparedStatement pstm=conn.prepareStatement(sql);
                pstm.setString(1, userName);
                pstm.setString(2, psw);
              ResultSet rs=pstm.executeQuery();
              if(rs.next())
                result=true;
              Dbconn.closeconn(conn);
            }
        return result;
    }
}
```

（4）登录页面，可以利用例 4-2 的 Login.html。

（5）处理登录的 Servlet：可以修改例 4-10 的 LoginCheck 类，修改后 doPost()方法代码如下：

```
public void doPost(HttpServletRequest request, HttpServletResponse response)
                throws ServletException, IOException {
        String userName=request.getParameter("userName");
        String password= request.getParameter("password");
        HttpSession session=request.getSession();
        Dao dao=new Dao();
        boolean loginok=false;
        try {
            loginok=dao.loginCheck(userName, password);
            if(loginok){
              session.setAttribute("userName",userName) ;//把用户保存 session 中
              request.setAttribute("msg" ,"登录成功");
              request.getRequestDispatcher("Result").forward(request, response);
            }else{
                request.getRequestDispatcher("Login.html").forward(request, response);
            }
        } catch (SQLException e) {
                throw new ServletException("数据库操作异常,请与数据库管理员联系!");
        }
    }
```

（6）在数据库中插入一条测试数据：insert into admimUser values('admin', 'admin',0)。

（7）运行：发布项目。在浏览器中输入：http://127.0.0.1:8080/servletTest/Login.html。图 4-22 是 Login.html 界面，图 4-23 是登录成功的结果。

在 JSP 中或者 Servlet 中使用 JDBC 非常的简单，你要做的就是将 java.sql 包引入进来，然后和 Java 应用程序中一样使用就可以了。

上例说明了登录模块实现的全过程，对实际应用开发有重要的参考价值。在不同的实际应用开发中，对于登录模块，读者只需要修改三个地方：

图 4-22　登录界面

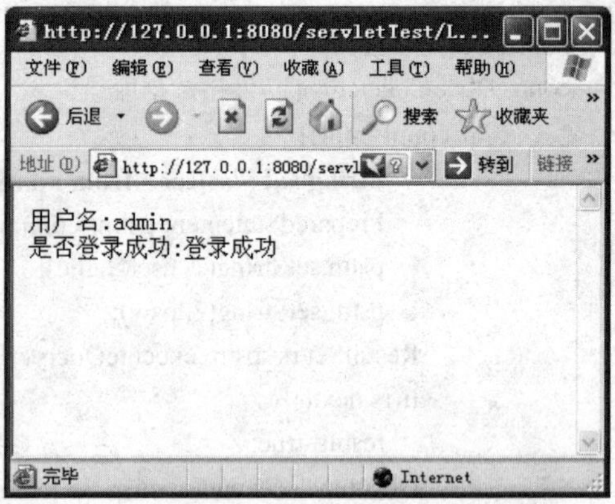

图 4-23　登录成功

（1）验证登录是否成功的 SQL 查询语句：String sql="select * from adminUser where userName=? and password=?"。

（2）登录成功后的跳转页面，一般在实际项目开发中，登录成功将跳转到主界面。

（3）关于异常的处理，在实际开发中，一般要设计一个专门处理异常的页面。如果发生异常就由异常处理页面显示相关错误和提示信息（参考第五章）。

习题四

1. 填空题

（1）一个 Servlet 程序一般继承__________类。

（2）Java Web 应用的配置文件是__________。

（3）HttpServlet 中比较常用的方法有__________、__________、__________、__________。

（4）HttpServletRequest 对象上的__________方法用于读取客户端发送的数据。

（5）在 Servlet 中，Session 是实现__________接口的对象。

（6）假设有个 Servlet 文件 CheckUser.java，已经部署在 web-inf/classes/com/login/下， 希望能使用路径名/check 来访问，请完成这个 Servlet 在 web.xml 中的相关配置。

```
<servlet>
    <servlet-name>CheckUser</servlet-name>
    <servlet-class>__________</servlet-class>
</servlet>
<servlet-mapping>
    <servlet-name>CheckUser</servlet-name>
    <url-pattern>__________</url-pattern>
</servlet-mapping>
```

2. 选择题

（1）假设在 helloapp 应用中有一个 HelloServlet 类，它在 web.xml 文件中的配置如下：

```
<servlet>
  <servlet-name> HelloServlet </servlet-name>
  <servlet-class>org.javathinker.HelloServlet</servlet-class>
</servlet>
<servlet-mapping>
  <servlet-name> HelloServlet </servlet-name>
  <url-pattern>/hello</url-pattern>
</servlet-mapping>
```

那么在浏览器端访问 HelloServlet 的 URL 是（　　）

A．http://localhost:8080/HelloServlet

B．http://localhost:8080/helloapp/HelloServlet

C．http://localhost:8080/helloapp/org/javathinker/hello

D．http://localhost:8080/helloapp/hello

（2）从 HTTP 请求中，获得请求参数，应该调用哪个方法？（　　）

A．调用 HttpServletRequest 对象的 getAttribute()方法

B．调用 ServletContext 对象的 getAttribute()方法

C．调用 HttpServletRequest 对象的 getParameter()方法

D．调用 HttpServletResponse 对象的 getParameter()方法

（3）ServletContext 对象是由谁创建的？（　　）

A．由 Servlet 容器负责创建，对于每个 HTTP 请求，Servlet 容器都会创建一个 ServletContext 对象

B．由 JavaWeb 应用本身负责为自己创建一个 ServletContext 对象

C．由 Servlet 容器负责创建，对于每个 JavaWeb 应用，在启动时，Servlet 容器都会创建一个 ServletContext 对象

D．以上都不正确

（4）Servlet 程序的入口点是（　　）。

A．init()　　　　B．main()

C．service()　　　　D．doGet()

（5）ServletContext 接口的（　　）方法用于将对象保存到 Servlet 上下文中。

A．getServletContext()　　　　B．getContext()

C．getAttribute()　　　　D．setAttribute()

（6）HttpServletRequest 对象的（　　）方法能够获取一个表单参数的值。

A．getQuaryString()　　　　B．getPathInfo()

C．getParameter()　　　　D．getAttribute()

（7）不同的客户端要共享的信息应存储到（　　）中。

A．Servlet 上下文　　　　B．会话对象

C．Http 请求对象　　　　D．Http 响应对象

3. 简答题

（1）简述 HttpServletResponse 的 sendRedirect()方法和 RequestDispatcher 对象的 forward()方法的区别。

（2）简述 Servlet 中出现中文乱码的原因及解决方法。

4. 编程题

（1）使用 Servlet 实现用户登录验证功能。要求如下：

如果用户名为 sa，密码为 123456，则转向 ok.jsp 页面，并将用户名保存到 session 中。否则重新转到登录页面 login.jsp。

（2）结合 JDBC 实现用户注册模块。

第五章　JSP 编程

本章要点

本章介绍 JSP 编程的基本语法、JSP 指令、JSP 动作、JSP 内置对象以及 JSP 和 Servlet 的关系等，并通过实例介绍 JSP/Servlet 中如何使用 JDBC 访问数据库，使读者对 JSP 程序设计有一个全面的了解。

5.1　JSP 概述

JSP（JavaServer Pages）通过将动态代码嵌入到静态的 HTML（或者 XML）中，从而产生动态的输出。JSP 技术基于 Java Servlet 技术， JSP 最终也是被转成 Servlet 来执行，所有用 Servlet 能实现的功能都可用 JSP 来实现，而且在界面设计方面，JSP 比 Servlet 要方便很多，在实际应用开发中，一般用 Servlet 实现流程控制，用 JSP 实现用户交互界面。最简单的 JSP 文件是直接将一个 HTML 文件另存为.jsp 文件，然后将它放到 WEB 服务器的 WEB 应用目录下即可。JSP 技术为创建动态生成内容的 WEB 页面提供了一个简单而快捷的方法。

JSP 技术的出现，大大提高了基于 Java 技术的 WEB 应用开发的效率。它将内容的生成和显示分离，使得网页设计人员和 Java 程序员的工作关系不再那么紧密，网页设计人员只需要专注于网页的设计即可，而 Java 程序员也可以不再关心 HTML 的编写。通过将商业逻辑封装在 JavaBean 或者 Enterprise JavaBean（EJB）中，页面设计人员可以在仅知道相关的输出接口的基础上来设计网页。

JSP 与 Java Servlet 一样，是在服务器端执行的，通常返回给客户端的就是一个 HTML 文本，因此客户端只要有浏览器就能浏览。

JSP 采用的是 Java 语言，它拥有 Java 的所有优势，比如：面向对象、一次编写、到处运行的跨平台特性等。

5.2　JSP 编程基础

5.2.1　编写第一个 JSP 程序

JSP 源文件是扩展名为.jsp 的纯文本文件，可以用任何文本编辑工具来编写（如记事本等）。但是为了提高开发效率，建议使用一些专业化的开发工具进行开发，如 MyEclipse、NetBeans 等。本书案例采用 MyEclipse 集成开发环境。下面通过一个简单的例题介绍在 MyEclipse+Tomcat 环境下开发 JSP 应用的步骤。

例 5-1：第一个 JSP 程序——HelloWorld.jsp

（1）创建 WEB 项目：参照第四章 4.2.1 节的例 4-1，创建一个 WEB 应用项目，**项目名为 JspTest**。在“Package Explorer”视图中，展开项目（单击项目名左边的“+”）。这时项目的目录结构如图 5-1 所示。本章后面的所有例题都在这个项目中完成。

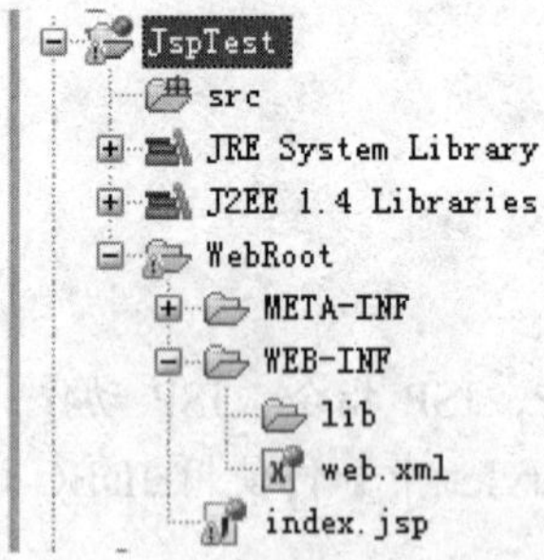

图 5-1　WEB 项目目录结构

（2）创建 JSP 文件框架：在 WebRoot 上右击鼠标，在弹出菜单中选择“New”→“JSP(A)”，打开如图 5-2 所示的 JSP 向导对话框。在该对话框中，修改“File Name”，如本例修改为“HelloWorld.jsp”，选择“Template to use”下拉列表中的 Default JSP template。单击“Finish”按钮，回到 MyEclipse 主界面，其中，中间的窗口为代码编辑窗口，如图 5-3 所示。这时你将发现：向导已经产成了 JSP 的框架，对于不同版本的 MyEclipse 或选择不同的 Template（模板），向导产生的代码会有些不同，但结构是一样的。

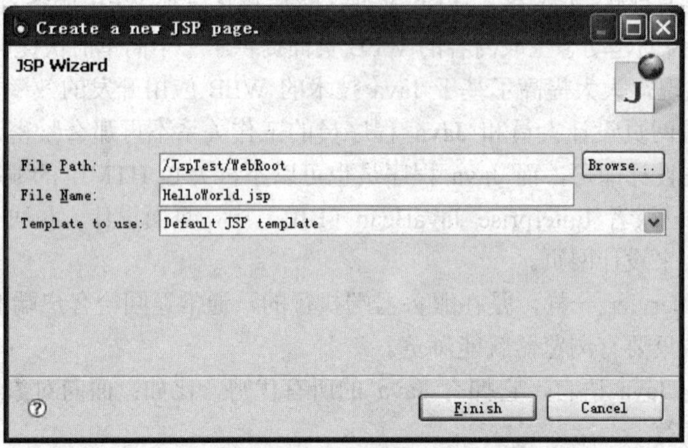

图 5-2　JSP 向导对话框

（3）修改代码窗口中代码：从向导产生的代码可以发现，JSP 基本结构与 HTML 没有很多区别。

①为了使 JSP 支持中文，把第一句中的 pageEncoding="ISO-8859-1"改为：

pageEncoding="gb2312" 或 contentType="text/html;charset=gb2312"。

②修改<body>标记中的内容为：

```
<body>
  你好：<br>
  现在时间是：<%= new Date()%> <br>
</body>
```

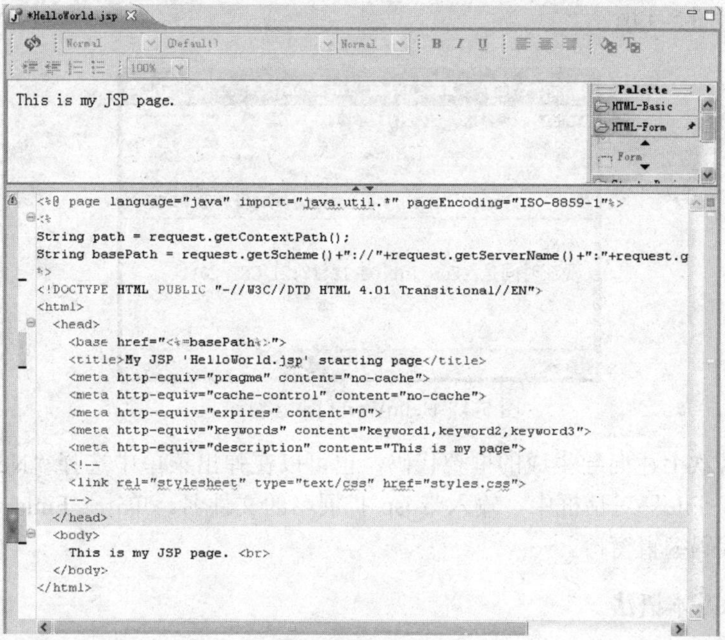

图 5-3　JSP 编辑窗口

③删除本例不需要的代码，修改后代码如下：

源程序：HelloWorld.jsp

```
<%@ page language="java" import="java.util.*" pageEncoding="gb2312"%>
<html>
  <head>
    <title>第一个 JSP 程序</title>
  </head>
  <body>
   你好：<br>
   现在时间是：<%= new Date()%> <br>
  </body>
</html>
```

这个程序的基本架构是一个标准的 HTML 文件，只是在它的第一行使用了 JSP 指令，用于说明这个 JSP 文件使用 gb2312 的编码。这个程序中只有一行 JSP 代码：

```
<%= new Date() %>
```

它的作用就是产生表示当前时间的日期对象，并且，在这个程序中使用“=”来向客户端输出得到的结果。

（4）将 JSP 程序部署到 Tomcat 中：在 MyEclipse 工具栏中，单击按钮，打开“Project Deployments”对话框。在“Project”下拉列表中选择要发布的项目，如本例的 JspTest，在“Deployments”列表中选择要发布的 WEB 服务器，如果列表中没有可选的服务器，单击“添加”按钮，在打开的“New Deployments”对话框中，选择“MyEclipse Tomcat”或其他已配置的服务器。

（5）运行 JSP：打开浏览器，在地址栏中输入：

http://127.0.0.1:8080/JspTest/HelloWorld.jsp

运行结果如图5-4所示。

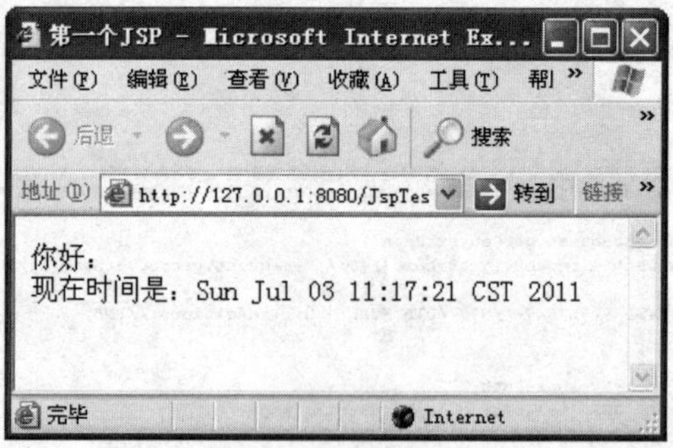

图5-4 HelloWorld.jsp运行结果

如果你不喜欢上述向导生成的框架代码，也可以在弹出菜单中选择“New”→“File”。在打开的“New File”对话框中，输入带.jsp扩展名的文件名。单击“Finish”按钮，将会打开一个空白的代码编辑窗口。

5.2.2 JSP基本语法

前面已经编写了一个简单的JSP程序，并且将它部署到Tomcat中，通过浏览器就可以访问到这个JSP了。JSP将会把执行后的结果输出到浏览器中。下面来详细地分析JSP程序的架构。

JSP程序可以由JSP声明、JSP表达式、Scriptlet（脚本块）、指令、动作、注释等组成，但这些部分的内容都不是必需的，前面也说过，最简单的JSP程序就是直接将HTML文件另存为jsp文件。下面将对JSP的各部分一一说明。

1. JSP注释

JSP注释可以大致分为两种：一种是可以发送到客户端的，一种是不会发送给客户端而仅提供给JSP程序员阅读的，这两种注释在语法上是不同的。

（1）发送到客户端的JSP注释：基本语法格式如下：

<!--注释[<%=表达式%>]-->

这种方式其实是HTML注释方式，只不过可以在里面加上JSP表达式，动态生成注释内容。下面来看一个这种注释的例子：

例5-2： JSP注释一

源文件：ClientComments.jsp

```
<%@ page language="java" import="java.util.*" pageEncoding="gb2312"%>
<html>
<head>
    <title>注释一</title>
</head>
<body>
  第一种注释演示，请选择菜单栏中的“查看”→源文件
  <!--这个注释会发送到客户端<%=new Date()%>-->
</body>
</html>
```

其中<!--和-->部分的内容将会发送到客户端，但是，它不会在浏览器中显示。打开客户端的源代码，可以看到注释的输出结果。

（2）不发送到客户端的注释：基本格式如下：

<%- -注释内容- -%>

在<%--和--%>部分的内容将不会被编译，也不会被执行，所以，这部分内容也不会被发送到客户端。将上面的程序稍作修改，就可以将它变成这种注释了。

例 5-3：JSP 注释二

源文件：NonClientComments.jsp

```
<%@ page language="java" import="java.util.*" pageEncoding="gb2312"%>
<html>
<head>
    <title>注释二</title>
</head>
<body>
  第二种注释演示，请选择菜单栏中的“查看”->源文件
  <%--这个注释不会发送到客户端<%=new Date()%>--%>
</body>
</html>
```

到浏览器中执行，查看源代码，可以看出，这个注释没有发送到客户端。其实，因为它根本不会被编译执行，所以其中的表达式也根本就不会执行。我们可以随意修改其中的语句，比如将 java.util.Date 改成任何的类都不会出问题，因为它根本就不会被编译，更谈不上被执行。

因为在 JSP 程序中，有一部分是 Java 代码，因此，除了上面两种 JSP 的注释方式以外，Java 代码中，还可以像普通的 Java 类中一样使用 Java 的注释语句，例如，单行注释用“//”，而多行注释使用“/*”和“*/”包含起来，在此不再赘述。

2. JSP 表达式

JSP 表达式的基本语法如下：

<%=expression%>

其中，expression 是一个可以转换成字符串的任意合法的 Java 表达式。JSP 表达式的作用是将 expression 的运算结果输出到客户端。使用表达式有几个地方需要注意：

- JSP 表达式只能单独出现，也就是说，不能在一对“<%”和“%>”之间出现多条语句；
- JSP 表达式和普通的 Java 语句不同，不能用“;”结束；
- JSP 表达式的“<%”、“%>”和 expression 只能在同一行上；
- 表达式 expression 必须能够转换成字符串形式。

使用表达式的效果和在 Servlet 中使用 out.println()的效果是一样的，它们都会向客户端输出内容。

3. JSP Scriptlet（脚本块）

如果需要在 JSP 程序中加入复杂的控制逻辑，这个时候可能需要用到很多的 Java 代码，那么，使用“Scriptlet”可以达到这个目的。所谓“Scriptlet”，其实就是插入到 JSP 程序中的 Java 代码段，代码段用“<%”和“%>”包含起来：

```
<%
  Java 代码
%>
```

例 5-4：Scriptlet 示例

源文件：Scriptlet.jsp

```
<%@ page language="java" import="java.util.*" pageEncoding="gb2312"%>
<html>
<head>
     <title>scriptlet 演示</title>
</head>
<body>
   <%
      int a=1,b=2;
      int x=a+b;
      out.print("a+b=" +x);
   %>
  </body>
</html>
```

从这个例子可以看出，在 Scriptlet 中，可以使用任何的 Java 代码。但是，需要提醒读者注意的是，不能在 Scriptlet 中定义方法，也不能在 Scriptlet 中使用<%=expression%>输出，在 Scriptlet 中一般使用 JSP 内置对象 out 来输出。

4．JSP 声明

在 JSP 中，方法的声明以及全局变量的声明应该放在 JSP 声明部分，它的基本格式如下：

```
<%!
  声明
%>
```

它和 Scriptlet 非常类似，只不过它以“<%!”开头，而 Scriptlet 以“<%”开头。在 Scriptlet 中定义的变量是“局部变量”，只能在定义它的 Scriptlet 中或之后的 Scriptlet 和 JSP 表达式中使用。而 JSP 声明中的变量是全局变量，可以在任何地方被使用。下面来看一个 JSP 声明的例子：

例 5-5：JSP 声明

源文件：Declaration.jsp

```
<%@ page language="java" import="java.util.*" pageEncoding="gb2312"%>
<html>
<head>
     <title>JSP 声明演示</title>
</head>
<body>
   <%
      int a=1,b=2,sum=0;
      sum=xx+add(a,b);
      out.print(sum);
    %>
    <%! int xx=2;
```

```
    int add(int x,int y){
    return x+y;}
   %>
</body>
</html>
```

在这个例子中，在 JSP 声明中定义了一个全局变量 xx 和一个方法 add(int x,int y)，虽然这个方法和变量定义在 Scriptlet 之后，但在 Scriptlet 中还是可以调用。也可以在另一个方法声明中调用它。

注意 因为在 JSP 容器中，JSP 会在运行前被转换成 Servlet，其中声明部分定义的变量和方法会转换为 Servlet 类属性和类方法。而 Scriptlet 定义的变量会转换成_jspService 方法中的变量。对于每一个 Servlet，在运行的时候通常只会产生一个实例，如果此时多个客户端同时访问某个 Servlet 的全局变量（实例变量），可能会引起多线程问题，因此，在 JSP 中声明变量、方法的时候，要注意同步问题。

5.3 JSP 指令

JSP 指令是为 JSP 引擎而设计的。他们并不直接产生任何可见输出，而只是告诉引擎如何处理对应的 JSP 页面。这些指令被括在“<%@ %>”标记中。指令有三个：page、include 和 taglib，在本节，只讨论 include 和 page 指令，而 taglib 指令，用于指定需要用到的标记库。

5.3.1 page 指令

page 指令允许程序员导入需要的类、指明 JSP 输出内容类型、控制 session 等。

1．import 属性

编写过 Java 程序的读者都应该知道，在 Java 程序中，通常需要用到 JDK 中的其他类，这个时候，就需要将这个类导入（import），那么，既然在 JSP 中也需要编写 Java 代码，应该如何导入其他的类呢？

通过 page 指令的 import 属性，可以方便地将需要用到的类引入进来，它的用法如下：

```
<%@page import="package.类名"%>
```

或者

```
<%@page import="package.*"%>
```

如果想要引入多个包中的类，可以使用下面的方法：

```
<%@page import="package1.类名"%>
<%@page import="package2.类名"%>
```

或者

```
<%@page import="package1.类名,package2.类名"%>
```

在第二种方式中，使用“,”来分开多个类。

请注意：import 是 page 指令中唯一一个可以在同一个 JSP 中多次出现的属性。

2．contentType 和 pageEncoding 属性

contentType 属性前面已经使用过，主要用于指明 JSP 输出内容的 MIME 类型及字符编码方式，在 Tomcat 安装目录/conf 下的 web.xml 中，几乎列出了当前所有的 MIME 类型以及它们所对应的文件扩展名，如扩展名为.class 的文件的 MIME 类型为 application/java。MIME 类型通常由两部分组成，前面一部分表示 MIME 类型，后面为 MIME 子类型，如 Java 类型是 application 的子类型，而 html 类型为 text 类型的子类型等。默认情况下，JSP 的 MIME 类型和字符编码为："text/html;charset=ISO.8859-1"。

通过设置 contentType 属性，可以改变 JSP 输出的 MIME 类型，可以使用这个属性来达到一些特殊的目的，比如，将输出内容转换成 Microsoft Word 格式或者将输出的表格转换成 Microsoft Excel 格式等。下面来看一个将 JSP 生成的数据输出成 Excel 表格的例子。

例 5-6： 通过 contentType 在 JSP 中输出 Excel 文档

源文件：Excel.jsp

```
<%@page contentType="application/vnd.ms-excel;charset=gb2312"%>
姓名	性别	年龄
张三	男	14
李斯	男	45
王五	女	33
```

在这个程序的第一行，使用 contentType 属性说明了该 JSP 的输出格式是 Microsoft Excel 格式（它对应的 MIME 类行为 application/vnd.ms-excel，请注意：MIME 类型区别大小写）。然后，列出了四行的数据，其中第一行是表头，**在"姓名"和"性别"、"性别"和"年龄"之间，使用制表符（Tab）来分隔**，这点请读者一定要注意，这样，在安装了 MS Excel 的客户端浏览器中，它就会输出成一个 Excel 表格。图 5-5 是该例的运行结果。在实际的应用中，可以从数据库或者其他应用中取得数据，而不是像这个例子一样硬编码。

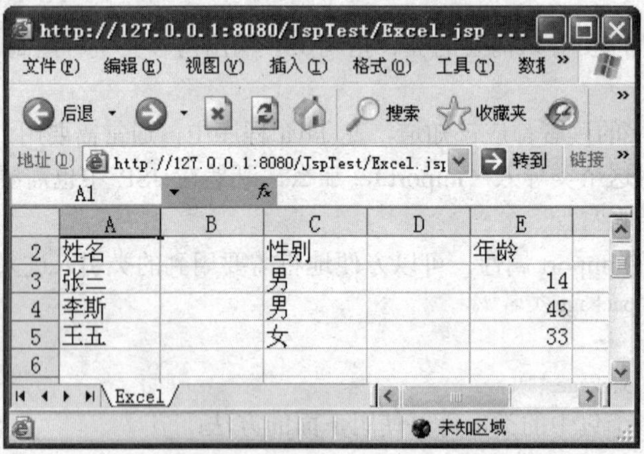

图 5-5 JSP 输出电子表格数据

另外，通过将 contentType 设置成 excel 格式，还可以将一个 HTML 表格输出成 Excel 表格，读者可以自己将一个输出 HTML 表格的 JSP 文件的 MIME 类型改为 Excel 格式来实现这个目的。如果需要实现复杂格式的 Excel 或者 Word 文件，可以先使用 Microsoft Excel 或者 Microsoft Word 生成一个模板，然后将它保存成 Web 页，再将它的扩展名改成 jsp 并且在

其中加入 JSP 程序即可。

通过 contentType 可以设置 JSP 输出结果的 MIME 类型，如果只想要改变文件的编码（使用默认的 text/html 内容类型），那么只需要使用 pageEncoding 就可以了，例如：

```
<%@page pageEncoding="gb2312"%>
```

3．session 属性

session 属性用于控制页面是否需要使用 session（会话），这个属性值可以为“true”或者“false”。“true”表示这个页面需要使用 session，它也是这个属性的默认值，而“false”表示这个页面不能使用 session。下面是 page 指令中的 session 属性设置：

```
<%@page session="false"%>
```

需要指出的是，在某个 JSP 页面中将 session 属性设置为“false”并不能禁止 session 在其他页面的使用，也不会将用户已经创建的 session 清除，它的唯一功能就是，你不能在这个 jsp 中访问 session 或者为用户创建新的 session。关于 JSP 中的 session，将会在后面的章节中继续学习。

4．errorPage 和 isErrorPage 属性

errorPage 用于指明在这个 JSP 页面中出现未被捕获的异常时，跳转到哪个页面来处理，通常，跳转的页面需要使用 isErrorPage 来指明可以用于其他页面的错误处理。errorPage 的用法如下：

```
<%@page errorPage="errorHandle.jsp"%>
```

通过上面的语法，就可以指明当这个 jsp 中出现错误的时候，跳转到 errorHandle.jsp，让 errorHandle.jsp 来处理。而通常，在 errorHandle.jsp 中，需要使用 isErrorPage 属性来说明它可以用于其他页面的错误处理：

```
<%@page isErrorPage="true"%>
```

在错误处理页面中可以使用内置的 exception 对象来获得相关的异常信息，例如使用它的 printStackTrace()方法来打印异常堆栈，如果在错误处理页面中使用了 exception 内置对象，那么，必须在这个 jsp 页面中使用 page 指令的 isErrorPage 属性，并且将它的值设置成 true，否则，将无法使用 exception 这个内置对象。下面来看一个使用 errorPage 和 isErrorPage 的例子。

例 5-7：JSP 错误处理

（1）发生错误的页面：

源文件：Cal.jsp

```
<%@ page contentType="text/html;charset=gb2312"    errorPage="handleError.jsp"%>
<%
int a,b;
a=5;
b=0;
int c=a/b;
out.print(c);
%>
```

这个程序非常简单，而且，也没有什么实际的意义，在这里只是用于演示 errorPage 和 isErrorPage 的用法。它执行一个除法运算，在这里，为了让这个程序出错，将除数设为 0，

因此，这个程序将抛出一个数学运算异常。因为在程序中指定了错误处理页面，因此，它将跳转到 handleError.jsp 页面，下面是这个 handleError.jsp 程序；

（2）处理错误的 JSP 页面：

源文件：handleError.jsp

```
<%@ page contentType="text/html;charset=gb2312" isErrorPage="true"%>
<html>
<head>
  <title>错误处理页面</title>
</head>
<body>
  错误：<%out.print(exception.getMessage()); %>
</body>
</html>
```

这个错误处理程序中，使用了 page 指令的 isErrorPage 属性，并且将它的值设为“true”，因此，在这个 jsp 程序中，可以使用内置的“exception”对象来获得详细的异常信息，此处是将它输出到客户端。在这里，“out”也是一个内置对象，关于 jsp 中的内置对象，将在后续的章节学习。在浏览器中访问 Cal.jsp，结果如图 5-6 所示。

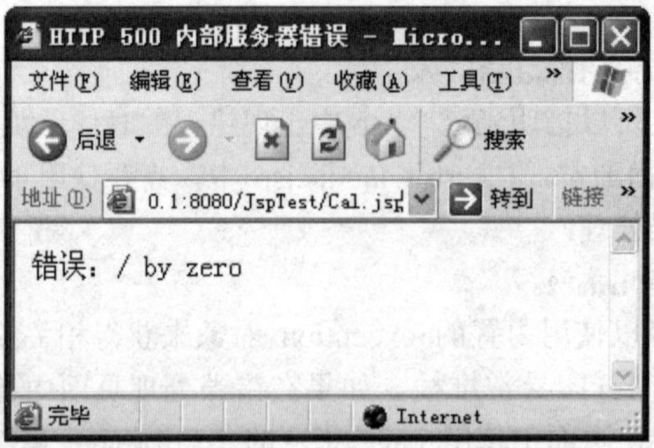

图 5-6 Cal.jsp 运行结果

5．buffer 和 autoFlush 属性

buffer 属性用于指定在使用 out 内置对象向客户端输出内容的时候使用的缓冲区大小，它的默认值是 8K。可以使用 buffer 来改变它的大小，改变它有两种方法：

```
<%@page buffer="64kb"%>
```

或者

```
<%@page buffer="none"%>
```

第一个指定的缓冲区大小为 64K，而第二个用于关闭缓冲区。关闭缓冲区有一个好处就是可以在每一行生成之后马上输出到客户端而不会缓冲，在输出比较大的内容的时候，可以避免让用户等待很长时间才能看到输出结果。和缓冲相关的属性还有 autoFlush，它有两个取值：true 或者 false，默认为“true”。如果它设置成“true”，表示当缓冲区满的时候，自动清空输出缓冲区；如果将它设置成“false”，那么在缓冲区溢出时抛出一个异常。当 buffer 属性设置成“none”的时候，不能将 autoFlush 设置成“false”。为了避免在缓冲区满的时候发生异常，最好不要将 autoFlush 设置成“false”。

6. info 属性

info 属性可以用于指定对这个 JSP 页面的一些说明信息，可以在 Servlet 中通过 Servlet 的 getServletInfo()方法取得。它的用法如下：

```
<%@page info="Jsp Message"%>
```

7. isThreadSafe 属性

isThreadSafe 属性用于控制 JSP 页面是否允许并行访问，它有两个可能的取值：true 或者 false，默认是 true，表示允许并行访问。但是，就和 Servlet 中的 SingleThreadModel 一样，在 JSP 2.0 中，这个属性也不推荐使用，或者说，不推荐将它设置成“false”，而对于需要控制并发访问的地方，应该自己在对应的代码中实现，而不是依赖于将 isThreadSafe 设置成“false”。

8. isELIgnored 属性

该属性是 JSP 2.0 中新引入的一个属性，它所要控制的是，忽略还是处理 JSP 2.0 中的 EL（Expression Language）表达式。如果将这个值设置成“true”，那么，将忽略 EL，如果将它设置成“false”，将对 EL 表达式进行正常的运算。需要注意的是，在只支持 JSP 1.2 的服务器中，不能使用这个属性。关于 EL，请读者参考第七章的内容。

9. language 属性

language 属性用于指定 jsp 所使用的脚本语言，在目前的情况下，只有一种选择，那就是 Java，所以，可以不用关心这个属性的设置。它的语法如下：

```
<%@page language="java"%>
```

10. extends 属性

使用这个属性可以指定 JSP 所转换成的 Servlet 的父类，它的语法格式如下：

```
<%@page extends="package.类名"%>
```

这个属性也非常少用，因为它将对页面的运作方式做出根本性的改变。

5.3.2 include 指令

include 指令用于将多个 JSP 页面（或者 HTML、XML 文件）组合起来，成为一个“完整”的 JSP 页面。这个指令会在 JSP 转换成 Servlet 的时候就把对应的文件包含到主文件中。它的基本语法格式如下：

```
<%@include file="FileName"%>
```

这个指令有一个必要的属性：file，它用于指明包含哪个文件。在一个 JSP 中，可以使用多个 include 指令来多次包含 JSP 或者 HTML 文件。下面来看一个例子。在实际工作中，可能会碰到这种情况：无论页面输出是什么，但是页头和页脚都是一样的，如：页头是公司的宣传图片，而页脚是一些版权的声明等，那么，如果有多个页面，就需要在这些页面中都写入相应的 HTML 代码，但是，这种方式可能会带来很大的维护问题：如果因为某种原因修改了页头或者页脚的内容，则需要修改所有的相关页面。通过 include 指令，这个问题就迎刃而解了。下面来看一个例子。

例 5-8：使用 include 指令

（1）定义一个页头部分的 JSP 页面：在 WEB 项目的 WebRoot 目录下，创建一个 image 目录（Folder），并把准备好的图片拷贝到 image 目录下。

源文件：header.jsp

```
<center>
   <img src=image/topss_banner.jpg width="70%" ><br>
</center>
```

（2）定义一个页脚，它是一个有关版权声明的 JSP 页面：

源文件：foot.jsp

```
<center>
<%
   int thisYear,lastYear;
   java.util.Calendar date=java.util.Calendar.getInstance();
   thisYear=date.get(java.util.Calendar.YEAR);
   lastYear=thisYear-1;
%>
Copyright(C)<%=lastYear%>-<%=thisYear%>MySoft,All Rights Reserved.
</center>
```

（3）使用 include 指令包含页头和页脚：

源文件：Main.jsp

```
<%@page   contentType="text/html;charset=gb2312"%>
<html>
<head>
   <title>MySoft</title>
</head>
<body>
<!--header-->
<%@include file="header.jsp" %>
<br>
<br>
<center>
其他的页面输出
<p>
<p>
</center>
<br>
<br>
<!--footer-->
<%@ include file="foot.jsp"%>
</body>
</html>
```

在这个 Main.jsp 中，使用 include 在适当的地方引入了 header.jsp 和 foot.jsp。图 5-7 是 Main.jsp 的运行效果。

include 指令优缺点：include 指令可以在转换阶段就将对应的文件包含进来，所以，在被包含的 jsp 文件中定义的变量，在主文件中可以使用，这是 include 指令的优点所在。但是，它有一个很大的缺点也是因为它的转换时包含所引起的：当被包含的文件内容发生改变的时候，服务器可能不能监测到，因此，访问主文件时，服务器可能不会对它进行重新转换和编译，这可能会带来很大的维护问题，因为这个时候需要改变所有用到改动的被包含文件的 JSP 文件的修改日期，这样才能够让对应的 JSP 文件重新转换和编译。一般情况下，应该考虑使用下一节介绍的 include 动作。

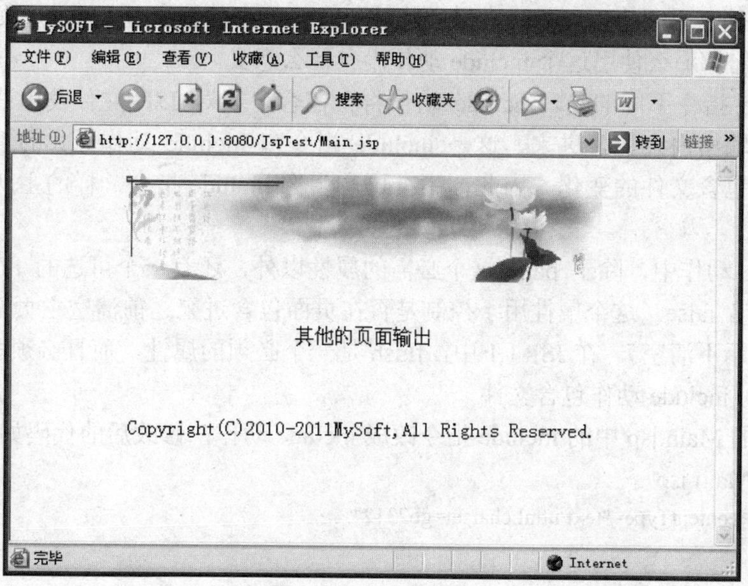

图 5-7 Main.jsp 运行结果

5.4 JSP 动作

所谓 JSP 动作（JSP Action），是在 JSP 中利用 XML 语法格式的标记来控制 Servlet 容器的行为。利用 JSP 动作可以动态地插入文件、调用 JavaBean 组件、把用户请求重定向到另外的页面、为 Java 插件生成 HTML 代码等。JSP 动作包括：

<jsp:include>：将其他页面的输出包含进来。

<jsp:useBean>：获得一个 JavaBean 实例。

<jsp:setProperty>：设置 JavaBean 的属性。

<jsp:getProperty>：获得某个 JavaBean 的属性。

<jsp:forward>：把请求转到一个新的页面。

<jsp:plugin>：根据浏览器类型，为 Java 插件生成 OBJECT 或 EMBED 标记。

在本节，主要讲解 include 和 forward 两个动作，而对于 useBean、setProperty、getProperty，将在第六章讲解。对于 plugin，因为在开发中用的很少，在此不作讲解。请读者根据相关文档学习其他的动作。

5.4.1 include 动作

因为上面所说的 include 指令的缺点，通常在需要用到包含其他文件的地方使用另外一种方法：include 动作，它的语法如下：

```
<jsp : include page="includeFile"/>
```

这是一个 XML 语法结构，所以需要将这个标记结束。它的另外一种方式如下：

```
<jsp : include page="includeFile">
</jsp:include>
```

其中，page 属性用于指定需要包含进来的资源，它可以是 HTML 文件、JSP 的输出、Servlet 的输出等。需要指出的是，它只会将被包含文件中的输出包含进来，如果被包含文件中不会产生输出，那么使用这个 include 动作没有什么意义。

和 include 指令不同的是，include 动作将会在客户端对 JSP 文件发出请求的时候将对应包含文件的输出内容包含进来，这是 include 指令和 include 动作最大的不同。而且，它总是会检查被包含文件的变化，因此，不会再产生像 include 指令一样的主从文件不同步更新问题。

在 include 动作中，除了 page 这个必需的属性以外，还有一个可选的 flush 属性，它可以取值 true 或者 false。这个属性用于控制是否在页面包含进来之前清空主页面的输出流（默认为 false，表示不清空）。在 JSP 1.1 中，flush 是一个必须的属性，而且必须取值 true。

例 5-9：用 include 动作包含文件

将例 5-8 的 Main.jsp 中的 include 指令改成 include 动作，修改后的代码如下：

源文件：Main.jsp

```
<%@page   contentType="text/html;charset=gb2312"%>
<html>
<head>
  <title>MySOFT</title>
</head>
<body>
<!--header-->
<jsp:include page="header.jsp"></jsp:include><br>
<br>
<center>
其他的页面输出
<p>
<p>
</center>
<br>
<br>
<!--footer-->
<jsp:include page="foot.jsp"></jsp:include>
</body>
</html>
```

重新运行 Main.jsp。结果与例 5-8 相同。

include 动作还可以使用它的一个子元素 jsp:param 向被包含文件传递参数，它的用法如下：

```
<jsp:include page="includeFile">
  <jsp:param name="paramName" value="paramValue"/>
</jsp:include>
```

其中，用 name 属性指明参数名称，用 value 指定参数值，在被包含页面中可以使用 HttpServletRequest 的 getParameter("parameName")来获得参数的值。需要注意的是，使用这种方式传递到被包含页面中的参数只能在被包含页面中取出使用，而不能在主页面中获得（在主页面中将得到 null）。

5.4.2 forward 动作

在 JSP 中，可以使用 forward 动作来实现程序的转向，例如，从 begin.jsp 转向到 forward1.jsp 可以在 begin.jsp 中使用 forward 动作：

```
<jsp:forward page="forward1.jsp"/>
```

这样，当在 begin.jsp 中执行到 forward 动作的时候，它将会自动跳转到 forward1.jsp。另外，和 include 动作类似，forward 动作也可以有子元素 jsp:param，用于指定一个参数：

```
<jsp:forward page="desFile">
<jsp:param name="paramName" value="paramValue"/>
</jsp:forward>
```

注意 在使用了 forward 动作的 JSP 页面中，不能有任何的输出，也就是说，不能包含 HTML 代码、<%=express%>或者使用 out.println()等输出语句。

使用 forward 动作，除了可以转向到普通的 url 以外（例如，一个 JSP 或者 Servlet），它还有一个特殊的功能：可以转向到 WEB-INF 目录下的资源。例如，可以将一个 JSP（或其他资源）放到 WEB-INF 目录下，这个时候如果直接用浏览器访问，这个目录中的资源是不允许访问的，但是，通过 forward 动作，可以转向到 WEB-INF 中的资源，这样，可以将一些需要保护的资源放到 WEB-INF 中，这样，只有在 JSP 中使用 forward 才可以访问到它。

5.5 JSP 内置对象

为了方便 JSP 程序员访问一些常用的对象，在 JSP 规范中定义了九种内置对象，比如，用于获取请求信息的 request 对象、用于表示服务器端响应的 response 对象、会话对象 session 等。这些对象是预定义好的，JSP 程序员不用声明即可使用，JSP 引擎在把 JSP 转换成 Servlet 的时候，它们会在对应的 Servlet 类中被定义。下面列出了 JSP 中定义的这九种内置对象和它们的含义：

- out：表示输出，相当于 Servlet 中的 PrintWriter，对应的类型是 javax.servlet.jsp.JspWriter；
- request：表示请求信息，对应的类型是 javax.servlet.http.HttpServletRequest；
- response：表示响应信息，对应的类型是 javax.servlet.http.HttpServletResponse；
- session：和 Servlet 中的 HttpSession 等效，对应的类型也是 javax.servlet.http.HttpSession；
- application：表示整个应用的上下文，是实现 javax.servlet.ServletContext 接口对象。
- exception：页面的异常，可以通过它获得异常信息，对应的类型是 java.lang.Throwable；
- page：表示此 JSP 页面，就像 Java 类定义中的 this 含义一样；
- pageContext：表示此 JSP 的上下文，对应的类型是 javax.servlet.jsp.PageContext；
- config：表示此 JSP 的 ServletConfig，对应的类型是 javax.servlet.ServletConfig。

5.5.1 out 对象

out 对象等同于 Servlet 中的 PrintWriter 对象，表示在 JSP 中的标准输出。使用这个对象重载的 println()或者 print()方法，可以方便地向客户端输出各种数据。最常用的是输出字符串数据的方法 println(String str)。除了用于输出数据的 print()和 prinln()方法外，在 out 中还定义了其他一些有用的方法：

- void clear()：清除缓冲区的内容，如果缓冲区已经被刷新（flush），将抛出 IOException；
- void clearBuffer()：清除缓冲区的当前内容，和 clear()方法不同，即使缓冲区已经被刷新，也不会抛出 IOException；
- void flush()：刷新流，即把流中的内容送到客户端，并将流清空；
- void close()：关闭输出流，清除所有内容；

例 5-10：使用 out 对象输出数据

源文件：OutTest.jsp

```
<%@ page language="java" import="java.util.*" pageEncoding="gb2312"%>
<html>
<head>
<title>out 用法</title>
</head>
<body>
<%
   out.println("你好!");//输出字符串
   out.println();//输出空行
   out.print("现在的时间是："+new Date());   //输出表达式
 %>
</body>
</html>
```

该例使用 out 对象输出常数、空行、表达式等数据。图 5-8 是本例的运行结果。

图 5-8 OutTest.jsp 运行结果

从运行结果中可以看到，浏览器中的内容没有换行，也没有空行。这里要提醒读者的是：out.println()方法输出的是 text/html 文档内容，再由浏览器解释并显示，在 html 标记中，换行要使用
标记。所以如果希望在浏览器中显示的内容要换行，就必需输出
。

在浏览器中打开 OutTest.jsp 输出的源文件（在浏览器菜单栏中选择“查看”→“源文件”），内容如下：

```
<html>
<head>
<title>out 用法</title>
</head>
<body>
你好!

现在的时间是：Mon Jul 04 20:20:51 CST 2011
</body>
</html>
```

其中有换行、空行。也就是说，out.println(String str)、out.println()、out.print("\n")输出的换行、空行影响的是输出的源文件，而不是显示结果。

另外，需要提醒读者注意的是，因为在 JSP 转换到 Servlet 的时候，将会把 JSP 声明原封不动的“拷贝”到 Servlet 中，而 out 内置对象在转换后将对应到_jspService()方法中的局部变量 out，它的类型是 JspWriter，因此在 JSP 方法声明中不能使用 out 内置对象，如果在 JSP 声明中需要使用内置对象，那么，必须将它作为一个参数来使用，下面来看一个例子。

例 5-11：内置对象的错误用法

源文件：DeclarationError.jsp

```
<%@ page language="java" import="java.util.*" pageEncoding="gb2312"%>
<html>
<head>
<title>out 用法</title>
</head>
<body>
<%!
//打印表头
private void printtablehead(){
   out.println("<table border=l>");
   out.println("<tr><td>姓名</td><td>年龄</td></tr>");
}
//打印表尾
private void printtablefoot(){
   out.println("</table>");
}
%>
<%
printtablehead();
out.println("<tr><td>张三</td><td>22</td></tr>");
printtablefoot();
%>
</body>
</html>
```

在 DeclarationError.jsp 程序中，定义了两个方法分别用于打印表头和表尾，在这两个方法中都用到了 out 内置对象，这是不允许的，如果在浏览器中访问它，将会发生错误。

在 MyEclipse 中，也会报语法错误，如图 5-9 所示，把鼠标指向⊗处，提示错误“out cannot be resolved”。

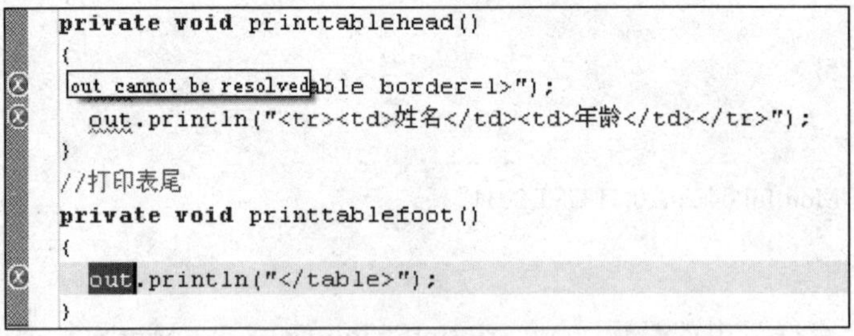

图 5-9　在声明中使用内置对象，MyEclipse 错误提示

解决方法：可以将 out 作为参数传递给方法，将上述代码修改如下：

```
…
<%
private void printtablehead(JspWriter out) throws IOException{
   out.println("<table border=l>");
   out.println("<tr><td>姓名</td><td>年龄</td></tr>");
}
//打印表尾
private void printtablefoot(JspWriter out) throws IOException{
   out.println("</table>");
}
%>
…
```

在这两个声明的方法中，out 是形式参数（局部变量），方法调用时，可以用内置对象 out 作为实参传递到方法中。为了避免自定义方法中的参数名称 out 和内置对象 out 混淆，建议读者将它定义成其他的名称。而且，如果自己直接使用 JspWriter 对象，必须处理 java.io.IOException 异常，本例采用在方法中抛出。

提示　对于其他的内置对象，也一样不能在 JSP 声明中使用，如果确实需要使用，可以参考上面这个例子，将它们当作方法的参数传递进去，然后在方法中就可以使用了。

5.5.2　request 对象

request 对象对应于 Servlet 中的 HttpServletRequest，request 常用的方法：

- getParameter(String paraName)：获取指定参数名对应的值。
- Object getAttribute(String name)：读出“name”指定的属性值。
- void setAttribute(String name, Object)：设置名为“name”的属性。
- void setCharacterEncoding(String env)：设置 request 的字符编码。

上述方法在第四章例题中都用过，读者应该已经熟悉，在此不再赘述。

5.5.3 response 对象

response 对象对应 Servlet 的 HtppServletResponse 对象。当客户访问一个服务器的页面时，会提交一个 HTTP 请求，服务器收到请求时，返回 HTTP 响应。响应和请求类似，也有某种结构，每个响应都由状态行开始，可以包含几个头及可能的信息体（网页的结果输出部分）。可以用 response 对象对客户的请求作出动态响应，向客户端发送数据。比如，当一个客户请求访问一个 JSP 页面时，该页面用 page 指令设置页面的 contentType 属性的值是 text/html，那么 JSP 引擎将按照这种属性值响应客户对页面的请求，将页面的静态部分返回给客户。如果想动态地改变 contentType 的属性值就需要用 response 对象的 setContentType() 改变页面的这个属性的值，作出动态的响应。response 常用方法：

- void setContentType(String type)：动态设置响应的 MIME 类型，参数 type 可取 text/html、text/plain、application/x-msexcel、application/msword 等。当服务器用 setContentType 方法动态改变了 contentType 的属性值，即响应的 MIME 类型时，JSP 页面的输出结果将按着新的 MIME 类型返回给客户；
- setCharacterEncoding(String charset)：设置输出流的字符编码；
- ServletOutputStream getOutputStream()：获取输出流；
- void sendRedirect(String url)：实现客户请求的重定向；
- void setHeader(String headName,String value)：动态添加新的 HTTP 响应头和 HTTP 响应头的值，并将这些 HTTP 响应头发送给客户的浏览器。如果添加的响应头已经存在，则先前的响应头被覆盖。HTTP 响应头的名称和作用请参考第四章表 4-3。

例 5-12：利用 response 响应头实现页面自动跳转

源文件 **refresh.jsp**

```
<%@page contentType="text/html;charset=gb2312"%>
<html>
 <head>
  <title>页面自动跳转</title>
 </head>
<body>
 <%
   response.setheader("refresh","30;url= helloworld.jsp") ;
 %>
  三秒后跳转!!! <br>
</body>
</html>
```

5.5.4 session 对象

session 对象对应于 HttpSession 对象，用于保存与客户端有关的状态信息，实现同一客户在不同页面之间的数据共享。在 JSP 中，page 指令有一个属性和 session 相关，这个属性的名字也叫做 session，倘若它的值被设置成 false（默认为 true），那么，在这个 JSP 页面中就不能使用 session。session 常用方法：

- void setAttribute(String name, Object value)：设置名称为 name、值为 value 的属性。如果指定名称的属性不存在，就添加新属性，否则修改原属性值。
- Object getAttribute(String name)：获取指定名称的属性值；
- void removeAttribute(String name)：删除指定的属性；
- void invalidate()：销毁 session 对象；
- boolean isNew()：判断当前 session 是否为新的 session；
- String getId()：获得当前 session 的 ID 号；
- long getLastAccessedTime()：获取最后一次操作的时间；
- int getMaxInactiveInterval()：获得最大失效时间，以秒为单位；
- void setMaxInactiveInterval(int interval)：设置当前会话的失效时间，以秒为单位。如果设置的值为零或负数，则表示会话将永远不会超时。

5.5.5 application 对象

application 对象是一个对整个 Web 应用有效的全局变量，它实现 ServletContext 接口。和 session 类似，application 也可以使用它的 setAttribute(String name,Object value)来设置 application 的属性值，使用 getAttribute(String name)来获取对应的属性值。关于 application 的作用与用法请参考第四章 4.8 节。

例 5-13：application 的 log()方法应用

源文件：appLog.jsp

```
<%@page pageEncoding="gb2312"%>
<html>
  <head>
    <title>保存日志</title>
  </head>
<body>
  <%
    String clientIp=request.getRemoteAddr();
    application.log("访问本网站的客户 IP 为："+clientIp);
  %>
  客户 IP 已经保存到日志中
</body>
</html>
```

如果是在开发环境中（MyEclipse）启动的 Tomcat，执行这个程序后，上例输出的日志信息会打印在开发环境中的 Console 窗口中。否则将输出到 Tomcat 安装目录/logs/目录下的日志文件中。

5.5.6 exception 对象

exception 对象是 Throwable 的实例，它表示的是 JSP 中的异常信息。注意，exception 这个内置对象并非在所有的 JSP 页面中都可以使用，如果要使用 exception 对象，必须将此 JSP 的 page 指令的 isErrorPage 属性值设置成 true。在前面有关 page 指令的 errorPage 和 isErrorPage 属性的章节中，说明了可以对可能出现异常的页面指定一个错误处理页面的方法。而在实际应用中，通常不需要单独对每一个可能出现异常的页面指定处理页面，而是对于整个应用指定一个错误处理页面，当然这个页面可以是 Servlet 或 JSP 文件。这需要配置 web.xml 来达到目标。

例 5-14：JSP 中异常处理

为简单起见，还是使用例 5-7 的 Cal.jsp 为基础，对它稍作修改，不再给它单独指定错误处理页面，而是通过 web.xml 配置指定整个应用的错误处理页面。

源文件：Cal.jsp

```
<%@ page contentType="text/html;charset=gb2312" %>
<%
int a,b;
a=5;
b=0;
int c=a/b;
out.print(c);
%>
```

对比例 5-7 的 Cal.jsp，可以发现没有使用 page 指令的 errorPage 来指定它的错误处理页面。下面来编写一个针对整个应用的错误处理页面。它是一个 JSP 页面。因为在通常情况下，没有必要将异常的详细情况暴露给最终的用户（其实对于最终用户，那一长串的异常堆栈也没有什么实际的用途）。因此采用另外一种处理方式：只是提示用户出现了错误，但不将具体的错误信息显示给用户，而将异常信息写入到 log 文件中，以方便程序员调试。下面是这个程序代码：

源文件：Error.jsp

```
<%@ page    contentType="text/html;charset=gb2312" isErrorPage="true"%>
<%@ page import="java.util.*" %>
<html>
<head>
  <title>错误处理</title>
</head>
<body>
<%
//出错时间，只需要精确到日期即可
Calendar date=Calendar.getInstance();
String today=date.get(Calendar.YEAR)+"/"+(date.get(Calendar.MONTH)+1)
     +"/"+date.get(Calendar.DATE);
//产生一个随机数，当作出现异常的 ID，方便程序员查找
Random rnd=new Random();
int logId=rnd.nextInt(1000);
out.println("程序运行时出现异常！请将出现异常的时间、错误编号报告给网站管理员<br>");
out.print("时间："+today+"<br>错误编号："+logId);
//将异常保存到 log 文件
application.log(" 发 生 异 常 时 间 ： "+today+" ， 异 常 编 号 ： "+logId+" ， 错 误 原 因 ：
"+exception.getMessage());
%>
</body>
</html>
```

这个程序在关键部分已经作了说明。为什么需要提示出错时间是因为通过出错时间，程序员可以方便找到对应的 log 文件名，而通过异常 ID，程序员可以方便地从 log 文件中找到出现异常的信息。然后，需要配置这个 WEB 应用对应的 web.xml 文件，它在项目的 WebRoot/WEB-INF 目录下，在这个文件中加入下面的内容。注意，必须放在<web-app>和</web-app>之间：

源文件：web.xml

```
...
<error-page>
    <exception-type>java.lang.Exception</exception-type>
    <location>/Error.jsp</location>
</error-page>
...
```

通过上面的设置，就可以让整个网站的错误信息都集中到 Error.jsp 程序来处理。图 5-10 是访问 Cal.jsp 出现错误后的显示结果。而在 tomcat 安装目录/logs 路径下，可以根据页面提示的时间找到对应文件名的 log 文件，然后就可以在此 log 文件内找到编号为错误页中显示的编号的异常信息。

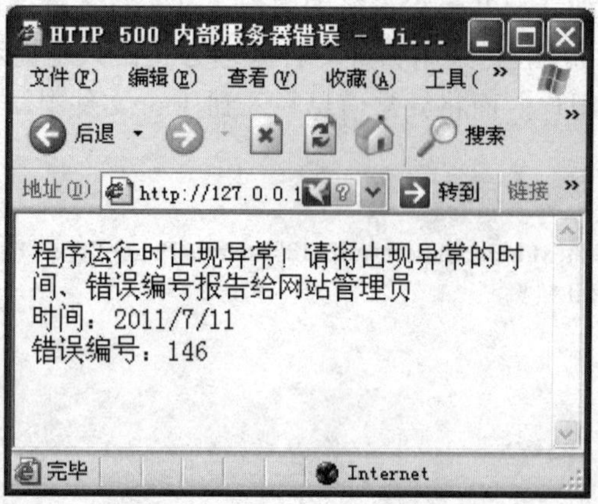

图 5-10 Cal.jsp 出现错误后的显示结果

5.5.7 pageContext 对象

pageContext 是一个 javax.servlet.jsp.PageContext 类型的对象。使用它可以管理其他 8 个内置对象，可以通过它来获得与 JSP 内置对象对应的 Servlet 对象：

- Exception getException()：获得当前网页的异常（exception）；
- JspWriter getout()：获得当前网页的输出流（out）；
- Object getPage()：获得当前网页的 Servlet 实例（page）；
- ServletRequest getRequest()：获得当前网页的请求（request）；
- ServletResponse getResponse()：获得当前网页的响应（response）；
- ServletConfig getServletConfig()：获得当前网页的 ServletConfig 实例（config）；
- ServletContext getServletContext()：获得当前网页的执行环境上下文（application）；

- HttpSession getSession()：获得和当前网页相关联的会话（session）。

除了取得与 JSP 内置对象对应的 Servlet 对象这个作用外，pageContext 还有一个重要的作用就是提供了一个统一的接口来管理其他的公共对象。前面曾经学习了使用 setAttribute()方法来向 session 或者 application 加入属性的例子，以及使用 getAttribute()方法来从 session 或者 application 中获得指定的属性值。其实，对于 page 和 request 也有类似的方法。这四个内置对象（application、session、request 和 page）所设定的属性在范围上各不相同：application 范围最大，它可以被整个 Web 应用所引用；session 次之，它在同一个会话进程之中共享它的属性；request 的范围只是局限于同一个请求期间；而 page 的范围最小，它只限于同一个页面中使用。为了达到使用 pageContext 统一管理这四个内置对象的属性设置的目的，pageContext 提供了三个相关方法：

- getAttribute(String name,int scope)：对应于这四个对象中的 getAttribute(String name)方法，多了一个用于指明范围的 int 参数；
- setAttribute(String name,Object value,int scope)：对应于这四个对象的 setAttribute(String name,Object value)方法，多了一个 int 参数也是用于指明范围；
- removeAttribute(String name,int scope)：对应于这四个对象的 removeAttribute(String name)，scope 参数用于指明范围。

上面方法中的 scope 参数为 PageContext 类中定义的常量，分别为：PageContext.APPLICATION-SCOPE、PageContext.SESSION-SCOPE、PageContext.REQUEST-SCOPE、PageContext.PAGE-SCOPE。

5.5.8 page 对象和 config 对象

page 对象表示的是 JSP 页面本身，config 对象代表本 JSP 页面的配置对象，它们在 JSP 程序设计中很少被用到，在此不再赘述。

5.6 JSP 与 Servlet

5.6.1 JSP 与 Servlet 的关系

JSP 在第一次执行的时候，Web 服务器会自动将它转换成一个 Servlet 文件，然后，Web 服务器将它编译，所以，虽然我们编写的是一个 JSP 文件，但是，实质上它也是一个 Servlet 文件。这也是为什么 JSP 第一次被执行的时候特别慢的原因所在。只要 JSP 被编译后，以后对 JSP 的访问都会直接去执行对应的编译好的 Servlet 文件，而不是再次转换和编译它，除非你修改了原来的 JSP 文件或者改动了它的修改日期这个属性。既然 JSP 最后也是需要转换成 Servlet，那么，就有必要来了解一下 JSP 是如何转换成 Servlet 的，这样程序员就能够编写出更好的 JSP 程序。

在 Tomcat 中，从 JSP 转换来的 Servlet 文件都放在 Tomcat 安装目录\work\Catalina\localhost 下，在这个路径下找到你的 WEB 应用对应的目录，如本书案例使用的项目 JspTest 目录，就可以看到 org\apache\jsp 包，然后在这个目录下可以找到从 JSP 转换来的 Servlet，Servlet 的文件名是“JSP 文件名_jsp.java”，例如，例 5-1 的 HelloWorld.jsp 转换成

Servlet 后的文件名是 HelloWorld_jsp.java。关于存放 Servlet 的目录以及 Servlet 文件名，在不同的 Web 服务器上不同，而且，在 Tomcat 的不同版本上也可能不同，请读者参考对应的文档来寻找对应的文件。

读者可以用记事本打开你的 JSP 转换后的 Servlet 文件的内容。从 JSP 转换后的 Servlet 程序可以看出，和自己编写的 Servlet 不同，它并不是继承 HttpServlet 类，而是继承了 org.apache.jasper.runtime.HttpJspBase 类。在这个类中，也没有定义 doPost()、doGet()或者 service()之类的方法，那么，它如何处理客户端的请求呢?答案是**_jspService()**方法，读者可能注意到了，它的参数 HttpServletRequest 和 HttpServletResponse、doGet()/doPost()是一样的。在_jspService()方法中，可以看到，在 JSP 文件中除 JSP 声明部分外的代码都会被转换到这个方法中，对于 Scriptlet，基本是原封不动地将代码"拷贝"过来；而对于 HTML 代码，则使用 JspWriter 的 write()方法将它原封不动地向客户端输出；对于 JSP 表达式，则转换后改成使用 JspWriter 的 write()方法输出。知道了 JSP 转换 Servlet 的基本方法，就可以知道，为什么在同一个 JSP 的一个 Scriptlet 中定义的变量可以在其他的 Scriptlet 中使用，这是因为它们都被转换到_jspService()方法中了，因此无论在哪个 Scriptlet 中定义的变量，转换成 Servlet 后都是_jspService()方法的变量。并且，因为 Scriptlet 中的代码都会被转换到_jspService()方法中，所以，在 Scriptlet 中定义的变量是局部变量，它也就不能被 JSP 声明中的方法所使用。

在 JSP 声明中的变量声明，会转换到 Servlet 中类的全局变量声明，而方法当然也就是对应的 Servlet 的方法了。因此，在 JSP 声明中定义的变量或者方法，可以在页面范围内任何的 Scriptlet 中被使用。

还有一点要注意，读者用记事本打开的 JSP 转换过来的 Servlet 文件，将发现 JSP 中的中文在 Servlet 是乱码（不会影响输出结果）。这是因为，不管 JSP 采用什么编码，JSP 在转换到 Servlet 时总是采用 UTF-8 编码。

5.6.2 JSP 和 Servlet 的交互

在进行 Web 开发时，由于 JSP 和 Servlet 的特点不同，因此，可以在一个 Web 项目中同时使用 JSP 和 Servlet，这就涉及到一个问题：JSP 和 Servlet 之间如何交互和传递信息? 其实，相关的方法在前面已经都学习过了。

从 JSP 跳转到 Servelt，可以使用 JSP 的 forward 动作，例如要从 JSP 中跳转到 Servlet1，可以使用下面的语法：

```
<jsp：forward  page="/Servlet1"/>
```

如果需要往 Servlet 中传递参数，那么可以在 forward 元素中加入 param 元素来指定，例如：

```
<jsp: forward  page="/Servlet1">
  <jsp: param  name="ParamNamevalue" value="ParamValue"/>
</jsp: forward>
```

这样，在 Servlet 中，就可以使用 HttpServletRequest 的 getParameter("ParamNamevalue")方法来获得传递过来的参数值了。

从 Servlet 跳转到 JSP 中时，可以使用 HttpServletRequest 接口中的 getRequestDispatcher (String url)方法，得到一个 RequestDispatcher 对象，然后，调用 RequestDispatcher 的

forward()方法，它接受两个参数：HttpServletRequest 和 HttpServletResponse，一般来说，只需要将 doXXX 方法中的两个参数传递给它即可。例如从 Servlet 中跳转到 Jsp1.jsp：

```
request.getRequestDispatcher("/Jsp1.jsp").forward(request, response);
```

如果要将额外参数传递到 JSP 中，可以将参数放到 JSP 文件的 url 中，例如，上例要传一个用户名（userName）为“tom”的参数可以写成：

```
request.getRequestDispatcher("/Jsp1.jsp?userName=tom").forward(request, response);
```

或通过 HttpServletRequest 对象的 setAttribute()方法将参数保存到 request 对象中，例如：

```
request.setAttribute("userName","tom");
```

当然，除了 forward()方法，要从 Servlet 跳转到 JSP，还可以使用 sendRedirect()方法。该方法的应用请参考第四章例 4-8。

5.7 在 JSP 中使用 JDBC 访问数据库

在第三章中，讲述了如何在 Java 中使用 JDBC 访问数据库。在第四章中介绍了 Servlet 访问数据库的方法，现在来学习如何在 JSP 中使用 JDBC 访问数据库。在 JSP 中使用 JDBC，只要将 java.sql 这个包引入进来，并把 JDBC 数据库驱动程序拷贝到 WEB 项目的 WebRoot/WEB-INF/lib 目录下或 Tomcat 的 lib 目录下（参考第四章例 4-17），然后和 Java 应用程序中一样使用 JDBC 就可以了。下面以一个从数据库中查询数据并用 JSP 页面中显示的例子，来讲解如何在 JSP 中使用 JDBC。

例 5-15：在 JSP 中显示 Students 表中所有记录

（1）配置 JDBC 数据库开发环境：把 JDBC 数据库驱动程序拷贝到项目的 WebRoot/WEB-INF/lib 目录下。

（2）创建数据库连接类：在项目的 src 目录下创建包：com.csmy.db，在 com.csmy.db 包中创建数据库连接类：**Dbconn**。Dbconn 类代码请参考第三章的例 3-1（把例 3-1 的 Dbconn 类中的代码全部拷贝过来就可以了）。

（3）创建数据库访问类：在 com.csmy.db 包中创建数据库访问类 Dao，并在该类中添加查询所有学生信息的方法 GetAllStudents()，代码如下：

源文件：Dao.java

```
package com.csmy.db;
import java.sql.*;
public class Dao {
public ResultSet GetAllStudents() throws SQLException{
  Connection conn=null;
  ResultSet rs=null;
  conn=Dbconn.getconn();//连接数据库
          if(conn!=null){
                  String sql="select * from    students";
                  Statement stm=conn.createStatement();
                  rs=stm.executeQuery(sql);
              stm.close();
```

```
        }
    return rs;
  }
}
```

（4）创建数据浏览页面 Students.jsp，代码如下：

```
<%@ page    import="java.sql.*,com.csmy.db.*" pageEncoding="gb2312"%>
<html>
  <head>
    <title>学生信息</title>
  </head>
  <%
    Dao dao=new Dao();
    ResultSet rs=dao.GetAllStudents();//得到结果集合
   %>
  <body>
   学生信息
   <table border="1">
      <tr>
        <th>学号</th> <th>姓名</th> <th>性别</th> <th>年龄</th>
      </tr>
      <%
        if(rs!=null){
        while(rs.next()){//处理所有记录
          out.print("<tr>");
          out.print("<td>");
          out.print(rs.getString("sno"));
          out.print("</td>");
          out.print("<td>");
          out.print(rs.getString("sname"));
          out.print("</td>");
          out.print("<td>");
          out.print(rs.getString("ssex"));
          out.print("</td>");
          out.print("<td>");
          out.print(rs.getString("sage"));
          out.print("</td>");
          out.print("</tr>");
        }
        rs.close();
        }
       %>
    </table>
  </body>
</html>
```

（5）运行：发布项目。在浏览器中输入：http://127.0.0.1:8080/JspTest/Students.jsp。图

5-11 是 Students.jsp 运行结果。

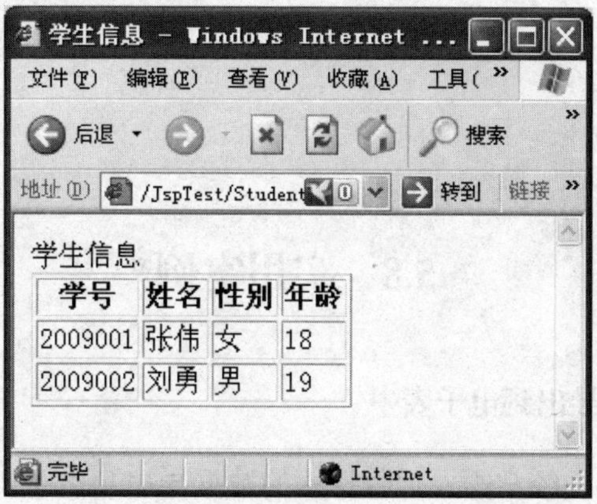

图 5-11 从数据库中读取的数据

读者也可以直接在 JSP 中将 java.sql 包引入进来，然后连接数据库，得到结果集等操作。但不建议这样做。在实际应用中，一般的处理方法都是将访问数据库的操作放到一个特定的类中来处理，在 JSP 这个表示层只是调用这个类提供的相关方法来访问数据库。也就是说，使用一个类来封装用户的处理逻辑，JSP 仅用于数据的表示。

上例中 Students.jsp 用 out.print()输出表格不够直观。读者也可以使用 JSP 表达式。参考代码如下：

```
<%@ page language="java" import="java.sql.*,com.csmy.db.*" pageEncoding="gb2312"%>
<html>
  <head>
    <title>学生信息</title>
  </head>
  <%
    Dao dao=new Dao();
    ResultSet rs=dao.GetAllStudents();
   %>
  <body>
   学生信息
   <table border="1">
     <tr>
       <th>学号</th> <th>姓名</th> <th>性别</th> <th>年龄</th>
     </tr>
     <%
       if(rs!=null){
       while(rs.next()){
      %>
      <tr>
       <td><%=rs.getString("sno") %></td>
       <td><%=rs.getString("sname")%></td>
       <td><%=rs.getString("ssex") %></td>
       <td><%=rs.getString("sage") %></td>
```

```
            </tr>
          <% }
          rs.close();
          } %>
        </table>
      </body>
    </html>
```

5.8 实用案例

5.8.1 将数据库数据导出到电子表中

在 WEB 应用开发中，经常需要把数据库的数据导出到电子表格，以方便用户进行一些特殊的统计分析或报表。

例 5-16：把 students 表中数据以电子表格的形式输出

如果只是简单的导出，例如将 Students 表导出到电子表，只要在例 5-14 的基础上新建一个 JSP 文件 Students_Excel.jsp，代码如下：

源程序：Students_Excel.jsp

```
<%@ page language="java" import="java.sql.*,com.csmy.db.*" pageEncoding="gb2312"
contentType="application/vnd.ms-excel"
%>
  <%
    Dao dao=new Dao();
    ResultSet rs=dao.GetAllStudents();//获取数据
    if(rs!=null){
    out.print("学生信息\n");//打印表标题
    out.print("学号\t");//打印单元格,\t 代表“Tab”，它使打印跳到下一单元格
    out.print("姓名\t");
    out.print("性别\t");
    out.print("年龄\t");
    out.print("\n");//换行
    while(rs.next()){
        out.print(rs.getString("sno")+"\t");
        out.print(rs.getString("sname")+"\t");
        out.print(rs.getString("ssex")+"\t");
        out.print(rs.getString("sage")+"\t");
        out.print("\n") ;
      }
    }
  %>
```

在浏览器中输入：http://127.0.0.1:8080/JspTest/Students_Excel.jsp，浏览器会打开“文件下载”对话框，选择“打开”，浏览器会启动 Excel 来显示数据，如图 5-12 所示。

上述代码请注意几点：①一定要设置 **contentType="application/vnd.ms-excel"**；②同一行中，每输出一个数据，必须输出一个“\t”(tab).；③每输出完一条记录，要输出一个“\n”

（换行）；④不要输出 HTML 标记。

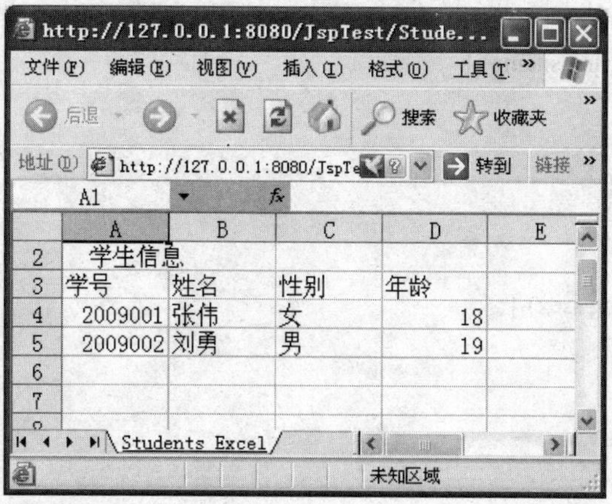

图 5-12　Students_Excel.jsp 运行结果

5.8.2　分页显示

在 JSP 中执行一条 SQL 语句时，可能返回多条记录，如果将所有的记录一次显示在同一页面，不仅效率低而且不易查阅，通常采用分页显示来解决这个问题。通常而言，可以采用两种策略来实现数据浏览的分页：基于缓存和基于查询。

1．基于缓存的分页策略

基于缓存（Cache-Based）：这种方式一次性的将所有的记录取出来放到 session 或者其他的缓存机制中。这种方式的优点是：除了第一页外，后续的页面都能够很快访问到需要的数据。缺点是：第一页显示的时候可能很慢，因为需要等待取出所有的数据，而如果数据量比较大的话会比较慢。还有一个缺点是因为数据取出来以后都放在内存中，而如果同时访问的客户比较多的话，对内存的要求也比较高。

例 5-17：基于缓存数据分页显示

（1）在项目的 src 目录下创建包：com.csmy.bean，在 com.csmy.bean 包中创建学生类 Student.java。代码如下：

源程序：Student.java

```
package com.csmy.bean;
public class Student {
private String sno;
private String sname;
private String ssex;
private int sage;
public String getSno() {
  return sno;
}
public void setSno(String sno) {
  this.sno = sno;
}
```

```
    public String getSname() {
      return sname;
    }
    public void setSname(String sname) {
      this.sname = sname;
    }
    public String getSsex() {
      return ssex;
    }
    public void setSsex(String ssex) {
      this.ssex = ssex;
    }
    public int getSage() {
      return sage;
    }
    public void setSage(int sage) {
      this.sage = sage;
    }
}
```

（2）从数据库获取数据并封装到 list 中：在例 5-15 创建的数据库访问类 Dao.java 中添加如下方法：

源程序：Dao.java

```
…
public List<Student> getAllStudentList() throws SQLException{
  Connection conn=Dbconn.getconn();//调用连接类（Dbconn）中的方法获得数据库连接
  List<Student> list= new ArrayList<student>();
  Student st=null;
  if(conn!=null){
          String sql="select * from students";//查询全部学生信息
          Statement stm=conn.createStatement();//创建语句对象
          ResultSet rs=stm.executeQuery(sql);//执行查询
          while(rs.next()){//处理每一条记录
          //创建学生对象，把记录封装为 Student 对象，该语句必须放到循环体中
           st=new Student();
           st.setSno(rs.getString("sno"));
           st.setSname(rs.getString("sname"));
           st.setSsex(rs.getString("ssex"));
           st.setSage(rs.getInt("sage"));
           list.add(st);//添加到 list 中
          }
          Dbconn.closeconn(conn);//关闭连接
  }else{
           throw new SQLException("数据库连接错误");
  }
  return list;
}
```

上述代码把数据封装到 list 中，而不是直接返回 ResultSet 对象。这是因为，如果函数返回 rs，数据库连接对象就不能关闭，这样在数据显示期间都将占用数据库连接对象。在用户数较多时，会极大降低数据库服务器的执行效果。

（3）创建分页显示的 JSP 页面 Student_browe.jsp，代码如下：

源程序：Student_browe.jsp

```
<%@ page language="java" import="java.util.*,com.csmy.db.*,com.csmy.bean.*"
pageEncoding="gb2312" contentType="text/html" %>
<html>
  <head>
    <title>学生信息</title>
  </head>
  <%
    List<Student> list=(List<Student>)session.getAttribute("students");
    if(list==null){如果数据还没保存到 session 中
    Dao dao=new Dao();
    list=dao.getAllStudentList();//获取数据
    session.setAttribute("students",list);//保存到 session 中
   }
   int pageSize=5;//页大小
   int rowNum=0;//总行数(记录数)
   if(list!=null) rowNum=list.size();

   int totalPage=1;//总页数
   if(rowNum % pageSize==0){//如果能整除
     totalPage=rowNum / pageSize;
   }else{
     totalPage=rowNum / pageSize+1;
   }

   int displayPage=1;//显示页
   String pages=request.getParameter("pages");//用户选择的显示页
   if(pages!=null){
     displayPage=Integer.parseInt(pages); //把要显示的转换为整数
     if(displayPage<1)displayPage=1;
     if(displayPage>totalPage)displayPage=totalPage;
   }

   Student st=null;
   %>
  <body>
  <center> 学生信息
   <table border="1" width="400">
     <tr>
       <th>学号</th> <th>姓名</th> <th>性别</th> <th>年龄</th>
     </tr>
```

```
    <%
        if(list!=null){
        int currentRow=0
        for(int i=0;i<pageSize;i++){//处理一页
        currentRow =(displayPage-1)*pageSize+i;
        if (currentRow >=rowNum) break;//针对最后一页的记录数小于 pageSize
        st=list.get(currentRow);
     %>
     <tr>
        <td><%=st.getSno()%></td>
        <td><%=st.getSname()%></td>
        <td><%=st.getSsex() %></td>
        <td><%=st.getSage() %></td>
        </tr>
    <% } } %>
  </table>
  <a href="Student_browe.jsp?pages=1">第一页</a>

  <% if(displayPage<totalPage){%>
   <a href="Student_browe.jsp?pages=<%=displayPage+1%>">下一页</a>
  <%}%>

  <%if(displayPage>1) {%>
   <a href="Student_browe.jsp?pages=<%=displayPage-1%>">上一页</a>
  <%}%>

  <a href="Student_browe.jsp?pages=<%=totalPage%>">最后一页</a>
  </center>
 </body>
</html>
```

2．基于查询（Query-Based）的分页策略

基于查询的数据分页显示，就是每次从数据库中查询指定数量的记录。虽然查询次数多了，但占用内存小，并且，因为一次查询的数据量小，所以查询速度也会较快。在实际应用开发中，如果数据量大，建议采用这种方法。

基于查询的分页显示的重点在于，如何根据指定的页数，从数据库中获得对应的记录。进一步说，如何从数据库表中获得指定范围的记录，例如，假设每页 5 条数据，那么第 5 页就需要从数据库中获得第 21～25 条记录。在不同的数据库系统中，实现这个功能的 SQL 语句有不同的方法。下面给出一些常用数据库系统的分页查询参考 SQL 代码：假设页大小为 m 条记录，查询第 n 页。

（1）MySQL 最简单，可以按下面的语法查询：

```
SELECT * FROM <table> LIMIT   (n-1)*m,m
```

（2）SQL Server 分页查询语法：

```
SELECT TOP m * FROM <table> WHERE id not IN (
SELECT TOP (n-1)*m id FROM <table> ORDER BY id )
```

```
ORDER BY id
——id 为主键
```

（3）Oracle 分页查询语法：在 Oracle 中，可以使用 rownum 这个“伪字段”来实现。

```
SELECT * FROM <table> WHERE rownum<(n-1)*m+m
MINUS
SELECT * FROM <table> WHERE rownum<(n-1)*m
```

或（如果要按 keyCol 排序，就要用下面的方法）：

```
SELECT * FROM
(
SELECT <table>.*, rownum
FROM (SELECT * FROM <table> ORDER BY keyCol)
WHERE rownum <= (n-1)*m+m
)
WHERE   rownum > (n-1)*m
```

例 5-18：基于查询的数据分页显示

在例 5-17 的基础上，作下列修改就可以实现基于查询的分页显示。

（1）重载例 5-17 第二步在 Dao.java 类中编写的封装数据的方法 getAllStudentList()：

```
public List<Student> getAllStudentList(int displayPage,int pageSize) throws SQLException{
  Connection conn=Dbconn.getconn();
  List<Student> list=new ArrayList<Student>();
  Student st=null;
  if(conn!=null){
        String sql="select * from students LIMIT ?,?";
        PreparedStatement pstm=conn.prepareStatement(sql);
        pstm.setInt(1, (displayPage-1)*pageSize);
        pstm.setInt(2, pageSize);
        ResultSet rs=pstm.executeQuery();
        while(rs.next()){
              st=new Student();
              st.setSno(rs.getString("sno"));
              st.setSname(rs.getString("sname"));
              st.setSsex(rs.getString("ssex"));
              st.setSage(rs.getInt("sage"));
              list.add(st);
        }
        Dbconn.closeconn(conn);
        }else{
              throw new SQLException("数据库连接错误");
        }
        return list;
  }
```

（2）在 Dao.java 类中添加计算记录数的方法，代码如下：

```
……
public int getRowNum(String tableName)throws SQLException{
  Connection conn=Dbconn.getconn();
```

```
    int result=0;
    if(conn!=null){
            String sql="select count(*)    from "+ tableName;
            Statement stm=conn.createStatement();
            ResultSet rs=stm.executeQuery(sql);
            if(rs.next()){
            result=rs.getInt(1);
            }
    Dbconn.closeconn(conn);
    }
    return result;
}
……
```

上面的方法接收一个表名为参数是为了函数的通用性。这种思想在实际编程中很重要。

（3）创建分页显示的 JSP 页面 Student_query.jsp，代码如下：

源程序：Student_query.jsp

```
<%@ page language="java" import="java.util.*,com.csmy.db.*,com.csmy.bean.*"
pageEncoding="gb2312"
contentType="text/html"
%>
<html>
  <head>
    <title>学生信息</title>
  </head>
  <%
    Dao dao=new Dao();
    int rowNum=0;//总行数(记录数)
    rowNum=dao.getRowNum("Students");//从数据库中查询记录总数
    int pageSize=5;//页大小
    int totalPage=1;//总页数
    if(rowNum % pageSize==0){//如果能整除
       totalPage=rowNum / pageSize;
    }else{
       totalPage=rowNum / pageSize+1;
    }
    int displayPage=1;//显示页
    String pages=request.getParameter("pages");//用户选择的显示页
    if(pages!=null){
       displayPage=Integer.parseInt(pages);
       if(displayPage<1)displayPage=1;
       if(displayPage>totalPage)displayPage=totalPage;
    }
    List<Student> list=dao.getAllStudentList(displayPage,pageSize);//获取数据
    Student st=null;
    %>
  <body>
```

```
<center> 学生信息
 <table border="1" width="400">
   <tr>
     <th>学号</th> <th>姓名</th> <th>性别</th> <th>年龄</th>
   </tr>
   <%
     if(list!=null){
     for(int i=0;i<pageSize && i<list.size();i++){
     st=list.get(i);
    %>
    <tr>
     <td><%=st.getSno()%></td>
     <td><%=st.getSname()%></td>
     <td><%=st.getSsex() %></td>
     <td><%=st.getSage() %></td>
     </tr>
   <% } } %>
 </table>
 <a href="Student_browe.jsp?pages=1">第一页</a>

 <% if(displayPage<totalPage){%>
  <a href="Student_browe.jsp?pages=<%=displayPage+1%>">下一页</a>
 <%}%>

 <%if(displayPage>1) {%>
  <a href="Student_browe.jsp?pages=<%=displayPage-1%>">上一页</a>
 <%}%>

 <a href="Student_browe.jsp?pages=<%=totalPage%>">最后一页</a>
 </center>
</body>
</html>
```

上面的代码请注意一点：因为每次只从数据库中查询部分记录，所以不能通过封装的结果 list 来计算记录总数，所以要另外定义方法进行计算。本例与例 5-17 的不同之处在于获取数据的方式不同。

习题五

1. 填空题

（1）实现数据分页浏览有两种策略，它们是________、________。

（2）某 JSP 页面需要显示当前系统时间，并且有中文显示。完成下面的页面头定义。

<%@page contentType="text/html; charset=________"%>

<%@page import="________"%>

（3）Servlet 的生命周期分为 3 个阶段：________，service()，destroy()。

（4）JSP 的内置对象有：________，response，________，application，page，out，config，exception，pageContext。

（5）在 JSP________定义的变量或者方法，可以在页面范围内任何的 Scriptlet 中被使用

2. 选择题

（1）在 J2EE MVC 设计模式体系结构中，（　）是实现控制器的首选方案。

A．JavaBean　　B．Servlet

C．JSP　　D．HTML

（2）在 JSP 中，下列（　）语句可以获取页面请求中的一个文本框的输入（文本框的名字为 title）。

A．response.getParameter("title");　　B．request.getAttribute("title");

C．request.getParameter("title");　　D．request.getParameters("title");

（3）JSP 中，HttpServletRequest 类的（　）方法用来返回与当前请求相关联的会话，如果没有，则返回 null。

A．getSession()　　B．getSession(false)

C．getSession(true)　　D．getSession(null)

（4）对于“<%!”、“%>”之间声明的变量，以下说法正确的是（　）。

A．不是 JSP 页面的成员变量

B．多个用户同时访问该页面时，任何一个用户对这些变量的操作，都会影响到其他用户

C．多个用户同时访问该页面时，每个用户对这些变量的操作都是互相独立的，不会互相影响

D．是 JSP 页面的局部变量

（5）假设在 helloapp 应用中有一个 hello.jsp，它的文件路径如下：%JAVA_HOME%/webapps/helloapp/hello/hello.jsp，那么在浏览器端访问 hello.jsp 的 URL 是什么？（　）

A．http://localhost:8080/hello.jsp

B．http://localhost:8080/helloapp/hello.jsp

C．http://localhost:8080/helloapp/hello/hello.jsp

D．http://localhost:8080/webapps/helloapp/hello/hello.jsp

（6）page 指令的 import 属性的作用是（　）

A．定义 JSP 页面响应的 MIME 类型　　B．定义 JSP 页面使用的脚本语言

C．为 JSP 页面引入 Java 包中的类　　D．定义 JSP 页面字符的编码

（7）以下对象中的（　）不是 JSP 的内置对象。

A．request　　B．session　　C．application　　D．bean

（8）JSP 的内置对象中（　）对象可对客户的请求作出动态响应，向客户端发送数据。

A．response　　B．request　　C．application　　D．out

（9）不能在不同用户之间共享数据的方法是（　）

A．通过 cookie　　B．利用文件系统

C．利用数据库　　D．通过 ServletContext 对象

（10）在 public HttpSession getSession(boolean bool)的方法定义中，当参数为 false 时表明（　）

A．直接返回会话对象

B．当服务器已经创建了会话对象就返回该对象，否则返回 null

C．直接返回 null

D．当服务器已经创建了会话对象就返回该对象，否则新建一个会话对象并返回

3. 简答题

（1）在 JSP 和 Servlet 中有两种控制流程转向的方法：sendRedirect()和 forward()方法，简述这两种方法的区别。

（2）简述 include 动作与 include 指令的区别。

第六章　JSP 和 JavaBean

本章要点

本章介绍了 Java Web 编程的一个重要概念：JavaBean，并且详细介绍如何结合 JSP 和 JavaBean 进行 Java Web 编程，最后介绍了最常用的 WEB 应用设计模式——MVC 模式。

6.1　JavaBean 简介

在软件开发过程中，我们会经常听到“组件”这个词，所谓的组件就相当于做好的一个软件模块，在程序设计中可以直接使用这些“模块”。JavaBean 就是一种用 Java 语言写成的可重用组件。

由于 Java 具有“Write once，Run Anywhere，Reuse Anywhere”（一次书写，处处运行，处处可重用）的特点，所以说，JavaBean 的一个显著特点就是它可以在支持 Java 的任何平台下工作，而不需要重新编译。传统意义上的 JavaBean 支持的组件有两种，分别为可视化组件和非可视化组件。对于可视化组件，开发人员可以在运行结果中观察到，如 Swing 下的应用等；而非可视化组件一般不可以在运行结果中观察到，它一般用来处理一些复杂的事件，主要用在服务器端。对于 JSP 来说，只支持非可视化 JavaBean 组件。

虽然可以在不同的代码文件中放入一大块相同的程序代码，但是大多数的 Java 程序代码是属于可以重复使用的，即这段代码可以被当作 JavaBean 组件来使用。JavaBean 所起到的作用跟 ActiveX 一样：它们向用户提供一些能实现特定功能的方法接口，而具体的实现代码则是封装在组件内部（一般的用户也并不关心其实现过程），并且是为了可随时重复使用的目的而设计的，不同的用户可以根据具体的情况来使用该组件的部分或者是全部功能。

在 Java Web 开发中常使用 JavaBean 来封装数据、封装业务方法、封装事务逻辑，进行数据库的操作等，以实现业务逻辑和数据展示（JSP 文件）的分离，使系统更健壮和灵活。

6.2　编写 JavaBean

刚接触 JavaBean 的读者可能会被 JavaBean 的神秘面纱给迷惑，其实它就是一个特殊的 Java 类，特殊点就在于它要满足一些条件或者称之为规范。具体来说，JavaBean 组件是这样一些 Java 类（class）文件：它们可以很容易的被重复使用并且可以进行组合从而应用在不同的应用程序中。只要遵循一定的设计规范的 Java 类（class）文件都可以称之为 JavaBean 组件。简单而言，JavaBean 的设计规范需要满足如下的内容：

（1）JavaBean 必须放在一个包（package）中。

（2）必须要有一个不带参数的构造器。在编写一个 JavaBean 的时候，可以显式地定义一个不带参数的构造器，或者干脆不提供任何的构造器，这样编译的时候会自动加上一个不带参数的构造器。注意，如果你定义了构造器，那么，就不会再自动加上不带参数的构造器了；

（3）JavaBean 类应该没有任何公共变量。也就是说，不允许直接访问实例变量，变量名称首字母必需小写；

（4）通过 getter/setter 方法来读/写变量的值，并且，getter/setter 方法与对应的实例变量之间的命名也要遵循一定的约定：实例变量名称首字母必须小写，而对应的 getter/setter 方法名称为：get/set+首字母改成大写的实例变量，例如，有一个实例变量 age，它的 setter 方法名称应该定义成 setAge()，而它的 getter 方法名称应该定义成 getAge()。这种命名规则有一个特例，如果实例变量是 boolean 类型的，那么，它对应的 getter 方法应该是“is”+首字母大写的实例变量。例如，假设有一个实例变量 married 表示“婚否（true 或者 false）”，那么，它的对应的 getter 方法名称应该是 isMarried()，而不是 getMarried()，而对于 setter 方法，规则不变。在 JavaBean 中，通常将它的实例变量称为“属性（Property）”。

getter/setter 方法和属性的关系应满足以下两点：

首先，对于每一个可读属性，JavaBean 必须包含这样的一个 getter 方法：

```
public ReturnType getXxx(){
}
```

或者（只针对 boolean 类型属性）

```
public boolean isXxx(){
}
```

其次，对于每一个可写属性，JavaBean 必须包含这样的一个 setter 方法：

```
public void setXxx(XXXType p){
}
```

其中，ReturnType 代表了方法返回的类型，XXX 代表具体的属性名字，XXXType 则代表了属性参数的数据类型。除了这些属性方法之外，JavaBean 组件的设计规范还要求必须包含一个不带任何参数的构造器。

下面看一个简单的例子，定义一个 JavaBean，用于封装用户数据，这个 JavaBean 的名字为：User.java，有两个属性：userName 和 password，分别表示用户名和密码，它们都是 private 的。然后分别给它们定义了 setter/getter 方法，用于存取这两个属性。

例 6-1：第一个 JavaBean

（1）新建一个 WEB 项目，项目名为：JavaBeanTest。

（2）创建包：com.csmy.bean。

（3）创建类：User.java，代码如下：

源文件：User.java

```
package com.csmy.bean;

public class User {
 private String userName;
 private String password;
 public String getUserName() {
 return userName;
 }
```

```
public void setUserName(String userName) {
  this.userName = userName;
}
public String getPassword() {
  return password;
}
public void setPassword(String password) {
  this.password = password;
}
}
```

6.3 JSP 中使用 JavaBean

6.3.1 <jsp:useBean>动作标记

JavaBean 除了可以像普通类一样使用外，在 JSP 中，可以使用<jsp:useBean>动作来调用。下面是<jsp:useBean>的用法：

```
<jsp:useBean id="BeanName" scope="page|request|session|application"
[ class="包名.类名" |
type="包名. 类名"|
class='包名.类名" type='包名.类名"
]
/>
```

或者：

```
<jsp:useBean id="BeanName" scope="page|request|session|application"
[ class="包名.类名" |
type="包名. 类名"|
class='包名.类名" type='包名.类名"
]
<jsp:setProperty …/>
/>
```

其中：

- id：用于指定 Bean 对象的变量名，在 JSP 中可以使用这个变量名来访问 Bean 对象。
- scope：用于指定 JavaBean 的作用范围，可能取值为：page、request、session、application。
- class：使用指定的类来实例化一个 JavaBean 对象，将会调用 class 指定的类的不带参数的构造函数来完成实例化。
- type：指定 JavaBean 对象的类型，可以是 Bean 类的类名、Bean 类的父类名、Bean 类所实现的接口类名等。它只是查找指定范围内 id 属性指定的 Bean 对象，如果 Bean 对象在指定范围中不存在，它不会新建 Bean 对象，这是它与 class 属性的区别之一。另外，它也可以和 class 属性结合使用，此时，type 指定的类可以和 class 指定的类是同一个类、或者是 class 指定类的父类、父接口。如果 Bean 对象不存在，又没使用 class 属性，就会抛出异常。

使用<jsp:useBean>可以得到一个 JavaBean 的实例，但是，这个实例不一定是新建的，如果已经存在一个与指定 id 同名、相同 scope 的 JavaBean，那么就不会新建一个 JavaBean 实例，而是直接使用已经存在的实例。如果指定范围内没有与指定 id 同名的实例，就新建一个实例，并保存到 scope 指定的范围中。

例如下面的代码：

```
<jsp:useBean id="user" scope="application" class="com.csmy.bean.User">
```

其实与下面的 JSP Scriptlet 是等效的：

```
<%
   User user=(User)application.getAttribute("user");
   if(user==null){
      user=new User();
      application.setAttribute("user",user);
   }
%>
```

如果要初始化一些属性而包含<jsp:setProperty>声明时会用到第二种定义方式，后面会讲到。另外，**对于第二种方式<jsp:useBean>起始标记和结束标记之间的语句只有在新建 JavaBean 实例的时候才会执行，如果是使用已经存在的 JavaBean 实例，则不会执行**。另外，<jsp:setProperty>和<jsp:useBean>之间并没有"父子"关系，也就是说，<jsp:setProperty 可以单独的放到外面，<jsp:setProperty>语句可以独立于<jsp:useBean>而存在。

在 JSP 页面中使用<jsp:useBean>元素的 scope 属性来声明一个在某一个范围内可操作的 JavaBean 组件，这个范围可以是 application、session、request 和 page 四个中的一个，通过指定范围，可以让 bean 在不同的范围内共享。

为了帮助读者理解<jsp:useBean>，请看下面的例题。

例 6-2：使用<jsp:useBean>

源代码：UseBeanTest.jsp

```
<%@ page language="java" import="com.csmy.bean.*" pageEncoding="gb2312"%>
<html>
  <head>
    <title>bean test</title>
  </head>
  <body>
    <jsp:useBean id="user" class="com.csmy.bean.User" scope="page"/>
      <%
     user.setUserName("admin");
     user.setPassword("admin");
       %>
   用户名：  <%=user.getUserName() %><br>
   密码：<%
   User user2=(User)pageContext.getAttribute("user",PageContext.PAGE_SCOPE) ;
   out.print(user2.getPassword());
   %>
```

```
    </body>
</html>
```

上例可以正确的输出用户名和密码。通过对上述代码的分析可以发现：<jsp:useBean>中定义的实例可以在 JSP Scriptlet 使用。理解上例加粗部分的代码可以帮助读者理解<jsp:useBean>的工作原理。

6.3.2 <jsp:setProperty>和<jsp:getProperty>动作标记

在 JSP 页面中设置 JavaBean 组件的属性的一般方法是使用<jsp:setProperty>元素。使用<jsp:setProperty>元素有多种语法，如表 6-1 所示。

表 6-1 用 String 值给 Bean 的属性赋值

值的来源	元素语法
String 常量	<jsp:setProperty name="beanName" property="propertyName" value="string-value"/>
Request 参数	<jsp:setProperty name="beanName" property="propertyName" **param="paramName"**/>
匹配 Bean 属性的 Request 参数	<jsp:setProperty name="beanName" property="propertyName"/> 或者 <jsp:setProperty name="beanName" property="*"/>
表达式	<jsp:setProperty name="beanName" property="propertyName" value="expression"/> 或者 <jsp:setProperty name="beanName" property="propertyName"> <jsp:attribute name="value"> expression </jsp:attribute> </jsp:setProperty>

在使用<jsp:setProperty>元素来设置 JavaBean 组件的属性时，要注意以下几点：beanName 必须和<jsp:useBean>里面定义的 id 属性值相同；其次，在 JavaBean 组件中必须有与属性对应的 setXXX()方法；最后，如果使用 param 属性，其值 paramName 必须是一个 request 参数名。

下面的代码说明如何设置一个 Bean 的属性值：

```
<jsp:setProperty name="user" property="userName"
    value="<%=request.getParameter("userName")%>"/>
```

要取得 JavaBean 组件的属性可以使用<jsp:getProperty>元素。例如：

```
<jsp:getProperty name="user" property="userName"/>
```

它将会去自动调用 User 的 getUserName()方法，并且将获得的值打印到页面。也可以使用 JSP Scriptlet 来完成同样的功能：

```
<%=user.getUserName()%>
```

也就是说，直接去调用它的 getUserName()方法。

例 6-3：在 JSP 中使用 JavaBean

在例 6-1 创建的项目中新建一个 JSP 文件，代码如下：

源文件：BeanTest.jsp

```
<%@ page language="java" import="com.csmy.bean.User" pageEncoding="gb2312"%>
```

```
<html>
  <head>
    <title>bean test</title>
  </head>
  <body>
    <jsp:useBean id="user" class="com.csmy.bean.User" scope="session"/>
    <jsp:setProperty name="user" property="userName" value="admin"/>
    <jsp:setProperty name="user" property="password" value="admin"/>
   用户名：  <jsp:getProperty name="user" property="userName"/><br>
   密码：  <jsp:getProperty name="user" property="password"/><br>
  </body>
</html>
```

在这个程序中，首先使用 page 指令的 import 属性，将 com.csmy.bean.User 引入，然后，使用 useBean 动作创建一个 Bean 的实例，实例名称为“user”，并且同时给这个 Bean 的属性“userName”赋了一个值“admin”，最后，使用 getProperty 动作取出“userName”属性的值。图 6-1 是这个 JSP 在 IE 中的执行结果。

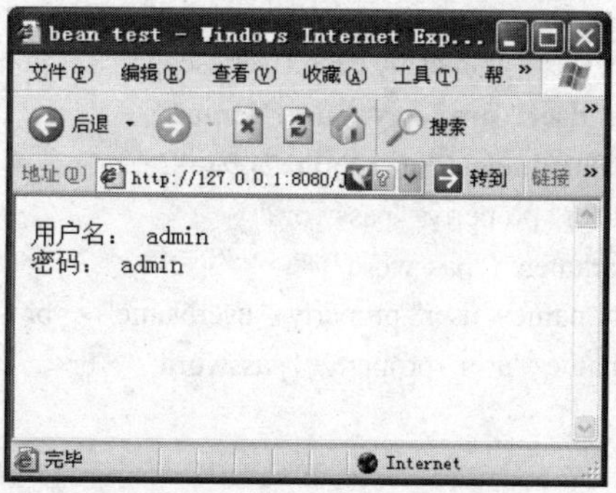

图 6-1　BeanTest.jsp 运行结果

在上面的例子中，在设置 Bean 属性的时候，是直接给它指定了一个 String 类型的值。但是在实际的应用中，通常这个值都是动态的，特别是，它极有可能是从某个页面表单中传递过来的，那么这个时候就需要使用表达式或者其他的方式来给它们赋值了。

1. 使用表达式设置属性

首先来看一下如何使用表达式设置 Bean 的属性。还是使用上面定义的 User 作为本例的 JavaBean。

例 6-4：使用表达式设置 JavaBean 属性

（1）在例 6-1 创建的项目 JavaBeanTest 中，新建一个用于接收用户名和密码的登录页面，代码如下：

源程序：Login.jsp

```
<%@ page language="java" import="java.util.*" pageEncoding="gb2312"%>
<html>
  <head>
    <title>登录</title>
  </head>
  <body>
```

```
  <center>
   <form name="longin" method="post" action="BeanTest.jsp">
    用户名：<input type="text" name="userName" value=""> <p>
    密码：    <input type="password" name="password" value=""> <p>
    <input type="submit" value="提交">
    <input type="reset" value="取消">
   </form>
  </center>
  </body>
</html>
```

（2）修改例 6-3 的 BeanTest.jsp，修改后代码如下：

源文件：BeanTest.jsp

```
<%@ page language="java" import="com.csmy.bean.*" pageEncoding="gb2312"%>
<html>
  <head>
    <title>bean test</title>
  </head>
  <body>
    <jsp:useBean id="user" class="com.csmy.bean.User" scope="session"/>
    <jsp:setProperty name="user" property="userName"
    value="<%=request.getParameter("userName") %>"/>
    <jsp:setProperty name="user" property="password"
    value="<%=request.getParameter("password") %>"/>
   用户名：  <jsp:getProperty name="user" property="userName"/><br>
   密码：  <jsp:getProperty name="user" property="password"/><br>
  </body>
</html>
```

在这个程序中，使用了表达式，并且将它用在<jsp:setProperty>中，它将会接收从表单中传递过来的数据，并赋值给 user 这个 JavaBean 的属性。

2．使用<jsp:setProperty>动作标记的 param 属性

上面的例子中，如果要从表单中接收数据，将它赋给 JavaBean 中的非 String 类型的属性，那么就需要对它进行转换。如果在一个 JavaBean 里面，有很多的非 String 类型属性，那么就需要进行大量的转换。为了解决这个问题，在 JSP 中提供了一个很好的解决方法：它允许使用请求参数设置 JavaBean 属性的时候，将属性和参数相关联，自动执行从字符串到数字、字符和布尔类型的值的转换。这个时候，就不是使用 setProperty 的 value 属性而是使用 param 属性来指定输入参数了，被指定的请求参数的值会自动根据 JavaBean 的属性类型转换，并且将它作为 JavaBean 属性的值。

下面使用 param 属性来将请求参数和 JavaBean 属性关联，来完成例 6-4 的功能。

例 6-5：使用<jsp:setProperty>的 param 属性设置 Bean 属性

还是使用例 6-4 的 Login.jsp 来传递参数，但是，把 BeanTest.jsp 代码修改为下面的代码：

源程序：BeanTest.jsp

```
<%@ page language="java" import="com.csmy.bean.*" pageEncoding="gb2312"%>
<html>
```

```
    <head>
      <title>bean test</title>
    </head>
    <body>
      <jsp:useBean id="user" class="com.csmy.bean.User" scope="session"/>
      <jsp:setProperty name="user" property="userName"
      param="userName"/>
      <jsp:setProperty name="user" property="password"
      param="password"/>
     用户名： <jsp:getProperty name="user" property="userName"/><br>
     密码： <jsp:getProperty name="user" property="password"/><br>
    </body>
  </html>
```

在上例加粗的两行代码中，使用 param 来分别指定和 JavaBean 的两个属性相关联的请求参数，这样，在这个 JSP 执行的时候，就会自动的把指定的请求参数转换成 JavaBean 属性类型后赋给 JavaBean 的指定属性。如果指定的请求参数不存在，那么不采取任何的行动，也就是说，系统并不传递 null 到相关联的属性。

如果请求参数名称和 JavaBean 的属性名称一致，那么，还可以更进一步将“param”去掉，例如，对于上面的例子，因为表单中的元素名称“userName”、“password”和 JavaBean 的属性名称一致，所以可以将上面的两行加粗的代码进一步进行简化如下：

```
<jsp:setProperty name="user" property="userName" />
<jsp:setProperty name="user" property="password" />
```

也就是说，如果 JavaBean 的属性名与 request 的参数名一致，在没指定 param 和 value 属性的情况下，系统将会自动的根据 JavaBean 的属性名称到 request 中去寻找对应的请求参数。

3．将所有的属性与请求参数关联

上面已经讨论了如果请求参数和 JavaBean 的属性名称一致的话，可以不用 param 来指定它们的关联。更进一步，如果所有的请求参数名称和属性名称都完全一致的话，可以使用下面的方式将所有的属性和相同名称的请求参数关联起来：只需要在 setProperty 中，将“*”作为 property 的值。例如：

```
<jsp:setProperty name="user"    property="*"/>
```

通过这种方式，可以非常简单的将 JavaBean 的属性和请求参数关联起来。如果有部分的 JavaBean 属性无法找到对应的请求参数，则不会采取任何行动。所以例 6-5 对 JavaBean 的属性赋值可以进一步简化为：

源程序：BeanTest.jsp

```
<%@ page language="java" import="com.csmy.bean.*" pageEncoding="gb2312"%>
<html>
  <head>
    <title>bean test</title>
  </head>
  <body>
    <jsp:useBean id="user" class="com.csmy.bean.User" scope="session"/>
    <jsp:setProperty name="user" property="*"
   用户名： <jsp:getProperty name="user" property="userName"/><br>
```

```
  密码： <jsp:getProperty name="user" property="password"/><br>
  </body>
</html>
```

6.4 JavaBean的作用范围

在 JSP 页面中使用<jsp:useBean>元素来声明一个在某一个范围内可存取的 JavaBean，这个范围可以是 application、session、request 和 page 中的一个。通过 scope 属性来设置，例如：

```
<jsp:useBean id="user" scope="page" class="com.csmy.bean.User"/>
```

这条语句设置了一个作用范围为 page 的 JavaBean。page 范围的 JavaBean 是默认的范围，这种范围的 JavaBean 只能在实例化它的页面中使用，此时，JSP 动作定义的 JavaBean 实例会被保存到 PageContext 对象中。

当属性 scope 的值为 request 时，JSP 动作定义的 JavaBean 实例就会存储到 HttpServletRequest 对象中。此实例可以被包含它的 JSP 页面所调用，也可以在同一请求范围内的不同页面中使用，请求结束该实例的生命周期。

当属性 scope 的值为 session 时，JSP 动作定义的 JavaBean 实例就会存储到 HttpSession 对象中。该 JavaBean 实例会在整个会话（session）过程中存在。

当属性 scope 的值为 application 时，JSP 动作定义的 JavaBean 实例就会被存储到 ServletContext 对象中。这意味着 JavaBean 实例可以被运行在应用服务器上的具有相同生命周期的任何对象（例如 JSP 和 Servlet）调用。

例 6-6：request 范围的 JavaBean

把 Login.jsp 的表单数据传递到 JSP 页面 UserForm.jsp，UserForm.jsp 用 User 类实例化一个 JavaBean，并用 request 范围参数设置 JavaBean 属性，然后跳转到 Servlet。实现过程与代码如下：

（1）登录页面：修改例 6-3 的 Login.jsp，只要修改<form>标记中 action 属性。

```
……
<form name="longin" method="post" action="UserForm.jsp">
......
```

（2）新建一个 JSP 文件：文件名为 UserForm，代码如下：

源程序：UserForm.jsp

```
<%@ page language="java" import="com.csmy.bean.*" pageEncoding="gb2312"%>
    <jsp:useBean id="user" class="com.csmy.bean.User" scope="request"/>
    <jsp:setProperty name="user" property="*" />
<jsp:forward page="/GetUser"/>
```

（3）新建包：com.csmy.servlet。

（4）在 com.csmy.servlet 中新建一个 Servlet：GetUser.java，代码如下：

源程序：GetUser.java

```
package com.csmy.servlet;
import java.io.*;
import javax.servlet.ServletException;
import javax.servlet.http.*;
```

```
import com.csmy.bean.User;
public class GetUser extends HttpServlet {
  public void doGet(HttpServletRequest request, HttpServletResponse response)
                throws ServletException, IOException {
        response.setContentType("text/html");
        PrintWriter out = response.getWriter();
        User user=(User)request.getAttribute("user");
        out.print("用户名："+user.getUserName()+"<br>");
        out.print("密码："+user.getPassword()+"<br>");
  }

  public void doPost(HttpServletRequest request, HttpServletResponse response)
                throws ServletException, IOException {
        doGet(request,response);
  }
}
```

（5）运行 Login.jsp，在 IE 中输入下面的地址：

http://127.0.0.1:8080/JavaBeanTest/Login.jsp

图 6-2 是 Login.jsp 页面，输入用户名“admin”和密码“admin”，单击“提交”后的结果如图 6-3 所示。

图 6-2　Login.jsp 运行结果

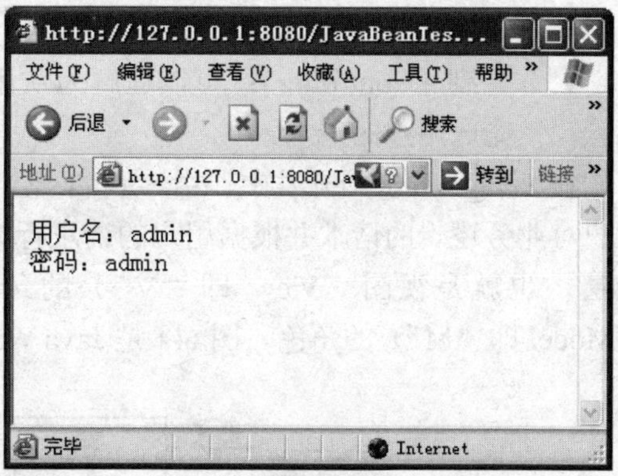

图 6-3　GetUser 运行结果

上例中，在 UserForm.jsp 中将 Bean 的 scope 定义为“request”，然后使用<jsp:forward>跳转到 GetUser 中，所以，在 GetUser.java 中可以使用 request.getAttribute("user")来获得 user 这个实例化的 JavaBean。

如果在 UserForm.jsp 中将 Bean 的 scope 定义为“session”或“application”，在 Servlet 中，就可以通过 HttpSession 对象或 ServletContext 对象的 getAttribute("user")方法来获得 user 实例。

如果需要移除 request 范围的 JavaBean，可以使用 request 的 removeAttribute(String beanId)方法。如果要移除 session 范围的 JavaBean，可以使用 session 的 removeAttribute (String beanId)方法，如果要移除 application 范围的 JavaBean，可以使用 application 的 removeAttribute(String beanId)方法。

6.5 MVC 设计模式

在前面章节中所讲述的案例都是采用 JSP+JavaBean 模式，这种模式通常称为“Model1 模式”。在该模式中，JSP 页面响应请求并将处理结果返回客户，所有的数据库操作和复杂业务逻辑操作通过 JavaBean 来实现。

使用此模式的好处是，将复杂的程序代码写到 JavaBean 中，减少了 JSP 代码和网页标签混合起来的情况，在阅读和维护的时候会带来很大的方便；将公用的代码封装在 JavaBean 中，提高了代码的可复用性。但是它的缺点也是明显的，那就是虽然使用了 JavaBean 来封装一些逻辑，但还是会导致在 JSP 页面中嵌入较多的 Java 代码，当需要处理的商业逻辑非常复杂时，情况就会变得很糟糕。大量的 Java 代码使得 JSP 页面变得非常臃肿，前端的页面设计人员稍有不慎，就有可能破坏有关商业逻辑的代码。因此，这种模式只适用于中小规模的项目。

MVC（Model View Controller）模式，也就是通常所称的“Model2 模式”，即把一个应用的输入、输出、处理流程按照 Model、View、Controller 的方式进行分离，这样一个应用被分成三个层——模型层、视图层、控制层。

- 模型（Model）：就是业务流程/状态的处理以及业务规则的制定。即是 MVC 的主要核心。
- 视图（View）：代表用户交互界面，也就是 Web 的 HTML 界面。
- 控制（Controller）：可以理解为从用户接收请求，将模型与视图匹配在一起，共同完成用户的请求。

在 Java Web 应用开发中，由 Servlet 充当控制器（Controller 即“C”）的角色，负责响应客户对业务逻辑的请求并根据用户的请求行为，决定将要调用的 JSP 页面。JSP 页面处于表现层，也就是视图（View 即“V”）的角色。JavaBean 负责数据的处理，也就是模型（Model 即“M”）的角色。图 6-4 是 Java Web 开发中采用的 MVC 模型示意图。

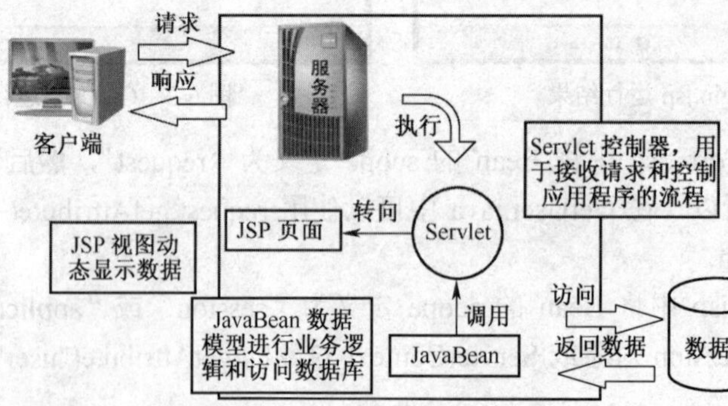

图 6-4　MVC 模型示意图

在开发中，采用这种模式，可以具有更清晰的逻辑划分，能够有效区分不同的角色，避免彼此间的互相影响，充分发挥每位开发人员的特长。该模式在开发大型项目时表现出的优势尤其突出。

6.6 实用案例

例 6-7：采用 MVC 模式实现数据查询

（1）配置 JDBC 数据库开发环境：把 JDBC 数据库驱动程序拷贝到项目的 WebRoot/WEB-INF/lib 目录下。

（2）创建数据库连接类：在项目的 src 目录下创建包：com.csmy.db，在 com.csmy.db 包中创建数据库连接类：Dbconn。Dbconn 类代码请参考第三章的例 3-1（把例 3-1 的 Dbconn 类中的代码全部拷贝过来就可以了）。代码如下：

源程序：Dbconn.java

```
package com.csmy.db;
import java.sql.*;
import java.util.*;
public class Dbconn {
    //定义数据库连接参数常量
  final static String driver="com.mysql.jdbc.Driver";
  final static String url="jdbc:mysql://127.0.0.1:3306/mytest";
  final static String user="root";
  final static String password="root";
  static{ //加载数据库驱动程序
        try{
                Class.forName(driver);
        }catch(Exception e){
                e.printStackTrace();
        }
  }
  public static Connection getconn() throws SQLException{
    Connection conn=null;
    conn=DriverManager.getConnection(url,user,password);//连接数据库
    return conn;
  }
  public static void closeconn( Connection conn){
    try {
        if(conn!=null && !conn.isClosed()){
                conn.close();//关闭连接
        }
  } catch (SQLException e) {
        // TODO Auto-generated catch block
        e.printStackTrace();
  }
  }
}
```

这个类中封装了获得数据库连接的相关方法，这样在程序中需要用到数据库连接的时候，都可以使用这个类来完成。这是一个封装业务逻辑的 JavaBean。

（3）创建封装学生数据的 JavaBean（封装数据）：在例 6-1 创建的 com.csmy.bean 包中创建 Student.java 类。代码如下：

源程序：Student.java

```
package com.csmy.bean;
public class Student {
private String sno;
private String sname;
private String ssex;
private int sage;
public String getSno() {
  return sno;
}
public void setSno(String sno) {
  this.sno = sno;
}
public String getSname() {
  return sname;
}
public void setSname(String sname) {
  this.sname = sname;
}
public String getSsex() {
  return ssex;
}
public void setSsex(String ssex) {
  this.ssex = ssex;
}
public int getSage() {
  return sage;
}
public void setSage(int sage) {
  this.sage = sage;
}
}
```

这个类定义了表示学生需要的相关属性的一个类。这是一个用于封装数据的 JavaBean。

（4）创建数据库访问类（数据库操作 JavaBean，封装业务方法）：在 com.csmy.db 包中创建数据库访问类 Dao，并在该类中添加数据库查询方法，代码如下：

源文件：Dao.java

```
package com.csmy.db;
import java.sql.*;
import java.util.*;
import com.csmy.bean.Student;
public class Dao {
 public Student getStudent(String sno) throws SQLException{
   Connection conn=null;
```

```
    ResultSet rs=null;
    Student st=null;
    conn=Dbconn.getconn();//连接数据库
    if(conn!=null){
        String sql="select * from students where sno=?";//查询指定学号的学生
        PreparedStatement pstm=conn.prepareStatement(sql);
        pstm.setString(1, sno);//给 SQL 参数赋值
        rs=pstm.executeQuery();
        if(rs.next()){
            st=new Student();
            st.setSno(sno);
            st.setSname(rs.getString("sname"));
            st.setSsex(rs.getString("ssex"));
            st.setSage(rs.getInt("sage"));
        }
        Dbconn.closeconn(conn);
    }
    return st;
  }
}
```

这个类定义了访问数据库的方法，是一个封装业务方法和事务逻辑的 JavaBean。

（5）创建接收输入的视图：创建一个 JSP 页面，用于接收用户输入要查询的学生“学号”，文件名为：QueryStudent.jsp。代码如下：

```
<%@ page language="java"   pageEncoding="gb2312"%>
<html>
  <head>
    <title>学生信息查询</title>
  </head>
  <body>
      <form action="QueryStudent" method="post"><p>
      请输入学号： <input type="text" name="sno"><p>
      <input type="submit" value="查询">
      <input type="reset" value="取消">
      </form>
  </body>
</html>
```

（6）创建用于显示学生信息的视图：创建一个 JSP 页面，用于显示查询结果中的学生信息，文件名为：QueryResult.jsp。代码如下：

源程序：QueryResult.jsp

```
<%@ page language="java"   pageEncoding="gb2312"%>
<%@page import="com.csmy.bean.Student"%>
<html>
  <head>
    <title>学生信息查询结果</title>
  </head>
```

```
  <jsp:useBean id="st" type="com.csmy.bean.Student" scope="request"/>
  <body>
  查询结果：<p>
  学号： <jsp:getProperty name="st" property="sno"/><br>
  姓名： <jsp:getProperty name="st" property="sname"/><br>
  性别： <jsp:getProperty name="st" property="ssex"/><br>
  年龄： <jsp:getProperty name="st" property="sage"/><br>
  </body>
</html>
```

在这个程序中，首先使用<jsp:useBean>从 request 作用域中获得 JavaBean 对象，然后，使用<jsp:getProperty>从 JavaBean 中获得各个属性并显示出来。

注意，在<jsp:useBean>中使用 type 而不是 class 是为了**避免**当无法从 request 作用域中获得 st 对象的时候，程序自动创建一个 JavaBean 对象。这个 JSP 不能在浏览器中直接访问，因为直接访问时，id="st"指定的 Bean 对象找不到，所以会发生异常。

（7）创建控制器：在 com.csmy.servlet 包中，创建一个 Servlet，类名为：QueryStudent.java。代码如下：

源程序：QueryStudent.java

```
package com.csmy.servlet;
import java.io.*;
import java.sql.SQLException;
import javax.servlet.ServletException;
import javax.servlet.http.*;
import com.csmy.bean.Student;
import com.csmy.db.*;
public class QueryStudent extends HttpServlet {
  public void doGet(HttpServletRequest request, HttpServletResponse response)
                throws ServletException, IOException {
        String sno=request.getParameter("sno");    //获取表单参数
        if(sno==null){
        }else{
            try{
              Dao dao=new Dao();//创建数据库访问类
              Student st=dao.getStudent(sno);
              if(st!=null){//根据 dao.getStudent()方法的返回结果控制流程转向
                 request.setAttribute("st", st);//把学生对象 st 保存到 request 对象中
                 //转向到结果显示页面（视图）
                 request.getRequestDispatcher("QueryResult.jsp").forward(request, response);
              }else{
                 //转向到 QueryStudent.jsp，重新接收用户输入要查询的学生“学号”
                 request.getRequestDispatcher("QueryStudent.jsp").forward(request, response);
              }
            }catch(SQLException e){
                 this.getServletContext().log(e.getMessage());
                 throw new ServletException("数据库操作错误,请与管理员联系");
            }
```

```
        }
    }
    public void doPost(HttpServletRequest request, HttpServletResponse response)
                throws ServletException, IOException {
        doGet(request,response);
    }
}
```

这个类就是一个控制器，它接收 QueryStudent.jsp 视图传递的参数（sno），调用 Dao.java（JavaBean）中的业务方法 getStudent(sno)，根据业务方法的结果，跳转到不同的视图。

（8）发布并运行程序：发布项目后，在浏览器中输入：

http://127.0.0.1:8080/JavaBeanTest/QueryStudent.jsp

结果如图 6-5 所示。输入学号：2009001，单击“查询”，结果如图 6-6 所示。

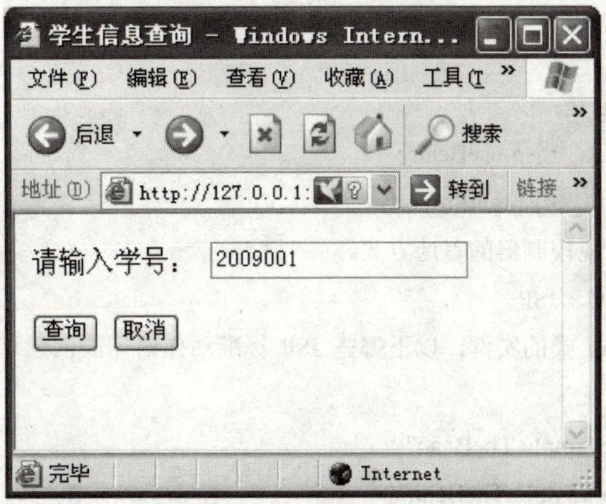

图 6-5　QueryStudent.jsp

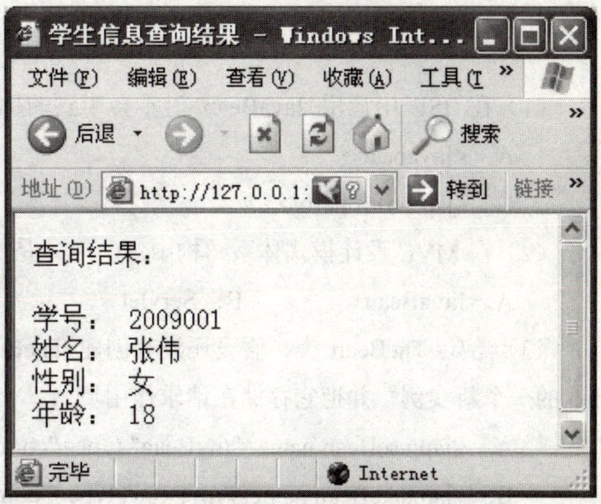

图 6-6　查询结果

在这个例子中，首先通过一个 JSP 页面（QueryStudent.jsp）接收用户输入。JSP 再把接收到的数据传递给控制器 Servlet（QueryStudent.java）。控制器调用 JavaBean（Dao.java）的业务逻辑方法。JavaBean 的业务逻辑方法把查询结果用 JavaBean（Student.java）进行封装后返回给控制器。控制器根据调用结果（返回值是否为 null），决定输出方向，如果不是 null 就把查询结果保存在 request 中，并转向到显示结果的 JSP 页面（QueryResult.jsp），否则转向到原查询页面（QueryStudent.jsp）。QueryResult.jsp 从 request 中取出数据并显示到网页上。整个程序的执行流程如图 6-7 所示。

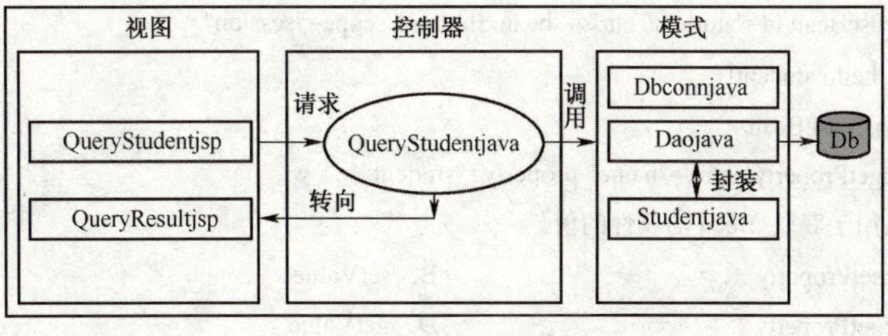

图 6-7　学生信息查询流程图

习题六

1. 填空题

（1）JavaBean 就是一种用 Java 语言写成的可重用的_______。

（2）JavaBean 必须放在一个______中。

（3）JavaBean 必须要有一个________构造器。

（4）MVC 设计模式分为三个层次，分别为________、________、________。

（5）在 JSP 页面中使用<jsp:useBean>元素来声明一个在某一个范围内可存取的 JavaBean，这个范围可以是________、________、________、________。

2. 选择题

（1）在 JSP 中调用 JavaBean 时不会用到的标记是：（　）

A．<javabean>　　B．<jsp:useBean>

C．<jsp:setProperty>　　D．<jsp:getProperty>

（2）在 MVC 设计模式体系结构中，（　）是实现控制器的首选方案。

A．JavaBean　　B．Servlet　　C．JSP

（3）给定 TheBean 类，假设还没有创建 TheBean 类的实例，以下哪些 JSP 标准动作语句能创建这个 Bean 的一个新实例，并把它存储在请求作用域（　）

A．<jsp:useBean name="myBean" type="com.example.TheBean"/>

B．<jsp:takeBean name="myBean" type="com.example.TheBean"/>

C．<jsp:useBean id="myBean" class="com.example.TheBean" scope="request"/>

D．<jsp:takeBean id="myBean" class="com.example.TheBean" scope="request"/>

（4）在项目中已经建立了一个 JavaBean，类名为 bean.Student，该 Bean 具有 name 属性，则下面标签用法正确的是：（　）

A．
```
<jsp:useBean id="student" class="Student" scope="session">
</jsp:useBean>
```

B．
```
<jsp:useBean id="student" class="Student" scope="session">
    hello student!
</jsp:useBean>
```

C．
```
<jsp:useBean id="student" class="bean.Student" scope="session">
    hello student!
</jsp:useBean>
```

D．<jsp:getProperty name="name" property="student"/>

（5）（　）用于获取 Bean 的属性的值。

A．<jsp:setProperty …>　　B．setValue

C．<jsp:getProperty …>　　D．getValue

（6）（　）是一种可以在一个或多个应用程序中重复使用的组件。

A．jsp 页面　　B．JavaMail　　C．JavaBean　　D．Servlet

3. 简答题

（1）简述 JavaBean 的设计规范。

（2）简述 MVC 设计模式。

第七章　表达式语言

本章要点

本章主要介绍 JSP 2.0 中新增的一个重要功能：表达式语言（Expression Language，EL），介绍了 EL 的访问作用域、使用 EL 访问 JavaBean 和集合对象；介绍了 EL 的隐含对象以及运算符等。

7.1　EL（表达式语言）基础

在 JSTL 1.0 中，引入了 EL（Expression Language）的概念，但是它只限于在 JSTL1.0 中使用。而在 JSP 2.0 以后，它成了 JSP 标准的一部分，可以直接在 JSP 中使用。EL 的主要功能有：

（1）访问作用域对象。

（2）对 JavaBean 的简化访问。

（3）对集合的简化访问。

（4）简单运算符。

（5）条件输出。

EL 的语法非常简单，如下：

```
${expression}
```

它是一个以“${”开始，以“}”结束的表达式。

注意

因为 EL 是 JSP 2.0 中的规范，所以如果要在 JSP 程序中使用 EL，必须让 JSP 程序运行在支持 JSP 2.0 规范的容器中，例如：Tomcat 5.0 以上。以下分几个部分来详细介绍 EL（Expression Language）。

7.2　访问作用域属性（attribute）

在前面讲述 JSP 的隐含对象 request、session、application 的时候（它们分别对应 Servlet 中的 HttpServletRequest、HttpSession 和 ServletContext），介绍过可以使用 setAttribute()方法往这些对象中添加属性，而用 getAttribute()方法从这些对象中获得属性。在 MVC 模式中，通常是在 Servlet 程序中调用相关对象的 setAttribute()方法，然后使用 RequestDispatcher 的 forward()方法跳转到 JSP 程序中，最后在 JSP 程序中使用 getAttribute()方法取得相关的属性值。例如，可以在 Servlet 中使用如下的代码往 request 中加入属性：

```
request.setAttribute("varName","varValue");
```

然后在 JSP 中使用下面的代码获得属性：

<%=request.getAttribute("varName")%>

为了简化这种访问方式，EL 提供了一种更加简单的表达式来访问它，如下：

${varName}

比较起来，使用 EL 要简单很多。

可能有些读者会对此感到疑惑，容器怎么知道是从 request 中去取“varName”的属性值呢？其实，上面的这个 EL 表达式会被解释为，依次从 PageContext、HttpServletRequest、HttpSession、ServletContext 中查找名字为“varName”的属性所对应的属性值。如果没有对应的属性，则返回空字符串（注意：<%=request.getAttribute("varName")%>输出的是 null）。如果在这些对象中具有同名的属性，那么，取得的是靠前的对象中的属性值。例如，如果 HttpServletRequest(request)和 ServletContext(application) 中均有属性“varName”，则返回的是 request 中的属性值。

下面来看一个例子。在这个案例中，首先在 Servlet 中分别给 request、session、application 这三个不同的对象设置三个属性：“firstVar”、“secondVar”和“thirdVar”，然后，使用 RequestDispatcher 的 forward()方法跳转到一个 JSP 中，在 JSP 程序中取出这三个属性值。首先来看这个 Servlet 程序：

例 7-1：使用 EL 访问作用域属性

（1）创建 WEB 项目：项目名为 ELTest。本章后面的例题都在这个项目中完成。

（2）创建包：com.csmy.servlet。

（3）在 com.csmy.servlet 包中创建一个 Servlet，类名为 ELVarScope，代码如下：

源文件：ELVarScope.java

```
package com.csmy.servlet;
import java.io.*;
import javax.servlet.*;
import javax.servlet.http.*;
public class ELVarScope extends HttpServlet {
  public void doGet(HttpServletRequest request, HttpServletResponse response)
                  throws ServletException, IOException {
       //设置 request 范围的 attribute
       request.setAttribute("firstVar","requestScope");
       //设置 session 范围的 attribute
       HttpSession session=request.getSession();
       session.setAttribute("secondVar","SessionScope");
       //设置 application 范围的 attribute
       ServletContext application=this.getServletContext();
       application.setAttribute("thirdVar","ApplicationScope");
       //转到 JSP 页面
      rcquest.getRequestDispatcher("/GetELVar.jsp").forward(request, response);
  }

  public void doPost(HttpServletRequest request, HttpServletResponse response)
                  throws ServletException, IOException {
```

```
        doGet(request,response);
    }
}
```

在这个 servlet 程序中，分别设置了 request、session、application 范围的属性，属性名称分别为“firstVar”、“secondVar”、“thirdVar”，然后跳转到 GetELVar.jsp。

（4）创建一个 JSP 文件，用于读取并显示不同范围的属性值。文件名为 GetELVar.jsp，代码如下：

源程序：GetELVar.jsp

```
<%@ page language="java" pageEncoding="gb2312"%>
<html>
  <head>
    <title>EL VarScope Test</title>
  </head>
  <body>
   这是 EL 输出的结果：
   <ol>
    <li>${firstVar}
    <li>${secondVar}
    <li>${thirdVar}
   </ol>
  </body>
</html>
```

（5）运行：保存上述文件，并在 MyEclipse 中把项目发布到 Tomcat 中。启动 Tomcat，然后在 IE 中输入下面的地址访问上例的 Servlet：

http://127.0.0.1:8080/ELTest/ELVarScope

运行结果如图 7-1 所示。

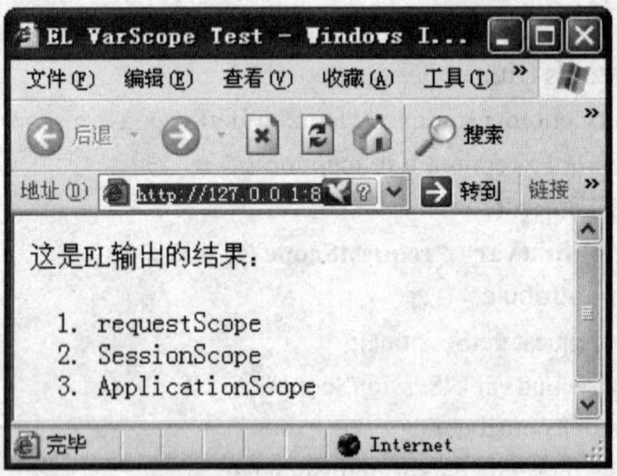

图 7-1 EL 输出结果

7.3 使用 EL 访问 JavaBean

在 MVC 模式中，通常会在 Servlet 程序中，调用业务 Bean 中的业务逻辑方法，业务逻辑方法一般将结果封装成数据 Bean 返回给 Servlet，然后 Servlet 将数据 Bean 放在适当的作用域中，如 request、session 或者 application，接着跳转到 JSP 程序中，而 JSP 程序负责将 JavaBean 中的内容（即 JavaBean 的属性）显示出来。

在 JSP 中访问 JavaBean 属性可以使用 Scriptlet，也可以使用<jsp:getProperty>标记，还可以使用 EL 表达式.。JSP 中使用 EL 访问 JavaBean 属性的语法如下：

${beanName.attrName}

而如果 JavaBean 的属性 beanVar 是一个引用类型数据，假设这个 beanVar 有一个属性 varAttr，那么也可以通过下面的方法来获得这个 varAttr 属性：

${beanName.beanVar.varAttr}

当然，前提是 beanVar 所对应的类中有 getVarAttr()方法。

例 7-2：使用 EL 访问 JavaBean

（1）创建包：com.csmy.bean。

（2）创建一个 JavaBean，类名为 User，代码如下：

源程序：User.java

```
package com.csmy.bean;
public class User {
 private String userName;
 private String password;
public String getUserName() {
  return userName;
}
public void setUserName(String userName) {
  this.userName = userName;
}
public String getPassword() {
  return password;
}
public void setPassword(String password) {
  this.password = password;
}
}
```

（3）创建一个 Servlet，其功能是把一个 User 对象实例保存到 request 中，类名为 SaveUser，代码如下：

源程序：SaveUser.java

```
package com.csmy.servlet;
import java.io.*;
import javax.servlet.ServletException;
import javax.servlet.http.*;
import com.csmy.bean.*;
public class SaveUser extends HttpServlet {
  public void doGet(HttpServletRequest request, HttpServletResponse response)
              throws ServletException, IOException {
        User user=new User();
        user.setUserName("admin");
        user.setPassword("admin");
        request.setAttribute("user", user);
        request.getRequestDispatcher("/GetUser.jsp").forward(request, response);
```

```
    }

    public void doPost(HttpServletRequest request, HttpServletResponse response)
                throws ServletException, IOException {
        doGet(request,response);
    }

}
```

（4）创建一个 JSP，用于显示用户信息，文件名为：GetUser.jsp，代码如下：

源程序：GetUser.jsp

```
<%@ page language="java"    pageEncoding="gb2312"%>
<html>
  <head>
    <title>EL Test</title>
  </head>
  <body>
    用户名：${user.userName }<br>
    密码：${user.password }<br>
  </body>
</html>
```

请读者注意加粗部分的代码，Servlet 把 user 对象保存到 request 中，在 JSP 中，可以简单地从 request 中读取。如果 Servlet 把 user 对象保存到其他范围的对象中（如 session），在 JSP 中读取的方法是相同的。

（5）运行：保存上述文件，并在 MyEclipse 中把项目发布到 Tomcat 中。启动 Tomcat，然后在 IE 地址栏中输入：http://127.0.0.1:8080/ELTest/SaveUser，结果会转到 GetUser.jsp 页面，并正确显示出用户名和密码。

在 GetUser.jsp 中，访问 user 这个 JavaBean 也可以使用如下方法：

（1）使用<jsp:useBean>和<jsp:getProperty>，代码如下：

```
<%@page import="com.csmy.bean.User"%>
<jsp:useBean id="user"    type=" com.csmy.bean.User" scope="request"/>
<jsp:getProperty name="user" property="userName"/>
```

（2）使用 Scriptlet，代码如下：

```
<%@page import= "com.csmy.bean.User"%>
<%
User    user=(User)request.getAttribute("user")
%>
<%=user.getUserName()%>
```

7.4 使用 EL 访问集合对象

在 MVC 模式中常见的另外一个场景是：在 Servlet 中，将多个对象放到集合中（如 Vector、Set，以及数组等），然后跳转到 JSP 中，而 JSP 从集合中取出这些对象，并且将它们显示出来。

如果在 JSP 中使用 Scriptlet 方式，那么需要使用 Java 代码从集合中取得对象，然后通过循环处理每一个集合元素。

例如，假设从一个 Vector 对象中获取保存在它里面的所有对象，可以使用下面的 Java 代码（假设 students 对象是一个 Vector 类型的对象，在其中存放了 Student 类型的对象）：

```
Student student=(Student)students.elementAt(0);
String studentName=student.getName0;
//获得 student 对象的其他属性
```

上面的代码段试图从 Vector 对象 students 中获得第一个 Student 对象（下标为 0），然后从这个 Student 对象中获得它的 name 属性。

而如果通过 EL 表达式，那么可以使用如下的方式实现和上面一样的功能：

${students[0].name}

这个 EL 表达式表示从 students 这个 Vector 中获得第一个元素，然后从这个元素中获得 name 属性。

其实，在 EL 中，可以使用相同的方式来获得不同类型的集合，包括数组、List 或者 Map 等，都可以使用下面的方式来访问（假设 collection 是一个集合）：

${collection[elementName]}

如果 collection 是数组或者 List 类型数据，那么 elementName 应该是一个整数，表示数组或者 List 的索引。而如果 collection 是 Map，那么 elementName 应该是一个键值。

7.5 EL 隐含对象

除了上面所讲述的将 EL 用在 MVC 模式中，用于在 JSP 中处理 JavaBean 或者集合等 Model 数据之外，EL 中也定义了一些隐含对象，可以利用它们轻松地访问程序中的数据，例如，获得从上个页面传递过来的参数值（parameter），或者从 cookie 中获得值等，从而方便了页面开发者。表 7-1 中列出了一些隐含对象。

表 7-1 EL 隐含对象

类别	标识符	描述
JSP	pageContext	PageContext 处理当前页面
作用域	pageScope	同页面作用域属性名称和值有关的 Map 类
	requestScope	同请求作用域属性的名称和值有关的 Map 类
	sessionScope	同会话作用域属性的名称和值有关的 Map 类
	applicationScope	同应用程序作用域属性的名称和值有关的 Map 类
请求参数	param	根据名称存储请求参数值的 Map 类
	paramValues	把请求参数的所有值作为一个 String 数组来存储的 Map 类
请求头	header	根据名称存储请求头主要值的 Map 类
	headerValues	把请求头的所有值作为一个 String 数组来存储的 Map 类
Cookie	cookie	根据名称存储请求附带的 cookie 的 Map 类
初始化参数	initParam	根据名称存储 Web 应用程序上下文初始化参数的 Map 类

其中，pageScope、requestScope、sessionScope、applicationScope 和 7.2 节中所说的获得作用域属性功能类似，只不过使用这些隐含对象，可以准确地获得相应作用域的属性值，而

不是依次从 PageContext、HttpServletRequest、HttpSession、ServletContext 中查找指定名字的属性所对应的属性值。例如，如果需要访问 request 作用域的属性名为“varName”的属性，则可以使用下面的 EL 表达式：

```
${requestScope.varName}
```

下面来看一个使用 param 隐含对象来获得请求参数的例子。

例 7-3：使用 EL 接收表单数据

源文件：ELForm.jsp

```
<%@ page language="java"   pageEncoding="GB2312"%>
<html>
  <head>
    <title>EL Form</title>
  </head>
  <body>
  <form method="post" action="ELParam.jsp">
    请输入你的姓名：
    <input type="text" name="name"><br>
    <input type="submit" value="提交">
    <input type="reset" value="取消">
   </form>
  </body>
</html>
```

在这个 JSP 程序中，有一个表单用于接收用户的输入，它只接收一个“name”输入，然后提交到 ELParam.jsp 表单处理程序。

例 7-4：使用 EL 读取表单数据

源文件：ELParam.jsp

```
<%@ page language="java"   pageEncoding="gb2312"%>
<html>
  <head>
    <title>EL 读取参数</title>
  </head>
  <body>
   你好：${param.name }
  </body>
</html>
```

在这个 JSP 程序中，使用 EL 表达式${param.name}来获得从表单中传递过来的名为“name”的参数数据。

7.6 EL 中的“.”与“[]”运算符

为了实现对应用程序的数据的存取，EL 提供了两种操作：“.”（点操作）与“[]”操作。例如上面讲到的例子：

```
${user.userName}
```

也可以写成如下的形式：

```
${user["userName"]}
```

"."与"[]"这两种操作也可以同时出现在一个 EL 中，例如，users 是数组，EL 可以写成：

${users[0].userName}

需要注意的是，在以下两种情况下，"."与"[]"两种操作是不可以互换的：

（1）当要存取的属性名称中包含一些特殊字符，如"."或"-"等非字母或数字的符号，就一定要使用"[]"而不是" ."，例如：

${user.user-Name}是不正确的，应该改成：

${user["user-Name"]

（2）动态取值的情况，只能用[]：

${requestScope.user[param]}

param 是一个变量，假若 param 的值为"userName"时，那上述的例子等同于：

${requestScope.user.userName}；假若 param 的值为"password"时，它就等同于：

${requestScope.user.password}。

如果要动态取值时，就可以用[]来完成，但"."无法做到动态取值。

7.7 EL 运算符

为了满足许多应用程序所需要的表示逻辑。EL 自身也定义了一些用来操作和比较 EL 表达式的运算符。

1. EL 常用运算符

EL 常用运算符如表 7-2 所示。

表 7-2 EL 常用运算符

类别	运算符
算术运算符	+、-、*、/（或 div）和 %（或 mod）
关系运算符	==（或 eq）、!=（或 ne）、>（或 lt）、>（或 gt）、<=（或 le）、 >=（或 ge）
逻辑运算符	&&（或 and）、||（或 or）和 !（或 not）
验证运算符	empty，用来判断一个变量是否为空值
条件运算符	${A?B:C}，意思是：如果条件 A 为真，那么整个表达式的值为 B，否则，整个表达式的值为 C。

例 7-5：EL 中运算符示例

源文件：Cal.jsp

```
<%@ page language="java"   pageEncoding="gb2312"%>
<html>
  <head>
    <title>EL 运算符测试</title>
  <body>
   <h1>运算符示例</h1>
   <ul>
    <li>\${3/7}运算结果${3/7}</li>
    <li>\${3 div 7}运算结果${3 div 7}</li>
    <li>\${3*0}运算结果${3/0}</li>
```

```
        <li>\${10%4}运算结果${10%4}</li>
        <li>\${(2 gt 3)?10:15}  运算结果是${(2 gt 3)?10:15}</li>
        <li>\${empty param.userName}运算结果是${empty param.userName }</li>
        <li>\${(2 gt 3) and (5 gt 4)}  运算结果是${(2 gt 3)and (5 gt 4)}</li>
         <li>\${(4 gt 3) ? A:B}运算结果是${(4 gt 3)?"A":"B"}</li>
      </ul>
    </body>
</html>
```

运行结果如图 7-2 所示。

提示 正如这个例子中所示，如果需要在 JSP 中部分屏蔽 EL 功能，可以在 EL 表达式前面加上“\”，如“\${3+4}”，那么 EL 表达式“${3+4)”就不会被当作 EL 表达式被执行了。

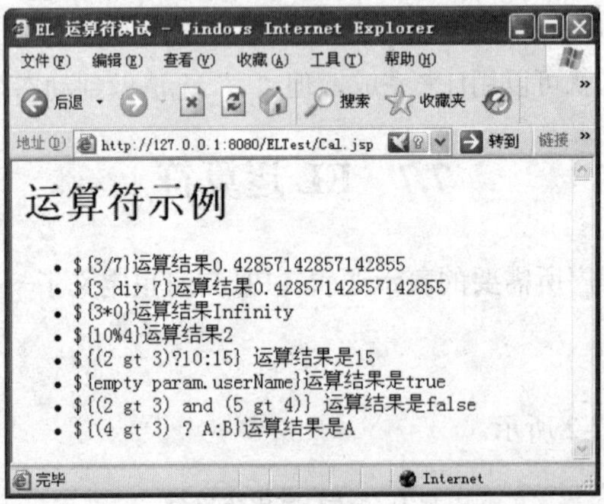

图 7-2 EL 运算符示例

2. EL 运算符优先级

表 7-3 列出了 EL 运算符的优先级，表中运算符从上到下、从左到右，其优先级从高到低。可以用圆括号对表达式分组，圆括号高于普通的优先级。

表 7-3 常用运算符优先级（从上到下，从左到右）

优先级	运算符
高	[], .
	()
	not、!、empty
	*、/、div、%、mod
	+、—
	>、<=、>=、lt、gt、le、ge
	==、!=、eq、ne
	&&、and
低	||、or

7.8 自动类型转换

在程序设计过程中，程序所处理的数据类型有时候不会完全匹配。EL 提供了完整的自动数据类型的转换功能。

例如，在 Form 中传递到 JSP/Servlet 中的参数（parameter）一定是 String 类型的数据，使用 request.getParameter("age")得到的值是 String 类型的，如果要进行运算，通常需要进行一定的类型转换，例如，假设要将 request.getParameter("age")获得的值加上一个整数的话，就需要先将 request.getParameter("age")获得的值转换成 int 类型数据，然后进行运算。而如果使用 EL 表达式来获得参数值，当它和整数相加时，可以不需要进行显式的转换，EL 表达式将会自动进行类型转换，例如：

```
${param.age+20)
```

这个表达式首先会自动将获得的参数 age 的值转换成 int 类型的数据，然后，再和 20 进行加法运算。当然，能正确进行自动类型转换的前提是 param.age 获得的值可以转换成整数。

习题七

1. 填空题

（1）EL 表达式是一个以“_____”开始，以“_____”结束的表达式。

（2）**${varName}**这个 EL 表达式会被解释为，依次从 PageContext、_____、_____、_____中查找名字为“varName”的属性所对应的属性值。

（3）在 JSP 中访问 JavaBean 属性可以使用 Scriptlet，也可以使用_____标记，还可以使用_____表达式。

（4）对应请求参数的 EL 隐含对象有_____、_____。

（5）对应作用域的 EL 隐含对象有_____、_____、_____、_____。

3. 简答题

（1）简述 EL 的主要功能。

（2）简述 EL 中的"."与"[]"运算符的区别。

第八章　JSP 标准标记库（JSTL）

本章要点

本章主要介绍 JSP 标准标记库中的 Core 标记库、XML Processing 标记库、I18N Formatting 标记库、Database Access 标记库和 Functions 标记库的使用。

8.1　JSTL 简介

在 JSP 页面中，使用标记库代替传统的 Java 代码来实现页面的显示逻辑是大势所趋。然而，由于自定义标记很容易造成重复定义和非标准的实现，于是出现了 JSTL（JSP Standard Tag Library）来解决这些问题。

JSTL 目前已有三个版本：Standard-1.0 Taglib、Standard -1.1 Taglib、jstl-1.2 Taglib。

Standard-1.0 Taglib（JSTL 1.0）支持 Servlet 2.3 和 JSP 1.2 规范，WEB 应用服务器 Tomcat 4 支持这些规范。而它的发布也在 Tomcat 4.1.24 测试通过了。

Standard-1.1 Taglib（JSTL 1.1）支持 Servlet 2.4 和 JSP 2.0 规范，WEB 应用服务器 Tomcat 5 支持这些规范，它的发布在 Tomcat 5.0.3 测试通过了。JSTL 1.0 和 JSTL 1.1 是由 Apache Jakarta 组织负责开发与维护。

JSTL 1.2 支持 Servlet 2.5 和 JSP 2.1 的规范，WEB 应用服务器 Tomcat 6 实现了 Servlet 2.5 和 JSP 2.1 的规范，所以 Tomcat 6 支持 JSTL-1.2。

在本章的介绍中，将以 Java EE 5.0 自带的 JSTL 1.2 Taglib 标记库为主。JSTL 1.2 标记库有以下几个标记库：Core 标记库、XML Processing 标记库、I18N Formatting 标记库、Database Access 标记库、Functions 标记库，其对应的标识符如表 8-1 所示。

表 8-1　jstl 标记库的标识符

标记库	功能	URI	前缀
核心标记库（Core）	包含 Web 应用的常见工作，例如：循环、表达式赋值、基本输入输出等	http：//java. sun. corn /jsp/jstl/core	c
XML 标记库（XML processing）	用来访问 XML 文件的工作，这是 JSTL 标记库的一个特点	http：//java. sun. corn/ jsp/jstl/xml	x
国际化/格式化标记库（I18N Formatting）	用来格式化显示数据的工作，例如：对不同区域的日期格式化等；还支持使用本地化资源进行 JSP 页面的国际化	http：//java. sun. corn/ jsp/jstl/fmt	fmt
数据库标记库（SQL）	定义了用来查询数据库操作的标记	http：//java.sun.com/ jsp/jstl/sql	sql
函数标记库（Functions）	利用 EL 的 Function 来实现，用来处理字符串	http：//java. sun. corn/ jsp/jstl/functions	fn

例 8-1：使用 JSTL

（1）创建 WEB 项目：项目名为 JstlTest。本章后面的例题都在这个项目中完成。

在 MyEclipse 中，选择“File”→“New”→“Web Project”，在打开的“New Web Project”对话框中，如图 8-1 所示，输入项目名称“JstlTest”。然后选择 J2EE Specification Level 中“Java EE 5.0”，这时 JSTL Support 区域中“Add JSTL Libraries to WEB-INF/lib folder”选项为灰色，这是因为 Java EE 5.0 中已经包含了 JSTL 库（jstl-1.2.jar）。如果你选择 J2EE Specification Level 中的“J2EE 1.4”或“J2EE 1.3”，那么就应该选中 JSTL Support 区域中“Add JSTL Libraries to WEB-INF/lib folder”选项，并选择其中的“JSTL 1.1”选项，这样，项目中就可以使用 JSTL 了。单击“Finish”按钮。

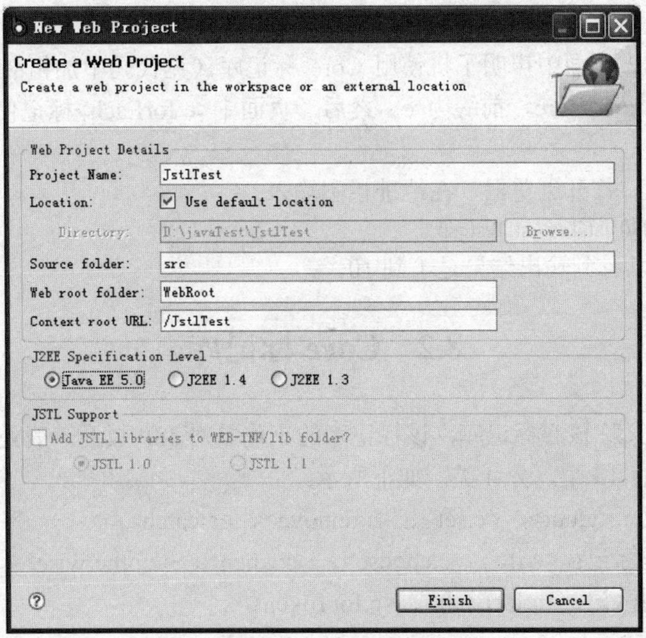

图 8-1　新建 WEB 项目时添加 JSTL 库

如果要在已存在的项目中添加 JSTL 库，可以在“Package Explorer”视图中，左击项目名，在弹出菜单中选择“MyEclipse”→“add JSTL Libraries”。

> **注意**　如果你使用 jstl 1.1，你会发现 MyEclipse 会在项目中添加两个基本的库文件：jstl.jar 和 standard.jar。为了支持 xml 标记，还需要两个库文件的支持：xalan.jar 和 serializer.jar。读者可以到 http://apache.etoak.com//xml/xalan-j/或 http://mirror.bjtu.edu.cn/apache/xml/xalan-j 下载 xalan-j_2_7_1-bin.zip 文件，解压后把 xalan.jar 和 serializer.jar 两个文件拷贝到项目的 WEB-INF/lib 目录下。此外，jstl 1.1 必需运行在 Tomcat 5.0 以上版本。

JSTL-1.2 是目前最新版本，Java EE 5.0 以上版本自带，只要一个库文件 jstl-1.2.jar，但必需运行在 Tomcat 6.0 以上版本。

（2）创建一个 JSP 文件，文件名为 jstlTest.jsp，代码如下：

```
<%@ page contentType="text/html;charset=gb2312" %>
<%@taglib uri="http://java.sun.com/jsp/jstl/core" prefix="c" %>
<html>
  <head>
    <title>JSTL 测试</title>
  </head>
<body>
  <c:forEach   var = "i"   begin="1" end="10" step="1">
    ${i}
    <br>
  </c:forEach>
</body>
</html>
```

在该示例的 JSP 页面中声明了将使用 Core 标记库（见代码中加粗部分），它的 URL 为 http//java.sun.com/jsp/jstl/core，前缀为 c。之后，页面中<c:forEach>标记使用了 JSTL 的标记进行工作。

（3）运行 JSP：打开浏览器，在地址栏中输入：

http://127.0.0.1:8080/JstlTest/jstlTest.jsp

在浏览器中可以看到输出结果是 1 到 10。

8.2 Core 标记库

Core 标记库，又称核心标记库，该标记库的工作是对 JSP 页面一般处理的封装。在该标记库中的标记一共有 14 个，分 4 类，如下所示。

（1）通用标记：<c:out>、<c:set>、<c:remove>、<c:catch>;

（2）条件处理标记：<c if>、<c:choose>、<c:when>、<c:otherwise>;

（3）循环控制标记：<c:forEach>、<c:forTokens>.;

（4）URL 相关标记：<c:import>、<c:url>、<c redirect>、<c:param>。

8.2.1 通用标记

通用标记有 4 个：<c:out>、<c:set>、<c:remove>和<c:catch>。

1．<c:out>标记

一个最常用的标记，用于在 JSP 中输出数据，就跟调用 out.println()基本一样。语法格式如下：

```
<c:out value="expression" default="expression" escapeXml="boolean"/>
```

其中属性含义如下：

- value：输出到页面的数据。可以是 EL 表达式或常量（必须），类型为 Object。
- default：当 value 为 nulI 时显示的数据（可选）。
- escapeXml：escapeXml 的作用是是否将代码交给 xml 解析器解释，true 为交给 xml 解析器解释，false 为交给浏览器解释（可选，默认为 true）。

在 JSTL 1.0 中，在页面显示数据必须使用<c:out>来进行。然而，在 JSTL l.l 中，由于

JSP 2.0 规范已经默认支持了 EL 表达式，因此可以直接在 JSP 页面使用表达式。

例 8-2：<c:out>用法

新建一个 JSP 文件，代码如下：

源文件：c_out.jsp

```
<%@ page contentType="text/html; charset=gb2312" language="java" %>
<%@ taglib prefix="c" uri="http://java.sun.com/jsp/jstl/core" %>
<html>
<head>
  <title>JSTL: c:out 的使用</title>
</head>
<body bgcolor="#FFFFFF">
<hr>
<c:set var="sessionAttr" value="sessionValue" scope="session"/>
<c:set var="pageAttr" value="pageValue" scope="page"/>
<c:set var="requestAttr" value="requestValue" scope="request"/>

<c:out value="以下输出的是前面设置的属性<br>" escapeXml="false"/>
<c:out value="${sessionAttr}"/><br>
<c:out value="${pageAttr}"/><br>
<c:out value="${requestAttr}"/>
<c:out value="${test_nodef}" default="没有 test_nodef 这个变量"/><br>
</body>
</html>
```

请读者注意加粗部分的代码，如果 escapeXml="false"，value 值中的“
”将起作用（因为是由浏览器解释），如果把 escapeXml="false" 改为 escapeXml="true"，再运行 c_out.jsp。将会发现 value 值中的“
”不起作用。

2．<c:set>标记

这个标签用于在某个范围（page、request、session、application）里面设置特定的值（默认为 page），或者设置某个已经存在的 JavaBean 的属性。类似于<%request.setAttribute("name",value)%>。语法格式如下：

使用 value 属性设置一个特定范围里面的属性：

```
<c:set value="expression" var="varname" scope="scope"/>
```

或设置某个特定对象的一个属性：

```
<c:set value= "expression"  target="target"  property="propertyName"/ >
```

其中属性含义如下：

- value：值的信息，可以是 EL 表达式或常量，类型为 Object。
- target：被赋值的 JavaBean 实例的名称，若存在该属性则必须存在 property 属性，类型为 String（可选）。
- property：JavaBean 实例的变量属性名称（可选），类型为 Object。
- var：被赋值的变量名，类型为 String（可选）。
- scope：变量的作用范围，若没有指定，默认为 page，类型为 String（可选）。

当不存在 value 的属性时，将以包含在标记内的实体数据作为赋值的内容，例如：

```
<c:set var="varName">
```

```
  anyvalue
</c:set>
```

该示例将名为 varName 的变量赋值为 anyvalue，其作用范围为 page。

例 8-3：<c:set>标记用法

```
<%@ page contentType="text/html; charset=gb2312" language="java" %>
<%@ taglib prefix="c" uri="http://java.sun.com/jsp/jstl/core" %>
<jsp:useBean id="user" class="com.csmy.bean.User"/>
<html>
<head>
  <title>JSTL:的使用 c:set</title>
</head>
<body >
<hr>
设置一个属性，然后输出它<br>
<c:set var="maxValue" value="100"/>
<c:out value="${maxValue}"/>
<hr>设置属性时，把它的值放在标签的 body 中。
<c:set var="minValue">
  20
</c:set>
<c:out value="${minValue}"/>
<hr>设置 javaBean 的属性，然后输出这些属性值：
<c:set value="admin" target="${user}" property="userName"/>
userName=<c:out value="${user.userName}"/>

<hr>设置属性，并且指定它们的范围，属性的默认范围是 page:
<c:set value="${user.userName}" var="userName" scope="session"/>
<c:out value="${sessionScope.userName}" />
</body>
</html>
```

上例粗体部分的代码展示了<c:set>的三种用法。

3．<c:remove>标记

它的作用是删除某个变量或者属性。类似于<%session.removeAttribute("name")%。语法格式如下：

```
<c:remove var="name" [scope= "page|request|session|application"]/>
```

其中属性含义如下：

- var：需要被删除的变量名，类型为 String。
- scope：变量的作用范围，若没有指定，默认为全部查找，类型为 String（可选）。

例如：

```
<c:remove var="sampleValue" scope="session"/>
```

该示例将存在于 Session 中名为 sampleValue 的变量删除。

4．<c:catch>标记

用于捕捉由嵌套在它里面的标签所抛出来的异常。类似于<%try{}catch{}%>。语法格式如下：

```
<c:catch var="name">
  Nested actions
</c:catch>
```

该标记仅有一个 var 属性，用于描述异常的变量，类型为 String（可选）。若没有 var 属性的定义，那么仅仅捕捉异常而不做任何事情，若定义了 var 属性，则可以利用 var 所定义的异常变量进行判断，转发到其他页面或提示出错信息。

例 8-4：<c:catch>用法示例

新建一个 JSP 文件。代码如下：

源程序：c_catch.jsp

```
<%@ page contentType="text/html; charset=gb2312" language="java" %>
<%@ taglib prefix="c" uri="http://java.sun.com/jsp/jstl/core" %>
<html>
<head>
  <title>JSTL:catch 的使用</title>
</head>
<body >
<c:catch var="error">
<%
  Integer.parseInt("abc");
 %>
 </c:catch>
 <hr>异常：
 <c:out value="${error}"/>
 <hr>异常消息 ：
 <c:out value="${error.message}"/>
</body>
</html>
```

图 8-2 是本例的运行结果。

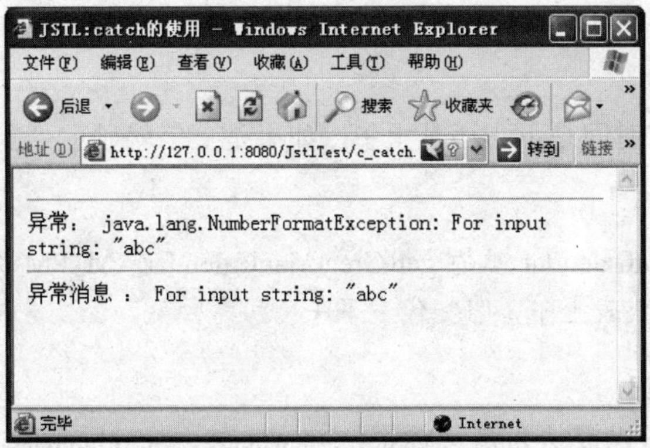

图 8-2　<c:catch>示例

8.2.2　条件处理

条件处理标记同样也有 4 个：<c:if>、<c:choose>、<c:when>和<c:otherwise>。

1. <c:if>标记

用于简单的条件判断语句。语法格式如下：

```
<c:if test="testCondition" var="varName" [scope=" page|request|session|application "]>
  Body content
</c:if>
```

其中属性含义如下：

- test：需要判断的条件，类型为 boolean。
- var：保存判断结果 true 或 false 的变量名，该变量可供之后的工作使用，类型为 String（可选）。
- scope：变量的作用范围，若没有指定，默认为 page 范围中的变量，类型为 String（可选）。

例 8-5：<c:if>用法示例

新建一个 JSP 文件，代码如下：

源程序：c_if.jsp

```
<%@ page import="java.util.*" contentType="text/html; charset=gb2312" language="java" %>
<%@ taglib prefix="c" uri="http://java.sun.com/jsp/jstl/core" %>
<html>
<head>
  <title>JSTL: c:if 的使用</title>
</head>
<body bgcolor="#FFFFFF">
<hr>
<jsp:useBean id="date" class="java.util.GregorianCalendar"/>
<c:set var="time" value="<%=date.get(GregorianCalendar.AM_PM) %>"/>
<c:if test="${time==0}">
 早上好
</c:if>
<c:if test="${time==1}">
 下午好
</c:if>
</body>
</html>
```

该示例将判断当前时间是下午还是上午，如果是上午就显示“上午好”，如果是下午就显示“下午好”。

注意 GregorianCalendar 类的 get(GregorianCalendar.AM_PM)方法返回一个整数 0 或 1，“0”代表上午，“1”代表下午。

2. <c:choose>标记

用于条件选择，可以被认为是父标记，<c:when>、<c:otherwise>将作为其子标记来使用。语法格式如下：

```
<c:choose>
  <c:when …>
   body content
  </c:when>
```

```
    …
  <c:otherwise>)
    body content
  </c:otherwise>
</c:chosse>
```

3．<c:when>标记

代表了<c:choose>的一个分支。语法格式如下：

```
<c:when test="testCondition">
  body content
</c:when>
```

<c:when>标记等价于 if 语句，它包含一个 test 属性，该属性表示需要判断的条件。

4．<c:otherwise>标记

代表了<c:choose>的最后一个选择。语法格式如下：

```
<c:otherwise>
   body content
</c:otherwise>
```

<c:choose>、<c:when>和<c:otherwise>3 个标记组合使用，用于实现复杂条件判断语句，类似于 Java 中的 switch 语句，

例 8-6：条件分支标记用法示例

把例 8-5 中<c:if>改为<c:choose>和<c:when>。

```
<%@ page language="java" import="java.util.*" pageEncoding="gb2312"%>
<%@ taglib prefix="c" uri="http://java.sun.com/jsp/jstl/core" %>
<html>
  <head>
    <title>JSTL: c:choose 的使用</title>
  </head>
  <body>
  <jsp:useBean id="date" class="java.util.GregorianCalendar"></jsp:useBean>
  <c:set var="time" value="<%=date.get(GregorianCalendar.AM_PM) %>"></c:set>
    <c:choose>
      <c:when test="${time==0}">
       上午好
      </c:when>
      <c:when test="${time==1}">
       下午好
      </c:when>
    </c:choose>
  </body>
</html>
```

8.2.3 循环控制

循环控制标记有两个：<c:forEach>和<c:forTokens>。

1．<c:forEach>标记

循环控制，用于遍历集合中的所有成员，或循环指定次数。

语法格式 1：遍历集合对象中的所有成员：

```
<c:forEach items="collection' [var="varName"] [varStatus="varStatusName"]
     [begin="begin"] [end="end"] [step="step"]>
     body content
</c:forEach>
```

语法格式 2：循环指定的次数：

```
<c:forEach var="varName'][varStatus="varStatusName"]
     [begin="begin" end="end"] [step="step"]>
     body content
<c:forEarh>
```

其中属性含义如下：

- items：进行循环的集合，类型为 Array、Collection、Iterator、Enumeration、Map 和 String 等（可选）。
- begin：开始条件，类型为 int（可选）。
- end：结束条件，类型为 int（可选）。
- step：循环的步长，默认为 1，类型为 int（可选）。
- var：做循环的对象变量名，若存在 items 属性，则表示循环集合中对象的变量名，类型为 String（可选）。
- varStatus：显示循环状态的变量，类型为 String（可选）。

例 8-7：<c:forEach>示例

创建一个 JSP 文件，代码如下：

源程序：c_forEach.jsp

```
<%@ page language="java" import="java.util.*" pageEncoding="gb2312"%>
<%@ taglib prefix="c" uri="http://java.sun.com/jsp/jstl/core" %>
<html>
   <head>
     <title>JSTL:：c: forEach 的使用</title>
   </head>
<%
     ArrayList arrayList=new ArrayList();
     ArrayList.add("aa");
     ArrayList.add("bb");
     arrayList.add ("cc" ) ;
     request.getSession().setAttribute("arrayList"，arrayList);
%>
   <body>
     <c:forEach items="${sessionScope.arrayList)"    var="temp">
       ${temp)
     </ c:forEach>
   </body>
</html>
```

该示例将对保存在 Session 中的名为 arrayList 的 ArrayList 类型集合进行循环，每次循环将读取的集合元素放到 var 属性指定的变量中，最后直接通过 EL 表达式显示在页面上。

如果要循环指定次数，可以参考下面的代码：

```
<c:forEach var="I" begin="1" end="10" step="1">
    i= ${i}<br/>
<c: forEach>
```

该示例从 1 循环到 10，并将循环中的变量 i 显示在页面上。

2．<c:forTokens>标记

根据某个分隔符分隔指定字符串，相当于 java.util.StringTokenizer 类。语法格式如下：

```
<c:forTokens  items="stringofTokens" delims="delimiters"  [var="varName"]
    [varStatus="varStatusName"] [begin="begin"][end="end"][step="step"]>
    ${varName}
</c:forTokens>
```

其中属性含义如下：

- items：进行分隔的 EL 表达式或常量，类型为 String。
- delims：分隔符，类型为 String。
- begin：开始条件，类型为 int（可选）。
- end：结束条件，类型为 int（可选）。
- step：循环的步长，默认为 1，类型为 int（可选）。
- var：做循环的对象变量名（可选），类型为 String。
- varStatus：显示循环状态的变量（可选），类型为 String。

例如：

```
<%@ page language="java" import="java.util.*" pageEncoding="gb2312"%>
<%@ taglib prefix="c" uri="http://java.sun.com/jsp/jstl/core" %>
<html>
  <head>
    <title>JSTL: c: forTokens 的使用</title>
  </head>
  <body>
  <c:forTokens items="aa,bb,cc,dd" delims=","
   var="aValue" begin="0" end="2" step="2">
   ${aValue}
  </c:forTokens>
  </body>
</html>
```

上例要分隔的字符串为“aa，bb，cc，dd”，分隔符为“，”。因为 begin 属性指定为 0，end 属性指定为 2，步长为 2，所以结果为 aa cc。

8.2.4 URL 标记

与 URL 相关的标记有四个：<c:import>、<c:url>、<c:redirect>和<c:param>。其中<c:Param>在<c:url>和<c:redirect>的标记体内使用，主要功能是将参数附在 URL 后面，它们在为 J2EE Web 应用程序构造 URL 时特别有用。

1．<c:url>标记

<c:url>标记用于得到一个 URL 地址。URL 重写是由 <c:url> 操作自动执行的，如果 JSP 容器检测到一个存储用户当前会话标识的 cookie，那么就不必进行重写。但是，如果不存在这样的 cookie，那么<c:url>生成的所有 URL 都会被重写以编码会话标识。<c:url>标记

语法格式如下：

```
<c:url value=" expression " [context="context"] [var="varName"]
  [scope=" page|request|session|application "]>
[<c:param name="expression" value="expression"/> ]
</c:url>
```

其中属性含义如下：

- value：用来指定基本 URL，如果这个基本 URL 以一个斜杠开始，那么会在它前面加上 Servlet 的上下文名称（默认为当前 Servlet 的上下文名称，也可以由 context 属性指定）。如果这个基本 URL 不是以斜杠开始的，那么就认为它是一个相对 URL，这时就不必添加上下文名称。
- context：context 属性用于得到不同 Context（上下文路径）下的 URL 地址，当出现 context 属性时，必须以“/”开头，此时也需要 value 属性以“/”开头，类型为 String。
- var：存储 URL 的变量名，类型为 String（可选）。
- scope：变量名作用范围，类型为 String（可选）。

如果为 var 属性提供了一个值，那么将生成的 URL 赋值给这个限定了作用域的指定变量。否则，将使用当前的 JspWriter 输出生成的 URL。这种直接输出其结果的能力允许 <c:url> 标记作为值出现，例如，作为 HTML <a> 标记的 href 属性的值。

如果通过嵌套 <c:param> 标记指定了任何请求参数，那么将会使用 HTTP GET 请求的标准表示法将它们的名称和值添加到生成的 URL 后面。此外，还进行 URL 编码：为了生成有效的 URL，将对这些参数的名称或值中出现的任何字符适当地进行转换。

例如：

```
<c:url var="urlPage" value="/index.jsp"/>
<a href="${urlPage}">主页</a>
```

得到一个 URL 后，以 EL 表达式放入<a>标记的 href 属性达到链接的目的。

上例也可以使用下面直接输出的形式：

```
<a href="<c:url value='/index.jsp'/>">主页</a>
```

2．<c:param>标记

为包含或重定向的页面传递参数。语法格式如下：

```
<c:param name="paramName" value=" expression "/>
```

或：

```
<c:param name="name">
  parameter value
</c:param>
```

其中属性含义如下：

- name：传递的参数名，类型为 String。
- value：传递的参数值，类型为 String（可选）。

例如：

```
<c:url   value="/login.jsp" >
    <c:param name="userName" value="admin"/>
</c:url>
```

该示例将生成下面的url：

```
JstlTest/login.jsp?userName=admin
```

3．<c:import>标记

允许包含另一个 JSP/HTML 页面到本页面来，类似 JSP 的<jsp:include>动作，使用<c:import>的优势在于，它可以引入外部 WEB 站点的内容或 WEB 应用程序。其语法格式如下：

```
<c:import url="url" [context="context"]
 [var="varName" | varReader="varReaderName"] [scope="scope"]
 [charEncoding="charEncoding"]>
     body content
</c:import>
```

其中属性含义如下：

- url：需要导入页面的 URL，类型为 String。
- context：context 属性用于在不同的 Context 下导入页面，当出现 context 属性时，必须以“/”开头，此时也需要 url 属性以“/”开头，类型为 String（可选）。
- charEncoding：导入页面的字符集，类型为 String（可选）。
- var：可以定义导入文本的变量名，类型为 String（可选）。
- scope：导入文本的变量名作用范围，类型为 String（可选）。
- varReader：接受文本的 java.io.Reader 类变量名，类型为 String（可选）。

例如：

```
<c:import url="/index.jsp" ></c:import>
<c:import url="http://jp.csmzxy.com/webk/file/B3/shixunxiangmu/sxxm.html"
charEncoding="gb2312"></c:import>
```

该示例演示了 2 种不同的导入方法，第一种是在同一 Context 下的导入，第二种是导入任意一个 URL。

4．.<c:redirect>标记

用于页面的重定向，相当于 response.setRedirect 的作用。语法格式如下：

```
<c:redirect url="value" [context="context"]>
  [<c:param>]
</c:redirect>
```

其中属性含义如下：

- value：要重定向的页面的 URL 地址，类型为 String。
- context：context 属性用于得到不同 Context 下的 URl 地址，当出现 context 属性时，必须以“/”开头，此时也需要 url 属性以“/”开头，类型为 String。

8.3　I18N 标记库

I18N（internationalization 的首末字符 i 和 n，18 为中间的字符数，人们常把 I18N 作为“国际化”的简称）标记库中的定制标记支持通过资源文件（扩展名为.properties）对 JSP 文本内容进行本地化，并支持对数字和日期的显示和解析。这些标记利用在 java.util 和 java.text 包中实现的 Java 语言的国际化 API，因此如果您已经很熟悉诸如 ResourceBundle、Locale、MessageFormat 和 DateFormat 这样的类，那么您将发现 I18N 库中有很多方面值得称道。如果您不熟悉这些类，那么 I18N 库的标记用直观的方式来封装国际化 API，这种方式使您能够很容易将本地化功能合并到 JSP 应用程序中。

I18N 标记库就是用于在 JSP 页面中做国际化的动作。该标记库中的标记一共有 12 个，分为两类，如下所示。

（1）国际化标记：<fmt:setLocale>、<fmt:bundle>、<fmt:setBundle>、<fmt:message>、<fmt:param>、<fmt:requestEncoding>。

（2）格式化标记：<fmt:timeZone>、<fmt:setTimeZone>、<fmt:formatNumber>、<fmt:parseNumber>、<fmt:formatDate>、<fmt:parseDate>。

8.3.1 国际化标记

国际化标记有 6 个：<fmt:setLocale>、<fmt:bundle>、<fmt:setBundle>、<fmt:message>、<fmt:param>和<fmt:requestEncoding>。

1. <fmt:setLocale>标记

用于设置本地化环境。语法格式如下：

```
<fmt:setLocale value="locale"
[variant="variant"]
[scope="{page|request| session| application}"]/>
```

其中属性含义如下：

- value：该属性的值应当是命名该语言环境的一个字符串或者是 java.util.Locale 类的一个实例。语言环境名称是这样组成的：小写的两字母表示 ISO 语言代码，后面可以跟下划线或连字符以及大写的两字母以表示 ISO 国家或地区代码。
- scope：用来指定 value 的作用域，类型为 String（可选）。
- variant：允许您一步针对特定的 WEB 浏览器平台或供应商定制语言环境。例如，MAC 和 WIN 分别是 Apple Macintosh 和 Microsoft Windows 平台的变体名（可选）。

例如：

```
<fmt:setLocale value="zh_TW"/>
```

表示设置本地环境为繁体中文。

```
<fmt:setLocale value="zh" scope="session"/>
```

表示设置本地环境为简体中文。

2. <fmt:bundle>标记

用于资源配置文件的绑定。语法格式如下：

```
<fmt:bundle basename="basename" [prefix="prefix"]>
    body content
</fmt:bundle>
```

其中属性含义如下：

- basename：资源配置文件的指定，只需要指定文件名而无须扩展名，类型为 String。
- prefix：消息前缀，类型为 String。prefix 属性提供的值在嵌套的 <fmt:message> 操作中自动地预先添加到所有 key 值上。

例如：

```
<fmt:setLocale value="zh_CN"/>
<fmt:bundle basename="applicationMessage" >
    <fmt:message key="login">
</fmt:bundle>
```

本例代码的作用是输出 applicationMessage_zh_CN.properties 资源配置文件中键值为 login 的值。

3．<fmt:setBundle>标记

用于资源配置文件的绑定。它与<fmt:bundle>的区别在于，<fmt:bundle>标记将资源配置文件绑定在标记体中显示，<fmt:setBundle>标记则允许将资源配置文件保存为一个变量，之后的工作可以根据该变量来进行。语法格式如下：

```
<fmt:setBundle basename="basename"
[var="varName"]
[scope="{page | request | session |application}"]/>
```

其中属性含义如下：

- basename：资源配置文件的指定，只需要指定文件名而无须扩展名，类型为 String。
- var：用于保存资源配置文件为一个变量，类型为 String。
- scope：变量的作用范围，类型为 String。

<fmt:bundle>标记和<fmt:setBundle>标记都是根据 Locale 环境的不同查找不同后缀的资源配置文件，这点在国际化的任何技术上都是一致的。例如：

```
<fmt:setLocale value="zh_CN"/>
<fmt:setBundle basename="applicationMessage" var="applicationBundle"/>
```

该示例将会查找一个名为 applicationMessage_zh_CN.properties 的资源配置文件来作为显示的 Resource 绑定。

4．<fmt:message>标记

显示资源配置文件中定义的信息，资源文件的内容为 key=value 的形式，该标记就是根据 key 查找 value 并显示。语法格式如下：

```
<fmt:message key="messageKey"
[bundle="resourceBundle']
[var=="varName"]
[scope='{page|request| session | application}"]>
  [<fmt:param>subtags]
</fmt:message>
```

其中属性含义如下：

- key：资源配置文件的“键”指定，类型为 String。
- bundle：若使用<fmt:setBundle>保存了资源配置文件，该属性就可以从保存的资源配置文件中进行查找。
- var：将显示信息保存为一个变量（如果没有指定 var 属性，显示信息直接输出），类型为 String。
- scope：变量的作用范围，类型为 String。

例如：

```
<fmt:setBundle basename="applicationMessage" var="applicationBundle"/>
<fmt:bundle basename="applicationAllMessage">
    <fmt:message key="userName"/>
    <p>
    <fmt:message key="passWord" bundle="${applicationBundle}"/>
</fmt:bundle>
```

该示例使用了两种绑定资源配置文件的方法，applicationMessage 资源配置文件利用<fmt:setBundle>标记被赋予了变量 applicationBundle，而<fmt:bundle>标记定义的 applicationAllMessage 资源配置文件作用于其标记体内的显示。

第一个<fmt:message>标记将使用 applicationAllMessage 资源配置文件中“键”为 userName 的信息显示。

第二个<fmt:message>标记虽然被定义在<fmt:bundle>标记体内，但是它使用了 bundle 属性，因此将指定由之前的<fmt:setBundle>标记保存的 applicationMessage 资源配置文件中“键”为 password 的信息显示。

5．<fmt:param>标记

用于参数传递，语法格式如下：

```
<fmt:param>
    body content
</fmt:param>
```

或：

```
<fmt:param   value="paramValue"/>
```

value 表示参数值，类型为 Object。如果没有 value 属性，就用标记体（body content）作为参数值。<fmt:param>标记应该位于<fmt:message>标记内，将为该消息标记提供参数值。

如果资源文件中定义的某些内容要在程序运行时才能确定，就可以用“{序号}”代表一个参数（例如，title={0}测试），<fmt:message>在显示键值时，会用<fmt:param>提供的参数插入“{序号}”位置。

6．<fmt:requestEncoding>标记

为请求设置字符编码，与<%request.setCharacterEncoding(charsetName) %>功能相同。语法格式如下：

```
<fmt:requestEncoding   value="charsetName"/>
```

value 表示字符编码，类型为 String。

例 8-8：国际化示例

（1）准备不同语言的资源文件：你的 Web 应用要支持多少种语言，就要准备多少种语言的资源文件，资源文件的命名规则：主文件名_语言代码_国家或地区代码.properties。准备一个默认语言的资源文件，默认语言的资源文件名只要主文件名+扩展名（.properties）。本例创建两个资源文件，一个是英文的资源文件（作为默认资源文件），一个为中文资源文件。对于其他语言的资源文件，读者只要把文件内容翻译成相关语言，并修改文件名中语言代码和地区代码。

资源文件就是属性文件，所以其内容必需是 key=value 的形式。对于英文资源文件，编辑非常简单，只要新建一个扩展名为.properties 的文本文件（注意文件要放在项目的 src 目录

下），如本例的默认资源文件如下：

源文件：applicationMessage.properties

```
login.userName=userName
login.password=password
login.title=login
login.submit=login
login.cancel=cancel
```

对于其他语言的资源文件，需要进行 Unicode 编码，方法是使用 jdk 提供的工具（native2ascii.exe）来转换。对于中文资源文件，可按下面步骤来创建：

① 用任何文本编辑器（如记事本），编辑中文资源文件。文件内容如下：

源文件：applicationMessage.txt

```
login.userName=用户名
login.password=密码
login.title=登录
login.submit=登录
login.cancel=取消
```

② 利用 JDK 自带的 native2ascii.exe 程序进行编码转换，在命令行窗口，输入下面的命令：

```
D:\> native2ascii.exe applicationMessage.txt    applicationMessage_zh_CN.properties
```

注意该例的 applicationMessage.txt 放在 D:盘根目录下，转换后的文件也放到 D:盘根目录下，否则要指定文件路径。

③命令执行完后，可以在 D:盘根目录下找到一个文件名为 applicationMessage_zh_CN.properties 的文件，把它拷贝到项目的 src 目录下。

在 MyEclipse 开发环境下，也可以按下面的步骤创建资源文件：

①在“Package Explorer”视图中，右击项目的 src 目录，在弹出菜单中选择“New”→“File”，在打开的“New File”对话框中，输入文件名和扩展名，如本例的 applicationMessage_zh_CN.properties，如图 8-3 所示。

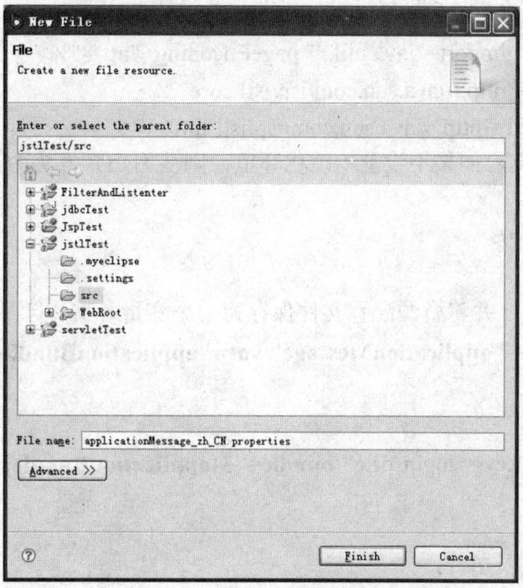

图 8-3　新建属性文件对话框

② 输入完文件名后单击“finish”按钮，回到编辑窗口，如图 8-4 所示。该窗口左下角有两个标签，先选择“properties”标签。再单击右上角的“Add”按钮，会打开属性编辑器。在属性编辑器中输入属性名（name）和属性值（value）。

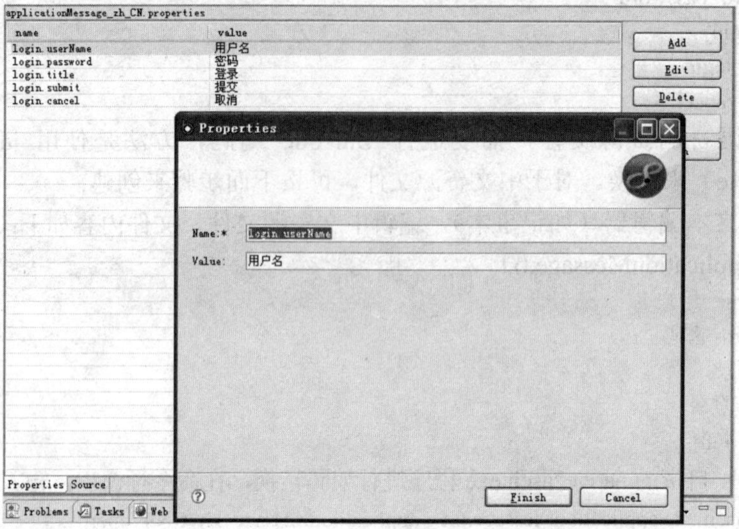

图 8-4　属性编辑窗口

所有键值输入完后，单击“Source”标签，你将发现文件内容已经转换为 Unicode 编码。代码如下：

源文件：applicationMessage_zh_CN.properties

```
login.userName=\u7528\u6237\u540D
login.password=\u5BC6\u7801
login.title=\u767B\u5F55
login.submit=\u63D0\u4EA4
login.cancel=\u53D6\u6D88
```

（2）新建一个登录页面，文件名为 login.jsp，代码如下：

```
<%@ page language="java" import="java.util.*" pageEncoding="utf-8"%>
<%@ taglib prefix="c" uri="http://java.sun.com/jsp/jstl/core" %>
<%@ taglib prefix="fmt" uri="http://java.sun.com/jsp/jstl/fmt" %>
<%-- 设置语言环境为英文，如果不设置本地化环境，则从 HTTP 报头中读取 Locale 信息--%>
 <%--
<fmt:setLocale value="en"/>
 --%>
 <%-- 绑定资源配置文件，并将资源配置文件保存为一个变量 --%>
<fmt:setBundle basename="applicationMessage" var="applicationBundle"/>
<html>
  <head>
    <title> <fmt:message key="login.title" bundle="${applicationBundle}"/></title>
  </head>
  <body>
    <form action="">
```

```
    <fmt:bundle basename="applicationMessage"    prefix="login.">
      <fmt:message key="userName"/>
        <input type="text" name="userName"><p>
      <fmt:message key="password"/>
        <input type="password" name="password"><p>
        <input type="submit" value="<fmt:message key='submit'/>">
        <input type="reset" value="<fmt:message key='submit'/>">
    </fmt:bundle>
      </form>
   </body>
</html>
```

（3）保存、发布、运行 JSP：打开浏览器，在地址栏中输入下面地址：

http://127.0.0.1:8080/JstlTest/login.jsp

结果如图 8-5 所示。

图 8-5　login.jsp 运行结果

注意　上例中的<fmt:setLocale value="en"/>标记是被注释了的，这样<fmt:setBundle>和<fmt:bundle>标记将按浏览器发送的 HTTP 请求报头中 Locale 值来查找不同后缀的资源配置文件，所以在中文 IE 浏览器中显示的结果如图 8-5 所示。如果去掉注释标记，<fmt:setLocale >标记就会起作用，login.jsp 就会按英文资源文件的信息显示。

在实际的国际化 WEB 应用开发中，一般不要使用<fmt:setLocale >标记，而是由浏览器决定使用哪个资源文件。

8.3.2　格式化标记

格式化标记有 6 个：<fmt:timeZone>、<fmt:setTimeZone>、<fmt:formatNumber>、<fmt:parseNumber>、<fmt:formatDate>和<fmt:parseDate>。

1．<fmt:timeZone>标记

用于设定时区。语法格式如下：

```
<fmt:timeZone value="timeZone">
```

```
    body content
</fmt:timeZone>
```

value 表示时区的设置，类型为 String 或 java.util.TimeZone。

2．<fmt:setTimeZone>标记

用于设定时区。与<fmt:timeZone>的区别是：<fmt:timeZone>标记将使得在其标记体内的工作可以使用该时区设置，<fmt:setTimeZone>标记则允许将时区设置保存为一个变量，在之后的工作可以根据该变量来进行。语法格式如下：

```
<fmt:setTimeZone value="timeZone"
[var="varName"]
[scope="{page| request| session| application}"]/>
```

其中属性含义如下：

- value：时区的设置，类型为 String 或 java.util.TimeZone。
- var：用于保存时区为一个变量，类型为 String。
- scope：变量的作用范围，类型为 String。

3．<fmt:formatNumber>标记

用于格式化数字。语法格式如下：

```
<fmt:formatNumber value="numericValue"
[type="{number|currency| percent}"]
[pattern="customPattern"]
[currencyCode="currencyCode"]
[currencySymbol="currencySymbol"]
[groupingUsed="{true |false}"]
[maxIntegerDigits="maxIntegerDigits"]
[minIntegerDigits="minIntegerDigits"]
[maxFractionDigits="maxFractionDigits"]
[minFractionDigits="minFractionDigits"]
[var="varName"]
[scope="{page |request | session |application}]/>
```

其中属性含义如下：

- value：格式化的数字，该数值可以是 String 类型或 java.lang.Number 类型的实例。
- type：格式化的类型，类型为 String，取值为 number、currency、percent 之一。
- pattern：格式化模式，类型为 String，取值可以包含表 8-2 的特殊字符，其他任何符号在输出字符串中原样输出。

表 8-2 pattern 中特殊字符

符号	意义
0	一个数位
#	一个数位，前导零和追尾零不显示
.	小数点分隔位置
,	组分隔符的位置
-	负数前缀
%	用 100 乘，并显示百分号

- var：结果保存变量，类型为 String。
- scope：变量的作用范围，类型为 String。
- maxIntegerDigits：指定格式化结果的最大值，类型为 int。
- minIntegerDigits：指定格式化结果的最小值，类型为 int。
- maxFractionDigits：指定格式化结果的最大值，带小数，类型为 int。
- minFractionDigits：指定格式化结果的最小值，带小数，类型为 int。

<fmt:formatNumber>标记实际是对应 java.util.NumberFormat 类，type 属性的可能值包括 currency（货币）、number（数字）和 percent（百分比）。

例如：

```
<fmt:formatNumber value="1000.888" type="currency" var="money"/>
${ money }
```

该结果将被保存在 money 变量中，将根据 Locale 环境显示当地的货币格式。如果没有设置 Locale，在中文客户端浏览器中的结果为：￥1,000.89。

```
<fmt:formatNumber value="123456.7" pattern="#,#00.0#"/>
```

该例显示结果为：123,456.7。

4．<fmt:parseNumber>标记

用于解析数字，并将结果作为 java.lang.Number 类的实例返回。语法格式如下：

```
<fmt:parseNumber value="numericValue"
[type="{number| currency| percent}"]
[pattern="customPattern"]
[parseLocale="parseLocale"]
[integerOnly="{true |false}"]
[var="varName"]
[scope="{page| request | session| application}"]/>
```

其中属性含义如下：

- value：将被解析的字符串，类型为 String。
- type：解析格式化的类型，类型为 String。
- pattern：解析格式化模式，类型为 String。
- var：结果保存变量，类型为 java.lang.Number。
- scope：变量的作用范围，类型为 String。
- parseLocale：以本地化的形式来解析字符串，该属性的内容应为 String 或 java.util. Locale 类型的实例。

例如：

```
<fmt:parseNumber value="15%" type="percent" var="num"/>
```

解析之后的结果为 0.15。

5．<fmt:formatDate>标记

用于格式化日期。语法格式如下：

```
<fmt:formatDate value="date"
[type="{time | date | both}"]
[dateStyle="{default | short | medium | long | full}"]
[timeStyle="{default | short | medium | long | full)"]
```

```
[pattern="customPattern"]
[timeZone="timeZone"]
[var="varName"]
[scope="{page |request|session| application}"]/>
```

其中属性含义如下：

- value：格式化的日期，该属性的内容应该是 java.util.Date 类型的实例。
- type：格式化的类型，类型为 String。
- pattern：格式化模式，类型为 String。
- var：结果保存变量，类型为 String。
- scope：变量的作用范围，类型为 String。
- timeZone：指定格式化日期的时区，类型为 String 或 java.util.TimeZone。

<fmt:formatDate>标记与<fmt:timeZone>、<fmt:setTimeZone>两组标记的关系密切。若没有指定 timeZone 属性，也可以通过<fmt:timeZone>、<fmt:setTimeZone>两组标记设定的时区来格式化最后的结果。

例如：

```
<fmt:formatDate value="${DATE1}" pattern="yyyy-MM-dd hh:mm:ss" type="date"
dateStyle="long" />
```

注：时间 pattern 表示方法：hh:mm:ss 按 12 小时制显示，HH:MM:SS 按 24 小时制显示。

6. <fmt:parseDate>标记

用于解析一个日期，并将结果作为 java.lang.Date 类型的实例返回。语法格式如下：

```
<fmt:parseDate value="dateString"
[type="{time| date| both}"]
[dateStyle="{default | short | medium | long | full}"]
[timeStyle="{default | short | medium | long | full}"]
[pattern="customPattern"]
[timeZone="timeZone"]
[parseLocale="parseLocale"]
[var="varName"]
[scope="{page| request | session |application}"/>
```

其中属性含义如下：

- value：将被解析的字符串，类型为 String。
- type：解析格式化的类型，类型为 String。
- pattern：解析格式化模式，类型为 String。
- var：结果保存变量，类型为 java.lang.Date。
- scope：变量的作用范围，类型为 String。
- parseLocale：以本地化的形式来解析字符串，该属性的内容应为 String 或 java.util.Locale 类型的实例。
- timeZone：指定解析格式化日期的时区，类型为 String 或 java.util.TimeZone。

8.4 SQL 标记库

SQL 标记库中的标记用来提供在 JSP 页面中与数据库进行交互的功能，虽然它的存在对于早期纯 JSP 开发的应用以及小型的开发有着意义重大的贡献，但是对于 MVC 模型来说，它却是违反规范的。因为与数据库交互的工作本身就属业务逻辑层的工作，所以不应该在 JSP 页面中出现，而是应该在模型层中进行。

1．<sql:setDataSource>标记

用于设置数据源。有两种语法格式，一种是 JNDI 数据源（由 WEB 服务器提供），一种是 JDBC 数据源。

语法格式 1：JNDI 数据源：

```
<sql:setDataSource dataSource="dataSource"
[var="varName"]
[scope="scope"]/>
```

语法格式 2：JDBC 数据源：

```
<sql:setDataSource url="jdbcUrl"
driver="driverClassName"
user="userName"
password="password"
[var="varName"]
[scope="scope"]/>
```

其中属性含义如下：

- dataSource：数据来源，类型为 javax.sql.DataSource 或 String。
- driver：JDBC 专有参数，数据库驱动程序的类名称，类型为 String。
- url：JDBC 专有参数，数据库的 URL，类型为 String。
- user：数据库的用户名，类型为 String。
- password：用户对应的密码，类型为 String。
- var：数据源变量，类型为 String。
- scope：变量的作用范围，类型为 String。

例如：

```
<sql:setDataSource
  var="dataSrc"
  url=" jdbc:mysql://127.0.0.1:3306/mytest "
  driver="com.mysql.jdbc.Driver "
  user="root"
  password="root"/>
```

该示例定义一个 JDBC 数据源并保存在 dataSrc 变量内。

如果我们在 Tomcat 中配置了一个 MySQL 数据库连接池（参考例 8-9），其数据源名为 myds。则 JNDI 数据源设置如下：

```
<sql:setDataSource dataSource="myds" var="mysql"/>
```

2．<sql:query>标记

用于查询数据库，它的标记体内可以是一句SQL查询语句。

语法格式1：

```
<sql:query sql="sqlQuery"  var="varName"
[scope="scope"][dataSource="dataSource"]
[maxRows="maxRows"][startRow="startRow"]/>
```

语法格式2：

```
<sql:query var="varName"
[scope="scope"][dataSource="dataSource"]
[maxRows="maxRows"][startRow="startRow"]>
query
  <sql:param/>
</sql:query>
```

其中属性含义如下：

- sql:查询语句，类型为String。
- dataSource：数据来源，类型为javax.sql.DataSource或String。
- maxRow：查询结果的最大行数，如果没有设置或所设值为-1，表示没有最大限制，类型为int。
- startRow：返回查询结果中 startRow 之后的所有行，注意最开始的一行索引为 0，如果没有设置这个值，则从第0行开始返回，类型为int。
- var：查询结果保存变量，类型为String。
- scope：变量的作用范围，类型为String。

例8-9：利用SQL标记查询数据库数据

（1）把MySQL的JDBC驱动拷贝到Tomcat安装目录\common\lib目录下。

（2）配置数据库连接池：在Tomcat安装目录/conf目录下，找到server.xml，并用记事本或写字板打开，在其中找到下面这段代码：

```
<Host name="localhost" appBase="webapps"
        unpackWARs="true" autoDeploy="true"
        xmlValidation="false" xmlNamespaceAware="false">
```

在这段代码的后面添加如下代码：

```
<Context path="/JstlTest" docBase="JstlTest"
      debug="5" reloadable="true" crossContext="true">
    <Resource name="myds" auth="Container" type="javax.sql.DataSource"
            maxActive="5" maxIdle="3" maxWait="10000"
            username="root" password="root" driverClassName="com.mysql.jdbc.Driver"
            url="jdbc:mysql://localhost:3306/mytest?autoReconnect=true"/>
    </Context>
```

（3）新建一个JSP文件，文件名为sqlQuery.jsp。代码如下：

源程序：sqlQuery.jsp

```
<%@ page pageEncoding="gb2312" %>
<%@ taglib prefix="c" uri="http://java.sun.com/jsp/jstl/core" %>
<%@ taglib prefix="sql" uri="http://java.sun.com/jsp/jstl/sql" %>
```

```
<html>
<head>
<title>sql query</title>
</head>
<body>
<h1>学生信息浏览</h1>
  <sql:setDataSource dataSource="myds" var="mysql"/>
  <sql:query sql="select sno,sname from students" var="rs" dataSource="${mysql}"/>
  <table border="1" width="200px">
    <tr >
      <th >学号</th> <th>姓名</th>
    </tr>
  <c:forEach var="row" items="${rs.rows}">
      <tr>
        <td > ${row.sno}</td>   <td >   ${row.sname}</td>
      </tr>
  </c:forEach>
  </table>
</body>
</html>
```

（4）保存、发布、运行：在浏览器中输入地址 http://127.0.0.1/JstlTest/sqlQuery.jsp，结果如图 8-6 所示。

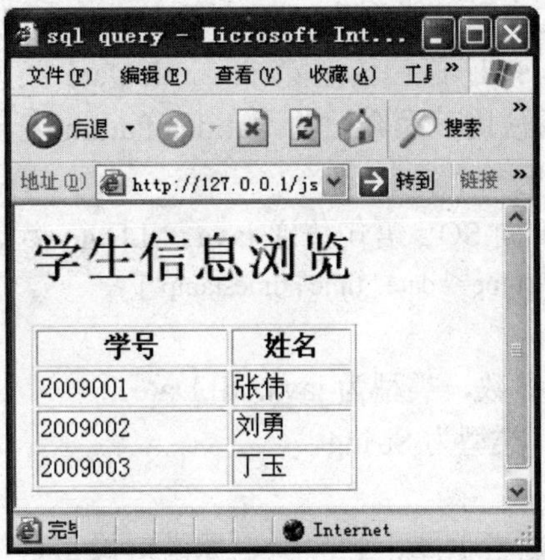

图 8-6　sqlQuery.jsp 运行结果

该示例使用 WEB 服务器的数据库连接池连接数据库，所以在项目中不需要添加数据库驱动程序，但要把数据库驱动拷贝到服务器的 lib 目录下。<sql:setDataSource dataSource="myds" var="mysql"/>标记可以得到一个 JNDI 数据源，并保存到 mysql 变量中，<sql:query…>标记利用 mysql 变量中的数据源，从数据库中查询数据并保存到变量 rs 中。保存的结果是 javax.servlet.jsp.jstl.sql.Result 类型的实例。要取得结果集中的数据可以使用<c:forEach>循环来进行操作。

rows 是 javax.servlet.jsp.jstl.sql.Result 实例的变量属性之一，用来表示数据库表中的“行”集合，循环时，通过${row.xxx}表达式可以取得当前行每一列的数据，xxx 代表表中的列名。

实际开发中，也可以把 JNDI 数据源配置到 web.xml 中。如在本例的 web.xml 文件中添加如下代码：

```
<resource-ref>
    <description>db connection</description>
    <res-ref-name>myds</res-ref-name>
    <res-type>javax.sql.DataSource</res-type>
    <res-auth>Container</res-auth>
</resource-ref>
```

这样我们就不要在 JSP 中使用<sql:setDataSource>标记了。上例的<sql:query sql="select sno,sname from students" var="rs" dataSource="${mysql}"/>可以改为下面形式：

```
<sql:query sql="select sno,sname from students" var="rs" dataSource="myds"/>
```

3. <sql:param>标记

<sql:param>标记用于设置 SQL 预处理语句中的参数，在 SQL 预处理语句中，使用"?"占位符来表示它的参数。若有多个参数，那么参数的设定顺序和占位符的顺序一致。其语法格式如下：

```
<sql:param value="value"/>
```

或：

```
<sql:param>
    value
</sql:param>
```

value 表示 Object 类型的参数，类型为 Object。

<sql:param>标记可以向 SQL 语句传递除 java.util.Date 类型以外的所有类型参数。对于 java.util.Date 类型的参数可以使用下面介绍的<sql:dateParam>标记。

4. <sql:dateParam>标记

<sql:dateParam>标记用于向 SQL 语句传递 java.util.Date 类型的参数。语法格式如下：

```
<sql:dateparam value="value" [type=" date | time | timestamp"]/>
```

其中属性含义如下：

- value：Date 类型的参数，类型为 java.util.Date。
- type：Date 的种类，类型为 String。

5. <sql:update>标记

<sql:update>标记用于更新数据库，它的标记体内可以是一句 SQL 更新语句。其使用和<sql:query>标记没有什么不同。属性与标记<sql:query>的属性基本相同。

6. <sql:transaction>标记

<sql:transaction>标记用于数据库的事务处理，在该标记体内可以使用<sql:update>标记和<sql:query>标记，而<sql:transaction>标记的事务管理将作用于它们之上。语法格式如下：

```
<sql:transaction [dataSource="dataSource"]
[isolation="read_committed | read_uncommitted | repeatable _read| serializable"]
<sql:query>or<sql:update>
<sql:transaction>
```

其中属性含义如下：

- dataSource：数据来源，类型为 javax.sql.DataSource 或 String。
- isolation：事务隔离的级别，类型为 String。<sql:transaction>标记对于事务处理定义了 read_committed、read_uncommitted、repeatable_read 和 serializable 4 个隔离级别。

8.5 XML 标记库

本节内容涉及许多 XML 基础知识，如果读者在前导课程中没有学过 XML 课程，本节可以跳过。

在企业级应用越来越依赖 XML 的今天，XML 格式的数据作为信息交换的优先选择。XML processing 标记库为程序设计者提供了基本的对 XML 格式文件的操作。该标记库中一共有 10 个标记，分为 3 类。

- 核心操作标记：<x:parse>、<x:out>、<x:set>。
- 流程控制标记：<x:if>、<x:choose>、<x:when>、<x:otherwise>、<x:forEach>。
- 转换操作标记：<x:transform>、<x:param>。

8.5.1 核心操作

XML 核心标记有 3 个：<x:parse>、<x:out>和<x:set>。

1．<x:parse>标记

用于解析 XML 文件。基本语法格式如下：

```
<x:parse doc="XMLDocument"
{var="varName"   [scope="scope"] | varDom="var" scopeDom="scope"}
[systemId="systemId"] [filter="filter"]/>
```

其中属性含义如下：

- doc：源 XML 的内容，该属性的内容应该为 String 类型或 java.io.Reader 的实例，可以用 xml 属性来替代，但是不被推荐。
- var：将解析后的 XML 保存在该属性所指定的变量中，之后 XML processing 标记库中的其他标记若要取 XML 中的内容就可以从该变量中得到，类型为 String（可选）。
- scope：变量的作用范围，类型为 String（可选）。
- varDom：指定保存的变量为 org.w3c.dom.Document 接口类型，类型为 String（可选）。
- scopeDom：org.w3c.dom.Document 的接口类型变量作用范围，类型为 String（可选）。
- systemId：定义一个 URI，该 URI 将被使用到 XML 文件中以接入其他资源文件，类型为 String（可选）。
- filter：该属性必须为 org.xml.sax.XMLFilter 类的一个实例，可以使用 EL 表达式传入，将过滤 XML 文件得到自身需要的部分（可选）。

其中，var、scope 和 varDom、scopeDom 不应该同时出现，而应该被视为两个版本来使用，二者的变量都可以被 XML processing 标记库的其他标记使用。

<x:parse>标记单独使用的情况很少，一般会结合 XML processing 标记库中的其他标记来一起工作。

例如：对简单的 XML 文件进行解析，该 XML 文件名为 SampleXml.xml，其代码如下所示。

```
<?xml version="1.0" encoding="UTF-8"?>
  <xml-body>
      <name>xmlSam</name>
      <passWord>parsed</passWord>
      <age>25</age>
      <books>
          <book>book one</book>
          <book>book two</book>
          <book>book three</book>
      </books>
</xml-body>
```

标记库的工作：

```
<c:import var="xmlFile" url="/SampleXml.xml"/>
<x:parse var=" parseFile" doc="${xmlFile}"/>
```

该示例读取 XML 文件得到了<c:import>标记的帮助，<c:import>标记将源 XML 文件的内容保存在 xmlFile 变量中，<x:parse>标记根据 xmlFile 变量的值解析 SampleXml.xml。

2．<x：out>标记

<x:out>标记从<x:parse>标记解析后保存的变量中取得需要的 XML 文件内容，并显示在页面上。该标记是通过 XPath 技术（定位 XML 元素的一种技术）来实现的。其语法格式如下：

```
<x:out select="xPathExpression" [escapeXml="{true | false}"]/>
```

其中属性含义如下：

- select：XPath 表达式，类型为 String。
- escapeXml：当特殊字符如<、>、&、'、"等出现在取得的结果字符串中时，将以转义字符来替换，类型为 boolean。

注意 要使用<x:out>标记必须将 xalan-j.jar 包保存到 WEB-INF/lib 中，xalan-j 下载地址为：http://www.apache.org/dyn/closer.cgi/xml/xalan-j。

例 8-10：<x:parse>与<x:out>标记应用示例

（1）新建一个 xml 文件：在 MyEclipse 环境下，在包浏览视图中的 WebRoot 目录上右击，在弹出菜单中选择“New”→“XML（Basic Templates）”，在打开的“New XML File”对话框中输入文件名 book.xml。单击“finish”按钮后，在代码窗口输入下面的代码：

源程序：book.xml

```
<?xml version="1.0" encoding="utf-8"?>
<xml-body>
   <books>
      <book>
```

```
            <title>cobol</title>
            <author>roy</author>
        </book>
        <book>
            <title>java</title>
            <author>herbert</author>
        </book>
        <book>
            <title>c++</title>
            <author>robert</author>
        </book>
    </books>
</xml-body>
```

（2）新建 JSP 文件，代码如下：

源程序：xmlTagTest.jsp

```
<%@ page   pageEncoding="utf-8"%>
<%@ taglib prefix="c" uri="http://java.sun.com/jsp/jstl/core" %>
<%@ taglib prefix="x" uri="http://java.sun.com/jsp/jstl/xml" %>
<html>
    <head>
        <title>TEST</title>
    </head>
    <body>
        <c:import url="/book.xml" var="xmlFile"/>
        <x:parse var="parseXmlFile" doc="${xmlFile}"/>
        name：<x:out select="$parseXmlFile/xml-body/books/book/author"/><br>
    </body>
</html>
```

上例中，<c:import>标记读取 xml 文件，<x:parse>标记解释 xml 文件并保存到变量 parseXmlFile 中，<x:out>标记用 **“$”** 作为 XPath 表达式的开头，select 中的表达式将从 xml-body 根元素下查找 **books/book/author** 子元素，最后将结果显示在页面上。根据 book.xml 文件的内容将显示：name：roy。

3．<x:set>标记

<x:set>标记允许将某个源 XML 中元素的实体内容或属性保存到一个变量中去，它的实现也依靠 XPath 技术。语法格式如下：

```
<x:set select="xPathExpression" var="varName" [scope="scope"]/>
```

其中属性含义如下：

- select：XPath 表达式，类型为 String。
- var：保存结果的变量名，类型为 String。
- scope：变量的作用范围，类型为 String（可选）。

<x:set>标记的 var 保存的变量由 XPath 的结果决定该变量的类型，例如：

```
<c:import var="xmlFile" url="/SampleXml.xml"/>
<x:parse var="parseXmlFile" doc="${xmlFile}"/>
```

```
<x:set select="$ parseXmlFile /xml-body/name" var="name"/>
```

这里将保存 XML 中的 name 元素内容到变量 name 中。

8.5.2 流程控制

XML 流程控制标记有 5 个：<x:if>、<x:choose>、<x:when>、<x:otherwise>和<x:forEach>。

1．<x:if>标记

<x:if>标记允许由 XPath 的 boolean()函数得到的结果来判断是否显示其标记所包含的内容。语法格式如下：

```
<x:if select="XPathExpression" var="varName"[scope="scope"]>
  Body content
</x:if>
```

其中属性含义如下：

- select：需要判断的条件，类型为 boolean。
- var：保存判断结果 true 或 false 的变量名，该变量可供之后的工作使用，类型为 String（可选）。
- scope：变量的作用范围，类型为 String（可选）。

<x:if>标记的属性与<x:set>标记相同，但是 var 的结果只能是 boolean 类型。

例如：

```
<c:set var="s" value="roy"></c:set>
<c:import url="/book.xml" var="xmlFile"/>
<x:parse var="parseXmlFile" doc="${xmlFile}"/>
<x:if select="$parseXmlFile/xml-body/books/book/author=$s">
  <x:out select="$parseXmlFile/xml-body/books/book/title"/>
</x:if>
```

2．<x:choose>标记

<x:choose>标记用于条件选择，可以被认为是父标记，<x:when>、<x:otherwise>将作为其子标记来使用。语法格式如下：

```
<x:choose>
 body content(<when>and<otherwise>)
</x:chosse>
```

3．<x:when>标记

<x:when>标记代表了<x:choose>的一个分支。语法格式如下：

```
<x:when select="XPathExpression">
    body content
</x:when>
```

<x:when>标记等价于 if 语句，它包含一个 select 属性，该属性为 XPath 判断表达式。

4．<x:otherwise>标记

<x:otherwise>标记代表了<x:choose>的最后一个选择。语法格式如下：

```
<x:otherwise>
   body content
</x:otherwise>
```

<x:otherwise>标记没有属性，它等价于 else 语句。

5．<x:forEach>标记

<x:forEach>标记对 XML 文件中同一名称元素的循环控制标记。语法格式如下：

```
<x:forEach [var="varName"]select="XPathExpression">
[varStatus="varStatusName"]
[begin="begin"][end="end"][step="step"]>
 body content
</x:forEach>
```

其中属性含义如下：

- select：XPath 表达式，结果是一个集合，将对该集合进行循环，类型为 String（可选）。
- begin：开始条件，类型为 int（可选）。
- end：结束条件，类型为 int（可选）。
- step：循环的步长，默认为 1，类型为 int（可选）。
- var：循环的对象变量名，表示 XPath 表达式结果集合中的一个对象，类型为 String（可选）。
- varStatus：显示循环状态的变量，类型为 String（可选）。

例 8-11：输出 book.xml 文件中的所有书名和作者

源程序：forEachTest.jsp

```
<%@ page   pageEncoding="utf-8"%>
<%@ taglib prefix="c" uri="http://java.sun.com/jsp/jstl/core" %>
<%@ taglib prefix="x" uri="http://java.sun.com/jsp/jstl/xml" %>
<html>
  <head>
    <title> XML 标记测试</title>
  </head>
  <body>
   <c:import url="/book.xml" var="xmlFile"/>
   <x:parse var="parseXmlFile" doc="${xmlFile}"/>
   <x:forEach select="$parseXmlFile//book" var ="item">
       书名：  <x:out select="$item/title"/>   
       作者：  <x:out select="$item/author"/><br>
   </x:forEach>
  </body>
</html>
```

该示例使用循环读取 XML 中所有 book 节点，每次循环输出 book 节点下的两个子元素内容。

8.5.3 转换操作

1．<x:transform>标记

<x:transform>标记允许使用 XSLT（转换 XML 格式的语言）为页面的显示数据做格式化的处理。语法格式如下：

```
<x:transform doc="XMLDocument"
xslt="XSLTStylesheet" [docSystemId="XMLSystemId"]
[xsltSystemId="XSLTSystemId"]
{var="varName"[scope="scope"] | result="resultObject"}/>
```

或：

```
<x:transform doc="XMLDocument"
xsh="XSLTStylesheet"[docSystemId="XMLSystemid"]
[xsltSystemId="XSLTSystemld"]
{var="varName"[scope="scope" ] | result="resultObject"}>
 <x:param/>
</x:transform>
```

其中属性含义如下：

- doc：源 XML 的内容，该属性的内容应该为 String、java.io.Reader、Javax.xml.transform.Source、org.w3c.domDocument 的实例，或从<x:parse>、<x:set>两个标记得到。
- xslt：指向 xslt 样式表，该属性的内容应该为 String、java.io.Reader、javax.xml.transform.Source 的实例。
- docSystemId：定义一个 URI，该 URI 将被使用到 XML 文件中以接入其他资源文件，可以用 xmlSystemId 属性来替代，但是不推荐使用，类型为 String（可选）。
- xsltSystemId：定义一个 URI，该 URI 将被使用到 XSLT 文件中以接入其他资源文件，类型为 String（可选）。
- var：将格式化后的 XML 文件保存在该属性所指定的变量中，保存的变量为 org.w3c.domDocument 接口类型（可选）。
- scope：变量的作用范围，类型为 String（可选）。
- result：保存转化结果的变量，保存的变量为 javax.xml.transform.Result 类型的。

例 8-12：<x:transform>应用示例

将例 8-10 创建的 book.xml 转换为 HTML。

新创建一个 JSP 文件，文件名为 x_transform.jsp。代码如下：

源程序：x_transform.jsp

```
<%@ page pageEncoding="utf-8"%>
<%@ taglib prefix="c" uri="http://java.sun.com/jsp/jstl/core" %>
<%@ taglib prefix="x" uri="http://java.sun.com/jsp/jstl/xml" %>
   <c:import url="/book.xml" var="xmlFile"/>
   <%-- 定义 xslt 样式表 --%>
   <c:set var="xsltdoc">
     <?xml version="1.0"?>
     <%-- 指定样式表命名空间 --%>
     <xsl:stylesheet xmlns:xsl="http://www.w3.org/1999/XSL/Transform" version="1.0">
      <xsl:template match="/">
          <xsl:apply-templates/>
      </xsl:template>
      <%-- 定义 xml-body 元素模板 --%>
      <xsl:template match="xml-body">
```

```
            <html>
                <head></head>
                <body marginheight="0" marginwidth="0"   topmargin ="0" leftmargin="0">
                    <table border="1">
                        <tr>
                            <th>书名</th> <th>作者</th>
                        </tr>
                        <%-- 对所有 book 元素进行循环 --%>
                        <xsl:for-each select="books/book">
                        <tr>
                            <%-- 查找 title 元素内容并输出 --%>
                            <td><xsl:value-of select="title"/></td>
                            <%-- 查找 author 元素内容并输出 --%>
                            <td><xsl:value-of select="author"/></td>
                        </tr>
                        </xsl:for-each>
                    </table>
                </body>
            </html>
        </xsl:template>
        </xsl:stylesheet>
    </c:set>
    <%-- 按 xslt 样式表转换 XML 文档并输出 --%>
    <x:transform xslt="${xsltdoc}" doc="${xmlFile}"/>
```

本例运行结果如图 8-7 所示。

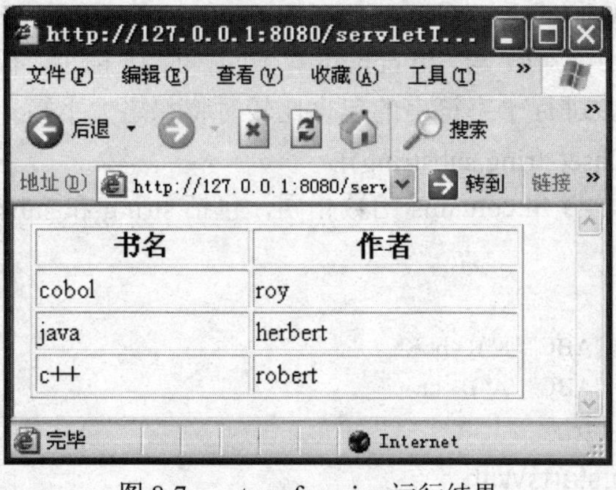

图 8-7 x_transform.jsp 运行结果

这个示例将 XML 文件保存的数据信息利用<c:import>保存在 xmlFile 中，然后使用<c:set>标记保存 XSLT 的源（XSL 样式表）到 xsltdoc，最后通过<x:transform>格式化 XML 文件的数据并显示在页面上。

2．<x:param>标记

<x:param>标记用于在格式化 XML 时传递所需要的参数。它的属性描述与<c:param>标记相同，这里不再赘述。

8.6 Function 标记库

Functions 标记库与其称为标记库，倒不如称呼其为函数库来得更容易理解些。因为Functions 标记库并没有提供传统的标记来为 JSP 页面的工作服务，而是用于 EL 表达式语句中。在 JSP 2.0 规范下出现的 Functions 标记库为 EL 表达式语句提供了许多更为有用的功能。Functions 标记库分为两大类，共 16 个函数。

- 字符串处理函数：fn:contains、fn:containsIgnoreCase、fn:startsWith、fn:endsWith、fn:indexOf、fn:replace、fn:substring、fn:substringBefore、fn:substringAfter、fn:split、fn:join、fn:toLowerCase、fn:toUpperCase、fn:trim、fn:escapeXml。
- 长度函数：fn:length。

1．判断函数 fn:contains

fn:contains 函数用来判断源字符串是否包含子字符串。语法格式如下：

${fn:contains(string,substring)}

参数和返回结果的描述如下：

- string：参数，源字符串，其类型必须为 String 类型。
- substring：参数，子字符串，其类型必须为 String 类型。
- result：返回一个 boolean 类型的值。

例如：

```
${fn:contains("ABC","a")}<br>
${fn:contains("ABC","A")}<br>
```

前者返回 false，后者返回 true。

2．判断函数 fn:containsIgnoreCase

fn:containsIgnoreCase 函数与 fn:contains 函数的功能差不多，唯一的区别是 fn:containsIgnoreCase 函数进行子字符串的包含比较时将忽略大小写。语法格式如下：

${fn:containsIgnoreCase(string,substring)}

fn:containsIgnoreCase 与 fn:contains 函数相同，包括 string 和 substring 两个参数，并返回一个 boolean 类型的值。

例如：

```
${fn:containsIgnoreCase("ABC","a")}<br>
${fn:containsIgnoreCase("ABC","A")}<br>
```

前者和后者都会返回 true。

3．词头判断函数 fn:startsWith

fn:startsWith 函数用来判断源字符串是否为某特定子串开头。语法格式如下：

${fn:startsWith(string,prefix)}

参数和返回结果的描述如下。

- string：参数，源字符串，其类型必须为 String 类型。
- prefix：参数，词头字符串，其类型必须为 String 类型。
- result：返回一个 boolean 类型的值。

例如：

${fn:startsWith("ABC","ab")}

${fn:startsWith("ABC","AB")}

前者返回 false，后者返回 true。

4．词尾判断函数 fn:endsWith

fn:endsWith 函数用来判断源字符串是否为某特定子串结尾。语法格式如下：

${fn:endsWith(string,suffix))

参数和返回结果的描述如下。

- string：参数，源字符串，其类型必须为 String 类型。
- suffix：参数，词尾字符串，其类型必须为 String 类型。
- result：返回一个 boolean 类型的值。

例如：

${fn:endsWith("ABC","bc")}

${fn:endsWith("ABC","BC")}

前者返回 false，后者返回 true。

5．字符匹配函数：fn:indexOf

fn:indexOf 函数用于取得子字符串与源字符串匹配的开始位置，若子字符串与源字符串中的内容没有匹配成功则返回-1。语法格式如下：

${fn:indexOf(string,substring))

参数和返回结果的描述如下。

- string：参数，源字符串，其类型必须为 String 类型。
- substring：参数，词头字符串，其类型必须为 String 类型。
- result：返回一个 int 类型的值。

例如：

${fn:indexOf("ABCD","aBC")}

${fn:indexOf("ABCD","BC")}

前者由于没有匹配成功，所以返回-1，后者匹配成功将返回位置的下标 1。

6．替换函数 fn:replace

fn:replace 函数允许对源字符串做替换的工作。语法格式如下：

${fn:replace(inputString,beforeSubString,afterSubString)}

参数和返回结果的描述如下。

- inputString：参数，源字符串，其类型必须为 String 类型。
- beforeSubstring：参数，指定被替换字符串，其类型必须为 String 类型。
- afterSubstring：参数，指定替换字符串。其类型必须为 String 类型。
- result：返回一个 String 类型的值。

例如：

${fn:replace("ABC","A","B")}

将 ABC 字符串替换为 BBC，在 ABC 字符串中用 B 替换了 A。

7．取子字符串函数 fn:substring

fn:substring 函数用于截取字符子串。语法格式如下：

```
${fn:substring(string,beginIndex,endIndex)}
```

参数和返回结果的描述如下。

- string：参数，源字符串，其类型必须为 String 类型。
- beginIndex：参数，指定起始下标（值从 0 开始），其类型必须为 int 类型。
- endIndex：参数，指定结束下标（值从 0 开始），其类型必须为 int 类型。
- result：返回一个 String 类型的值。

例如：

```
${fn:substring("ABC","1","2")}<br>
```

截取结果为 B。

8．从起始到定位子串截取字符子串函数 fn:substringBefore

fn:substringBefore 函数用于截取源字符串，从开始到某个定位子串之间的字符串。语法格式如下：

```
${fn:substringBefore(string,substring))
```

参数和返回结果的描述如下。

- string：参数，源字符串，其类型必须为 String 类型。
- substring：参数，定位子串，其类型必须为 String 类型。
- result：返回一个 String 类型的值。

例如：

```
${fn:substringBefore("ABCD","BC")}<br>
```

截取的结果为 A。

9．从定位子串到结尾截取字符子串函数 fn:substringAfter

fn:substringAfter 函数用于截取从某个定位子串到结尾的字符子串。语法格式如下：

```
${fn:substringAfter(string,substring)}
```

参数和返回结果的描述如下。

- string：参数，源字符串，其类型必须为 String 类型。
- substring：参数，定位子串，其类型必须为 String 类型。
- result：返回一个 String 类型的值。

例如：

```
${fn:substringAfter("ABCD","BC")}<br>
```

截取的结果为 D。

10．分隔符转换数组函数 fn:split

fn:split 函数用于将一组由分隔符分隔的字符串转换成字符串数组。语法格式如下：

```
${fn:split(string,delimiters)}
```

参数和返回结果的描述如下。

- string：参数，源字符串，其类型必须为 String 类型。
- delimiters：参数，指定分隔符。其类型必须为 String 类型。
- 返回结果：返回一个 String[]类型的值。

例如：

```
${fn:split("A,B,C",",")}<br>
```

将“A,B,C”字符串转换为数组{"A","B","C"}。

11．分隔符函数 fn:join

fn:join 函数允许为一个字符串数组中的每一个字符串加上分隔符，并连接起来。语法格式如下：

```
${fn:join(array,separator))
```

参数和返回结果的描述如下。

- array：参数，字符串数组。其类型必须为 String[ ]类型。
- separator：参数，分隔符。其类型必须为 String 类型。
- result：返回一个 String 类型的值。

例如：

```
<%String[]stringArray={"a","b","c"};%>
<% request.getSession().setAttribute("stringArray",stringArray);%>
$(fn:join(sessionScope.stringArray, ",")}<br>
```

定义数组并放置在 session 中，然后通过 session 得到该字符串数组，使用 fn:join 函数并传入分隔符“,”，得到的结果为“a,b,c”。

12．小写转换函数 fn:toLowerCase

fn:toLowerCase 函数允许将源字符串中的字符全部转换成小写字符。语法格式如下：

```
${fn:toLowerCase(string)}
```

参数和返回结果的描述如下。

- string：参数，源字符串。其类型必须为 String 类型。
- result：返回一个 String 类型的值。

例如：

```
${fn:toLowerCase("ABCD")}<br>
```

转换的结果为 abcd。

13．大写转换函数 fn:toUpperCase

fn:toUpperCase 函数允许将源字符串中的字符全部转换成大写字符。语法格式如下：

```
${fn:toUpperCase(string)}
```

参数和返回结果的描述如下。

- string：参数，源字符串。其类型必须为 String 类型。
- result：返回一个 String 类型的值。

例如：

```
${fn:toUpperCase("abcd")}<br>
```

转换的结果为 ABCD。

14．空格删除函数 fn:trim

fn:trim 函数将删除源字符串中结尾部分的“空格”以产生一个新的字符串。语法格式如下：

```
${fn:trim(string)}
```

参数和返回结果的描述如下。

- string：参数，源字符串。其类型必须为 String 类型。
- result：返回一个 String 类型的值。

例如：

```
${fn:trim("AB C    ")}D<br>
```

转换的结果为“AB CD”。注意，它将只删除词尾的空格而不是全部，因此 B 和 C 之间仍然留有一个空格。

15. 字符实体转换函数 fn:escapeXml

fn:escapeXml 函数用于将所有特殊字符转化为字符实体码。语法格式如下：

```
${fn:escapeXml(string)}
```

参数和返回结果的描述如下。

- string：参数，源字符串。其类型必须为 String 类型。
- result：返回一个 String 类型的值。

16. 长度函数 fn:length

长度函数 fn:length 的出现有重要的意义。在 JSTL 1.0 中，有一个功能被忽略了，那就是对集合的长度取值。虽然 java.util.Collection 接口定义了 size 方法，但是该方法不是一个标准的 JavaBean 属性方法（没有 get 和 set 方法），因此，无法通过 EL 表达式${collection.size)来轻松取得。

fn:length 函数正是为了解决这个问题而被设计出来的，它将计算通过该属性传入的对象长度。语法格式如下：

```
${fn:length(input)}
```

参数和返回结果的描述如下。

- input：参数，集合类型或 String 类型。
- result：返回一个 int 类型的值。

例如：

```
<% ArrayList arrayList1=new ArrayList();
arrayList1.add("aa");
arrayList1.add("bb");
arrayList1.add("cc");
%>
<% request.getSession().setAttribute("arrayList1",arrayList1); %>
${fn:length(sessionScope.arrayList1)}
```

假设 ArrayList 类型的实例 arrayList1，并为其添加 3 个字符串对象，使用 fn:length 函数后就可以取得返回结果 3。

8.7 JSTL 实用案例

例 8-13：使作 JSTL 与 EL 实现数据分页显示（基于数据缓存方式）

（1）配置 JNDI 数据源。在 Tomcat 中配置数据库 myds，如果在例 8-9 中已经配置好了，本步可以省略，否则请按例 8-9 进行数据源配置。

（2）新建 JSP 文件。文件名为 students.jsp，代码如下：

源程序：students.jsp

```
<%@ page pageEncoding="gb2312" contentType="text/html" %>
<%@ taglib prefix="c" uri="http://java.sun.com/jsp/jstl/core" %>
```

```
<%@ taglib prefix="fmt" uri="http://java.sun.com/jsp/jstl/fmt" %>
<%@ taglib prefix="sql" uri="http://java.sun.com/jsp/jstl/sql" %>
<html>
  <head>
    <title>学生信息</title>
  </head>
  <%--设置数据源--%>
  <sql:setDataSource dataSource="myds" var="mysql" scope="session"/>
  <%--查询数据，并保存到 session 中 --%>
   <c:if test="${empty rs}">
    <sql:query sql="select sno,sname,ssex,sage from students"
     var="rs" dataSource="${mysql}" scope="session"/>
    <%--计算记数总数（行数），并保存到 session 中 --%>
    <c:set var="rowNum" value="${rs.rowCount}" scope="session"/>
   </c:if>
   <%-- 设置页大小，这是一个常量，实际设计，根据需要设置不同的值--%>
   <c:set var="pageSize" value="2" scope="session"></c:set>
   <%--计算显示页，从参数 pages 中取出参数值，如果是第一次（pages=null ），则取值为“1” --%>
   <c:set var="displayPage"
     value="${empty param.pages?1:param.pages}" scope="session">
    </c:set>
   <%--计算显示页的开始行，注意行号是从 0 开始 --%>
   <c:set var="beginRow" scope="session">
     ${(displayPage-1)*pageSize }
   </c:set>
   <%--计算显示页的结束行 --%>
   <c:set var="endRow" scope="session">
     ${(displayPage-1)*pageSize+ pageSize-1}
   </c:set>
   <%--计算总页数--%>
   <c:choose>
    <c:when test="${rowNum % pageSize==0}">
      <c:set var="totalPage" scope="session">
         <%--格式化为整数。EL 表达式中，两个整数相除不会自动转换为整数--%>
        <fmt:parseNumber value="${rowNum / pageSize}" integerOnly="true"/>
      </c:set>
    </c:when>
    <c:otherwise>
      <c:set var="totalPage" scope="session">
        <fmt:parseNumber value="${rowNum / pageSize+1}" integerOnly="true"/>
      </c:set>
    </c:otherwise>
   </c:choose>
   <%--结束变量设置 --%>
   <body>
    <table border="1" width="400px">
```

```
    <tr>
      <th >学号</th> <th>姓名</th> <th >性别</th> <th>年龄</th>
    </tr>
   <%--遍历 begin 到 end 之间的记录。对于最后一页，记录数有可能小于页大小，本例对 endRow
的计算方法没有考虑这个因素（如果使用 java 的 for 循环，必须考虑这个因素，否则会发生异常），这是因
为，<c:forEach>会根据 items 的大小自动控制循环次数 --%>
  <c:forEach var="row" items="${rs.rows}" begin="${beginRow}" end="${endRow}">
    <tr>
      <td > ${row.sno}</td>   <td >   ${row.sname}</td>
      <td > ${row.ssex}</td>   <td >   ${row.sage}</td>
    </tr>
  </c:forEach>
  </table>
      <a href="students.jsp?pages=1">第一页</a>
   <c:if test="${displayPage gt 1}">
      <a href="students.jsp?pages=${displayPage-1}">上一页</a>
   </c:if>
   <c:if test="${displayPage<totalPage}">
     <a href="students.jsp?pages=${displayPage+1}">下一页</a>
   </c:if>
     <a href="students.jsp?pages=${totalPage}">最后一页</a>
 </body>
</html>
```

本例运行结果如图 8-8 所示。

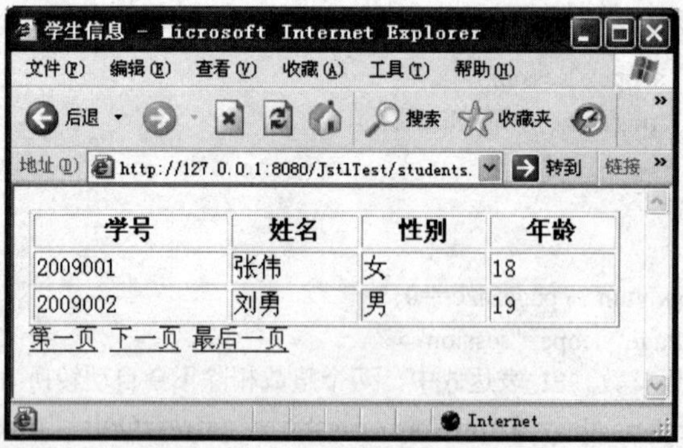

图 8-8　students.jsp 运行结果

习题八

1. 填空题

（1）Standard-1.1 Taglib（JSTL 1.1）支持 Servlet 2.4 和________规范。

（2）<fmt:setTimeZone>标记的作用是用于设定________。

（3）<c:otherwise>标记等价于________语句。

（4）________标记的作用是循环控制。

（5）<x:out>标记是通过________技术（定位 XML 元素的一种技术）来实现的。

（6）JSTl 函数库中，________函数用来判断源字符串是否符合一连串的特定词尾。

（7）JSTl 函数库中，________函数用来判断源字符串是否包含子字符串。

（8）fn:toLowercase 函数允许将源字符串中的字符全部转换成________字符。

2. 选择题

（1）下面（　）不是 Core 标记库的条件处理标记。

A．<c:choose>　　B．<c:when>

C．<c:otherwise>　　D．<c:catch>

（2）下面（　）不是<fmt:setBundle>标记所具有的属性。

A．basename　　B．var

C．scope　　D．bundle

（3）下面（　）标记是用来设置时区的。

A. fmt:timeZone>　　B．<fmt:setTimeZone>

C．<fmt:formatDate>　　D．<fmt:parseDate>

（4）下面（　）不是判断函数。

A．fn:contains　　B．fn:containsIgnoreCase

C．fn:endsWith　　D．fn:substring

（5）流程控制有（　）标记。

A．<x:if>　　B．<x:choose>

C．<x:when>　　D．<x:otherwise>

3. 上机题

（1）设计一个国际化的用户注册页面。

（2）使用 core 标记库编写一段程序打印 1～10。

第九章　Filter 和 Listener

本章要点

Filter 和 Listener 都是 JSP 1.2 和 servlet 2.3 中新引入的功能。在 Servlet 2.4 和 JSP 2.0 中对它们又进行了加强。本章将详细讲解 Filter 和 Listener 的编程技术。

9.1　Filter

9.1.1　Filter 概述

Filter，顾名思义，就是过滤器。在 JSP/Servlet 编程中，它可以用在如下情景中：

- 在客户端请求某个网页（HTML/JSP/Servlet）之前，让过滤器先对其进行适当的“过滤”；或者在服务器端对客户端的请求做出响应之前，让过滤器先对其进行适当的“过滤”；
- 在从一个页面跳转（forward）到其他页面的时候；
- 在包含（include）其他的内容的时候；
- 在发生错误的时候。

在实际的应用中，可以使用过滤器来完成以下任务：

（1）访问特定资源（HTML、JSP 页、Servlet）时的身份认证。

（2）应用程序级的访问资源的审核和记录。

（3）应用程序范围内对资源的加密访问，它建立在定制的加密方案基础上。

（4）对被访问资源的及时转换，包括从 Servlet 和 JSP 的动态输出等。

Filter 的基本工作原理：当在 web.xml 中注册了一个 Filter 来对某个 Servlet 程序进行拦截处理时，这个 Filter 就成了 Servlet 容器与该 Servlet 程序的通信线路上的一道关卡，该 Filter 可以对 Servlet 容器发送给 Servlet 程序的请求和 Servlet 程序回送给 Servlet 容器的响应进行拦截，可以决定是否将请求继续传递给 Servlet 程序，以及对请求和响应信息是否进行修改。在一个 WEB 应用程序中可以注册多个 Filter 程序，每个 Filter 程序都可以对一个或一组 Servlet 程序进行拦截。若有多个 Filter 程序对某个 Servlet 程序的访问过程进行拦截，当针对该 Servlet 的访问请求到达时，WEB 容器将把这多个 Filter 程序组合成一个 Filter 链（过滤器链）。Filter 链中各个 Filter 的拦截顺序与它们在应用程序的 web.xml 中映射的顺序一致。

9.1.2　Filter 的实现

下面来看一个简单的例子，来说明如何编写一个 Filter，以及 Filter 的运行机制。要编写一个 Filter，可以通过以下的步骤：

（1）创建一个类，实现 javax.servlet.Filter 接口，并且实现其中的 init()、doFilter()和destroy()方法。其中，init()方法是它的初始化方法，在 Filter 装载的时候被自动调用；doFilter()方法是 Filter 类的核心方法，希望过滤器完成的功能，都应该放到这个方法中；而destroy()方法是当 Filter 销毁的时候调用的方法。

（2）将过滤的任务放到 doFilter()方法中，这个方法有三个参数：ServletRequest、ServletResponse 和 FilterChain，其中 ServletRequest 和 ServletResponse 为传递给方法的请求和响应参数，而 FilterChain 是用来把请求和响应传递给下一个 Filter 或者其他 JSP/Servlet 等资源。

（3）在 doFilter()中调用 FilterChain 的 doFilter()方法，它只有两个参数：ServletRequest 和 ServletResponse，通常只要将 Filter 的 doFilter()方法的前两个当作它的参数就可以了。

（4）在 web.xml 注册这个 Filter，并指定它将过滤的页面。

例 9-1：一个简单的 Filter 实现

这个例子中，定义一个 Filter，它将会在一个文本文件上写入客户的的访问时间和 IP 地址，当客户端请求此网站的任何一个资源时，都需要先通过这个过滤器。下面来看这个过滤器的定义：

（1）新建一个项目：项目名为 FilterAndListener，本章例题都在该项目中完成。

（2）新建一个包：包名为 com.csmy.filter。

（3）新建一个类：类名为 Myfilter。该类一定要实现 javax.servlet.Filter 接口。代码如下：

源文件：Myfilter.java

```
package com.csmy.filter;
import java.io.*;
import java.util.Date;
import javax.servlet.*;
import javax.servlet.http.*;
public class Myfilter implements Filter {
  public void doFilter(ServletRequest req, ServletResponse res,
          FilterChain chain) throws IOException, ServletException {
          HttpServletRequest request=(HttpServletRequest)req;
          //获取 WEB 应用根目录
          String path=request.getSession().getServletContext().getRealPath("/");
          // 把文件放到 WEB 应用根目录下
          File file = new File(path+"test.txt");
          ///可追加方式打开文件，这样每一个客户访问该网站都会添加一行信息
          FileWriter resultFile = new FileWriter(file,true);
          PrintWriter myFile = new PrintWriter(resultFile);
          String clientIP =request.getRemoteAddr();//获取客户端 IP
          Date date=new Date();
          myFile.print("时间："+date+" ");
          myFile.println("客户 IP："+clientIP);
          resultFile.close(); //关闭文件流
          //把请求和响应传递给下一个 Filter 或者其他 JSP/Servlet 等资源
          chain.doFilter(req, res);
```

```
    }

    public void init(FilterConfig config) throws ServletException {
        //初始化方法
    }

    public void destroy() {

    }
}
```

（4）配置过滤器：过滤器要起作用必需在 web.xml 中添加如下配置代码。

```
…
<filter>
    <filter-name>Myfilter</filter-name>
    <filter-class>com.csmy.filter.Myfilter</filter-class>
  </filter>
  <filter-mapping>
    <filter-name>Myfilter</filter-name>
    <url-pattern>/*</url-pattern>
  </filter-mapping>
…
```

这个配置和前面的 Servlet 的映射配置有点类似：<filter>标记用于为过滤器类定义一个别名，而<filter-mapping>中，用于配置哪些资源需要用到这个过滤器，在这个例子中，<url-pattern>/*</url-pattern>表示该过滤器对本网站所有资源进行过滤（拦截）。如果只对某个目录的资源进行过滤（如对目录 auth 下的资源过滤），可以这样配置：

```
<url-pattern>/auth/*</url-pattern>
```

如果要对不同资源进行不同的控制，就可以用不同目录来组织文件，然后用不同的过滤器对不同目录下的资源进行拦截与控制。

注意 <filter>和<filter-mapping>中的<filter-name>中的过滤器名称一定要一致。

（5）新建一个 JSP 文件：如新建一个 Main.jsp。

（6）运行与测试：重新启动 Tomcat，然后，在客户端浏览器中调用任何一个资源（如 Main.jsp），看看是否在 Tomcat 的根目录/webapps/FilterAndListenter 下产生了一个 test.txt 文本文件。

9.1.3 Filter 的应用

1. 处理权限控制

上面这个例子可以用于查看客户的分布。下面来看一个更常用的功能：在实际的应用中，通常都是需要对网站的部分或全部网页进行权限控制。在 Servlet 2.3 之前的解决方法通常是：如果用户登录了此网站，并且具有访问权限，那么将其信息保存在 session 中，然后，在每个需要权限控制的页面中都去验证是否产生了合法的 session。而通过 Filter，可以更容易地实现这个功能：将所有需要验证的资源组织起来，对这些资源的访问都必须经过过滤器，而在过滤器中，判断客户端的访问是否已经得到授权，如果没有，则跳转到登录页面，否则，就显示客户请求的资源。

在实际开发中，可以将所有需要进行权限控制的内容都放在某个特定目录（如"auth"）下。对于 JSP 和 HTML 程序，只需要在 WebRoot 目录下建立一个"auth"目录，将它们放在这个目录下就可以了，而对于 Servlet 文件，可以将 Servlet 的虚拟路径设置为 auth，如下面是 HelloWorld 在 web.xml 中的设置：

```
<servlet>
  <servlet-name>hello</servlet-name>
  <servlet-class>com.csmy.HelloWorld</servlet-class>
</servlet>
<servlet-mapping>
  <servlet-name>hello</servlet-name>
  <url-pattern>/auth/HelloWorld</url-pattern>
  </servlet-mapping>
```

下面来看如何通过 Filter 来实现权限控制。

例 9-2：用过滤器来实现权限控制

（1）在 MyEclipse 的"package explorer"视图中，右击 WebRoot 目录，在弹出菜单中选择"New"→"Folder"，在打开的"New Folder"对话框中，输入文件夹名（Folder Name）：auth，单击"Finish"按钮。

（2）把例 9-1 创建的 Main.jsp 移到 auth 目录下，或在 auth 目录下创建新的 JSP 文件。

（3）在 WebRoot 目录下创建一个登录页面 Login.jsp，代码请参考前面章节的例子。

（4）新建一个过滤器：类名 LoginCheckFilter.java。代码如下：

源文件：LoginCheckFilter.java

```
package com.csmy.filter;
import java.io.IOException;
import javax.servlet.*;
import javax.servlet.http.*;
public class LoginCheckFilter implements Filter {
  public void destroy() {
  }

  public void doFilter(ServletRequest req, ServletResponse res,
              FilterChain chain) throws IOException, ServletException {
      HttpServletRequest request=(HttpServletRequest)req;
      HttpServletResponse response=(HttpServletResponse)res;
      //通过判断 session 中是否具有 auth 参数来判断用户是否已经登录
      HttpSession session=request.getSession(true);
        //判断是否登录
      if(session.getAttribute("auth")!=null){
        //把请求和响应传递给下一个 Filter 或者用户访问的资源
        chain.doFilter(req,res);
      }else{
```

```
                //转到登录页面
                request.getRequestDispatcher("/Login.jsp").forward(request, response);
            }
        }

        public void init(FilterConfig config) throws ServletException {
        }
    }
```

在这个例子中，所有对 auth 目录下任何资源的访问都会首先通过这个过滤器，那么就可以在这个 filter 程序中去判断该用户是否已经得到授权（在这个例子中，用户只要登录就可以了），如果已经登录，那么就转到下一个过滤器或用户请求的资源（由代码 chain.doFilter(req,res)实现），否则，则跳转到 Login.jsp，让用户登录。

（5）配置过滤器：在 web.xml 中添加如下配置代码。

```
<filter>
    <filter-name>loginCheckFilter</filter-name>
    <filter-class>com.csmy.filter.LoginCheckFilter</filter-class>
  </filter>
  <filter-mapping>
    <filter-name>loginCheckFilter</filter-name>
    <url-pattern>/auth/*</url-pattern>
  </filter-mapping>
```

在这里指定/auth/目录下的所有资源都将进行过滤。也就是说，用户访问 auth 目录下的任何资源都将被该过滤器拦截。

（6）保存、发布、运行：在浏览器中输入下面地址：

http://127.0.0.1/FilterAndListenter/auth/Main.jsp

因为没有登录，所以结果会显示登录页面，如图 9-1 所示。

图 9-1 没有登录的情况下，M ain.jsp 运行结果

（7）新建一个 Servlet：类名为 LoginServlet，实现对登录进行验证，如果用户登录成功，就在 session 保存一个名为“auth”的属性。代码请参考前面章节。

2．处理中文问题

在前面章节的例子中，多次提到，对于涉及中文的 JSP 或 Servlet，一般都要设置字符的编码方式。如在 Servlet/JSP 中，一般都会用到下面的代码：

```
//输出中文
response.setContentType("text/html;charset=gb2312");
或<%@ page contentType="text/html;charset=gb2312"%>
或 response.setCharacterEncoding("gb2312");
//接收中文
request.setCharacterEncoding("gb2312");
```

其中“gb2312”也可以是“GBK”或“UTF-8”。

像这种在所有 JSP/ Servlet 中都要做的事，最好的办法就是在过滤器中去做。

例 9-3：处理字符编码的过滤器

（1）新建一个过滤器（Filter）：类名为 SetCharset.java。代码如下：

源程序：SetCharset.java

```
package com.csmy.filter;
import java.io.IOException;
import javax.servlet.*;
public class SetCharset implements Filter {
  public void destroy() {
  }
  public void doFilter(ServletRequest req, ServletResponse res,
                FilterChain chain) throws IOException, ServletException {
        req.setCharacterEncoding("gb2312");//将输入数据转换为 gb2312 编码
        res.setCharacterEncoding("gb2312");//将输出数据转换为 gb2312 编码
        chain.doFilter(req, res);
  }
  public void init(FilterConfig config) throws ServletException {
  }
}
```

（2）配置 Filter：在 web.xml 中添加下面的代码：

```
<filter>
   <filter-name>SetCharset</filter-name>
   <filter-class>com.csmy.filter.SetCharset</filter-class>
  </filter>
  <filter-mapping>
   <filter-name>SetCharset</filter-name>
   <url-pattern>/*</url-pattern>
  </filter-mapping>
```

有了这个过滤器，就不需要在每个程序代码中设置字符编码了。而且，如果要改变编码方式也只要修改这一个文件就可以了，并且还可以保证整个应用编码方式一致。

3．和 Filter 相关的一些注意点

在一个应用中，可能会用到多个 Filter，他们如果对同样的资源进行过滤，那么，当对其中的资源进行过滤时，将会根据 web.xml 中定义的 filter 顺序进行过滤，例如，在上面的三个例子中共定义三个过滤器。它们在 web.xml 中的配置如下：

```
<filter>
   <filter-name>Myfilter</filter-name>
   <filter-class>com.csmy.filter.Myfilter</filter-class>
```

```
</filter>
<filter-mapping>
  <filter-name>Myfilter</filter-name>
  <url-pattern>/*</url-pattern>
</filter-mapping>

<filter>
  <filter-name>loginCheckFilter</filter-name>
  <filter-class>com.csmy.filter.LoginCheckFilter</filter-class>
</filter>
<filter-mapping>
  <filter-name>loginCheckFilter</filter-name>
  <url-pattern>/auth/*</url-pattern>
</filter-mapping>

<filter>
  <filter-name>SetCharset</filter-name>
  <filter-class>com.csmy.filter.SetCharset</filter-class>
</filter>
<filter-mapping>
  <filter-name>SetCharset</filter-name>
  <url-pattern>/*</url-pattern>
</filter-mapping>
```

此时如果访问此应用中 auth 目录下的资源，都会首先通过“Myfilter”、然后通过“loginCheckFilter”、最后通过“**SetCharset**”这三个过滤器过滤。

此外，一个过滤器也可以对多个资源进行过滤，例如，如果在应用中有两个目录下的资源需要进行权限控制，那么可以使用如下的设置：

```
…
<filter>
  <filter-name>loginCheckFilter</filter-name>
  <filter-class>com.csmy.filter.LoginCheckFilter</filter-class>
</filter>
<filter-mapping>
  <filter-name>loginCheckFilter</filter-name>
  <url-pattern>/auth/*</url-pattern>
</filter-mapping>
<filter-mapping>
  <filter-name>loginCheckFilter</filter-name>
  <url-pattern>/protected/*</url-pattern>
</filter-mapping>
…
```

这样，所有对“auth”和“protected”下资源的访问都会经过 loginCheckFilter 过滤。

9.2 Listener

从 Servlet 2.3 以后，在规范中加入了类似于 AWT 中事件处理机制的事件处理：

- 用于处理会话事件的监听器 HttpSessionListener 和 HttpSessionAttributesListener。当

一个 HttpSession 刚被创建（created）或者失效（invalidated）的时候，将会通知 HttpSessionListener；当往一个 HttpSession 中添加、删除或者替换一个属性的时候，将会通知 HttpSessionAttributesListener；

- 用于处理 ServletContext 事件的监听器 ServletContextListener 和 ServletContext AttributesListener。当 ServletContext 被创建的时候，或者 ServletContext 即将关闭的时候，都会通知 ServletContextListener；当往 ServletContext 添加、删除或者替换一个属性的时候，将会通知 ServletContextAttributesListener。

9.2.1 ServletContextListener

ServletContextListener 用于监听 ServletContext 的变化，它有两个方法：

- servletContextInitialized(ServletContextEvent event)：当 ServletContext 创建的时候，Servlet 容器将会调用这个方法。
- servletContextDestroyed(ServletContextEvent event)：当 ServletContext 销毁的时候（例如关闭应用服务器或者重新加载应用），Servlet 容器将会调用这个方法。

这两个方法中，都有一个 ServletContextEvent 类参数，Servlet 容器调用方法时，会用 javax.servlet.ServletContextEvent 类封装一个事件对象，并传递到方法中。

ServletContextEvent 类有一个 getServletContext()方法，可以获得创建的或者将要销毁的 ServletContext 对象。

在实际的应用中，可以使用 ServletContextListener 来初始化一些对于整个应用都需要用到的特性。或者说，某些代码只需要在整个应用初始化时运行一次，那么把它放到该事件中处理是最合适的。比如，加载 JDBC 数据库驱动程序，或初始化一个数据库连接对象（java.sql.Connection 对象）给整个应用使用，所有的 JSP/Servlet/JavaBean 都共享这个 Connection 对象。下面来看一个 ServletContextListener 的例子。

例 9-4：ServletContextListener 的例子——加载数据库驱动

（1）新建一个包：包名为 com.csmy.listener，本节例题用到的监听器都将创建到该包中。

（2）创建 ServletContextListener 监听器：新建一个类，类名为 MyListener，该类必需实现 javax.servlet.ServletContextListene 接口，该接口有两个方法要实现（见代码加粗部分）。代码如下：

源文件：MyListener .java

```
package com.csmy.listener;
import javax.servlet.ServletContextEvent;
import javax.servlet.ServletContextListener;
public class Mylistener implements ServletContextListener {
  final static String driver="com.mysql.jdbc.Driver";
  public void contextDestroyed(ServletContextEvent event) {
  }
  public void contextInitialized(ServletContextEvent event) {
        try{
              Class.forName(driver);
              System.out.print("数据库驱动程序加载成功");
        }catch(Exception e){
```

```
                System.out.print("数据库驱动程序加载失败");
                System.out.print(e.toString());
            }
        }
    }
```

在这个例子中，定义了一个类 MyListener，这个类实现了 ServletContextListener 接口，然后在它的 contextInitialized()方法中完成业务逻辑。

> **注意** 如果在开发环境中启动 Tomcat，System.out.print()的打印内容将会打印在开发环境中的控制台，这样方便程序员对程序的调试。如果是从外部启动 Tomcat，System.out.print()的打印内容将会在 Tomcat 的日志文件中输出。

（3）配置监听器：监听器要起作用必需在 web.xml 文件中添加如下代码：

```
…
<listener>
   <listener-class>com.csmy.listener.Mylistener</listener-class>
</listener>
…
```

这样，当应用服务器启动的时候，MyListener 类中的 contextInitialized(ServletContext Event event)方法就会被调用。

9.2.2 ServletContextAttributeListener

当 ServletContext 中的属性值发生改变的时候，可以通过 ServletContextAttributeListener 来监听它们。可以自己定义一个类，让它实现 ServletContextAttributeListener 接口，并且实现下面的方法：

- void attributeAdded(ServletContextAttributeEvent event)：当往 ServletContext 中加入一个属性的时候，将会调用这个方法；
- void attributeRemoved(ServletContextAttributeEvent event)：当从 ServletContext 中删除一个属性的时候，将会调用这个方法；
- void attributeReplaced(ServletContextAttributeEvent event)：当改变 ServletContext 中属性值的时候，将会调用这个方法。

9.2.3 HttpSessionListener

当创建一个 HttpSession 对象或者销毁一个 HttpSession 对象的时候，可以用 HttpSessionListener 来监听，可以定义一个类，让它实现 HttpSessionListener 接口，并且实现接口的两个方法：

- void sessionCreated(HttpSessionEvent hse)：当一个 HttpSession 对象被创建时，将会调用这个方法；
- void sessionDestroyed(HttpSessionEvent hse)：当一个 HttpSession 超时或者调用 HttpSession 的 invalidate()方法让它销毁时，将会调用这个方法。

例 9-5：用 HttpSessionListener 来统计在线人数

（1）创建一个监听器：新建一个类，类名为 CountUser，让该类实现 ServletContext Listener 和 HttpSessionListener 两个接口。代码如下：

源文件：CountUser.java

```
package com.csmy.listener;
import javax.servlet.*;
import javax.servlet.http.*;
public class CountUser implements ServletContextListener, HttpSessionListener {
    private int count = 0;
    private ServletContext ctx = null;
   public void contextDestroyed(ServletContextEvent sce) {
            ctx = null;
   }
   public void contextInitialized(ServletContextEvent sce) {
            ctx = sce.getServletContext();        //获得 ServletContext 对象
   }
   public void sessionCreated(HttpSessionEvent event) {
            count ++;
        ctx.setAttribute("OnlineUser",new Integer(count));
   }
   public void sessionDestroyed(HttpSessionEvent event) {
             count --;
          ctx.setAttribute("OnlineUser",new Integer(count));
   }
}
```

这个程序同时实现了 HttpSessionListener 接口和 ContextServletListener 接口。实现 ServletContextListener 接口的目的是通过它的 contextInitialized()来得到 ServletContext 对象，这样就可以将在线人数放在 ServletContext 中了，这样，在需要显示在线人数的 JSP/Servlet 中，只要从 ServletContext 对象中取出“OnlineUser”属性值就可以了（如 JSP 要使用在线人数，可以使用表达式<%=application.getAttribute("OnlineUser")%>）。

而在 sessionCreated()方法中，首先将计数器 count 加 1，然后将它保存到 ServletContext 的属性“OnlineUser”中去，在 sessionDestroyed()方法中，将计数器减去 1，然后将它保存到 ServletContext 的属性“OnlineUser”中去。当一个新的 HttpSession 对象被创建的时候，将会调用 sessionCreated()方法，而当一个 HttpSession 过期或者调用它的 invalidate()方法的时候，将会调用 sessionDestroyed()方法，这样就可以统计当前在线人数了。

（2）配置监听器：在 web.xml 中添加如下的配置代码。

```
<listener>
  <listener-class> com.csmy.listener.CountUser </listener-class>
</listener>
```

（3）编写一个简单的 JSP 来测试程序，代码如下：

源文件：index.jsp

```
<%@ page language="java" import="java.util.*" pageEncoding="gb2312"%>
<html>
  <head>
```

```
        <title>监听器测试</title>
    </head>
    <body>
    目前在线人数：    <%=application.getAttribute("OnlineUser")%>
    <h2>  这是监听器测试页面</h2>
    </body>
</html>
```

这个程序的作用就是从 application（ServletContext）中取出“OnlineUser”属性值来，这个属性中保存的就是在线用户数。

（4）保存项目、发布、运行：在浏览器中输入地址 http://127.0.0.1:8080/FilterAndListenter/index.jsp，结果如图 9-2 所示。

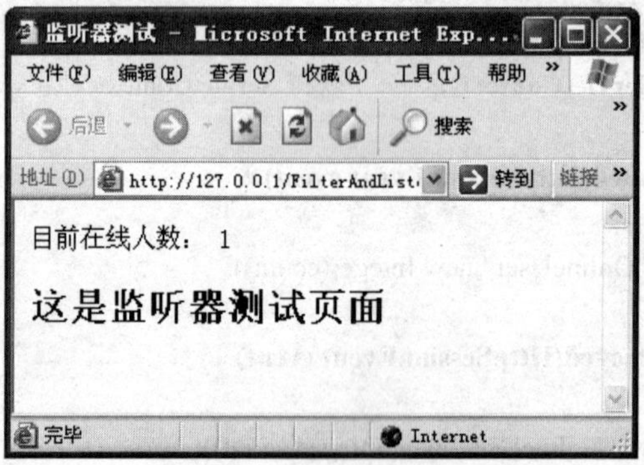

图 9-2 监听器测试结果

读者对该例不断刷新，会发现计数器的数字不会变化，如果再打开一个浏览器并运行 index.jsp。结果会显示在线人数为 2。

9.2.4 HttpSessionAttributeListener

当一个会话中的属性发生改变时，可以用 HttpSessionAttributeListener 来监听它。它有三个方法：

- void attributeAdded(HttpSessionBindingEvent e)：当往会话中加入一个属性的时候，将会调用这个方法；
- void attributeRemoved(HttpSessionBindingEvent e)：当从会话中删除一个属性的时候，将会调用这个方法；
- void attributeReplaced(HttpSessionBindingEvent e)：当改变会话中的属性值的时候，将会调用这个方法。

9.3 实用案例

过滤器和监听器在实际开发中都会用到。过滤器主要应用于权限控制和字符编码，这在 9.1.3 节中已经介绍。监听器最常用的地方是实现网站计数器。

例 9-6：网站计数器

网站计数器用来计算访问该应用（站点）的总人数。在该案例中，为了实现服务器重启时计数能连续，将使用文件来保存网站的访问次数。

（1）创建一个监听器：新建一个类，类名为 CountVisiter，让该类实现 ServletContext Listener 和 HttpSessionListener 两个接口。代码如下：

源程序：CountVisiter.java

```
package com.csmy.listener;
import javax.servlet.ServletContext;
import javax.servlet.ServletContextEvent;
import javax.servlet.ServletContextListener;
import javax.servlet.http.HttpSessionEvent;
import javax.servlet.http.HttpSessionListener;
import java.io.*;
public class CountVisiter implements HttpSessionListener,
        ServletContextListener {
  private int count=0;//计数器
  private ServletContext ctx = null;//application 对象
  private String path="/";//保存计数器的文件路径
  public void sessionCreated(HttpSessionEvent se) {
        synchronized(this){
     Integer i=(Integer)ctx.getAttribute("userNumber");
     count=i.intValue();
     count++;
     ctx.setAttribute("userNumber", new Integer(count));//保存到 application 属性中
     //同时保存到文件
     File f = new File(path+"count.txt");
     try{
        PrintWriter pw=new PrintWriter(new FileWriter(f));
        pw.print(count);
        pw.close();
     }catch(IOException e){
        System.out.print("文件操作出现异常");
     }
        }
  }

  public void sessionDestroyed(HttpSessionEvent se) {

  }

  public void contextDestroyed(ServletContextEvent sce) {
        ctx=null;
  }
    //在 ServletContext 创建的时候初始化计数器
  public void contextInitialized(ServletContextEvent sce) {
        ctx = sce.getServletContext();
```

```
            path=ctx.getRealPath("/");//获得 web 应用根路径
            File f = new File(path+"count.txt");
            if(! f.exists()){//如果文件不存在，表示应用是第一次启动
                count=0;
            }else{//应用是重启，读取以前的访问人数
                try{
                    BufferedReader br = new BufferedReader(new FileReader(f));
                    String s = br.readLine();
                    count = Integer.parseInt(s);
                    br.close();
                }catch(IOException e){
                    System.out.print("文件操作出现异常");
                }
            }
            ctx.setAttribute("userNumber", count);//把计数器保存到 ServletContext 中
    }
}
```

这个监听器是一个实用的计数器，在 contextInitialized(ServletContextEvent sce)中，对计数器进行初始化，以保证服务器重启时，计数可以连续。在 sessionCreated(ServletContextEvent sce)中对计数器加 1，并把新的计数结果同时保存到内存（ServletContext）中和文件中。另外，为了保证线程安全，使用了 **synchronized(this)**对线程进行同步。

（2）配置计数器：在 web.xml 中添加如下代码：

```
<listener>
    <listener-class>com.csmy.listener.CountVisiter</listener-class>
</listener>
```

（3）修改例 9-5 创建的 JSP 文件 index.jsp，在其中添加下面的一句代码：

```
您是本站点第<%=application.getAttribute("userNumber")%> 位访问者<br>
```

（4）运行与测试：打开两个浏览器，运行两次 index.jsp。结果会显示在线人数为 2，访问人数也是 2。重启 Tomcat，再运行两次 index.jsp。结果如图 9-3 所示。

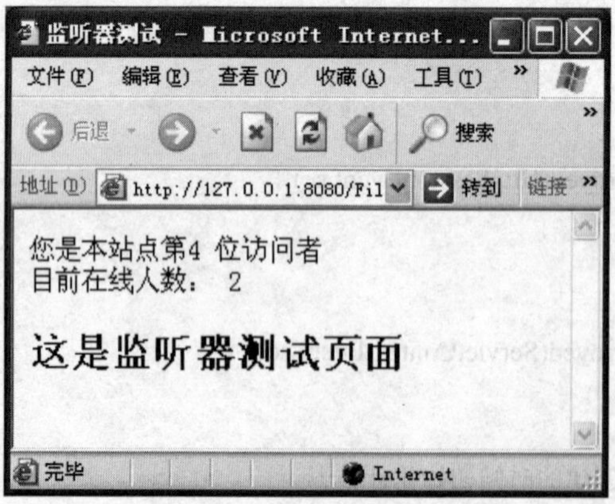

图 9-3 计数器测试结果

习题九

1. 填空题

（1）自定义一个 Filte 类必需实现________接口，并实现其中的________、________和________方法。

（2）过滤器类中的 doFilter()方法有三个参数，分别是________、________和________，其中________是用来把请求和响应传递给下一个 Filter 或者其他 JSP/Servlet 等资源。

（3）ServletContextListener 用于监听 ServletContext 的变化，它有两个方法，分别是________和________，这两个方法中，都有一个________类参数。

（4）自定义 ServletContextListener 监听器必需实现________接口。

（5）自定义 HttpSessionListener 监听器必需实现________接口。

（6）当一个会话中的属性发生改变时，可以用________监听器来监听它。

2. 选择题

（1）当往 ServletContext 添加、删除或者替换一个属性的时候，将会通知（　　）。

A．ServletContextAttributesListener　　B．ServletHttpAttributesListener

C．ServletHttpsAttributesListener　　D．ContextAttributesListener

（2）当一个 HttpSession 刚被创建（created）或者失效（invalidated）的时候，将会通知（　　）监听器。

A．ServletContextAttributesListener　　B．ServletHttpAttributesListener

C．HttpSessionListener　　D．ContextAttributesListener

（3）HttpSession 中添加、删除或者替换一个属性的时候，将会通知（　　）。

A．ServletContextAttributesListener　　B．ServletContextListener

C．HttpSessionListener　　D．HttpSessionAttributesListener

（4）（　　）接口用于调用过滤器链中的一系列过滤器。

A．ServletContextAttributesListener　　B．FilterChain

C．ServletRequest　　D．HttpSessionAttributesListener

2. 简答题

（1）简述 Filter 的基本工作原理。

（2）如果已经定义了监听器类 com.csmy.listener.MyTestlistener，请写出 web.xml 中配置代码。

第十章　Java Web 综合应用

本章要点

本章通过四个实用案例介绍 Java Web 编程中的几个常用的重要技术：文件上传与下载、JavaMail 编程、Ajax 技术。

10.1　文件上传

在编写 Java Web 应用程序的时候，常常需要有上传文件的功能。虽然我们可以自己编写一个 JPS/Servlet 来实现，但是实现起来非常的麻烦。好在互联网上有很多这样的免费组件，可以直接下载来使用，其中基于 Java 的比较有名的文件上传组件有 jspSmartUpload 和 common-fileupload 组件，它们都是功能强大且简单易用的组件，让程序员只需要几行代码即可实现文件上传的功能，并且可以灵活控制上传文件的大小、类型等。本节将以它们为例讲解如何实现文件上传功能。

10.1.1　使用 common-fileupload 实现文件上传

common-fileupload 组件是 Apache 的一个开源项目之一，可以从 http://commons.apache.org/fileupload/下载。该组件简单易用，可实现一次上传一个或多个文件，并可限制文件大小。

例 10-1：使用 common-fileupload 实现文件上传示例

（1）新建一个项目，项目名为 fileUpLoadTest。

（2）下载 commons-fileupload 组件包，可以从 http://commons.apache.org/fileupload/网上下载 commons-fileupload-1.2.2-bin.zip，开源的，免费下载。把 commons-fileupload-1.2.2-bin.zip 解压，然后把 lib 目录下的 commons-fileupload-1.2.2.jar 文件拷贝到项目的 WEB-INF/lib 目录下。

（3）下载 commons-io 组件包，commons-fileupload 需要 commons-io 组件包的支持，读者可以从 http://commons.apache.org/io/download_io.cgi 下载 commons-io-2.0.1-bin.zip。解压后，把 commons-io-2.0.1.jar 文件拷贝到项目的 WEB-INF/lib 目录下。

（4）设计文件上传表单，新建一个 JSP，文件名为 fileUp.jsp。代码如下：

源程序：fileUp.jsp

```
<%@ page language="java"  pageEncoding="gb2312"%>
<html>
  <head>
    <title>文件上传示例</title>
  </head>
  <script type="text/javascript">
```

```
    var i=1;//用于文件上传组件的计数
    function addFile(){
      i=i+1;
      var div=document.getElementById("addInput");//获得 div
      //增加文件上传的表单组件
      div.innerHTML=div.innerHTML+'file'+i.toString()+
'<input type="file" name="file1'+i.toString()+'"><br>';
      }
  </script>
  <body>
      请选择上传的文件
      <form name="upload" action="FileUpLoad" method = "post"
        enctype="multipart/form-data">
      file1<input type="file" name="file1" >
      <%--用户单击 add 按钮，增加文件上传组件 --%>
      <input type="button" value="add" onclick="javascript:addFile();"><br>
      <div id="addInput">
      <%--用 script 在此位置动态增加文件上传组件--%>
      </div>
      <input type="submit" value="上传">
      </form>
  </body>
</html>
```

注意 上述代码中，一定要设置表单的 **enctype 属性为 multipart/form-data。**

该 JSP 文件初始运行时，只有一个文件上传组件，如果用户要传多个文件，可以单击“add”按钮来增加文件上传组件。其运行效果如图 10-1 所示。

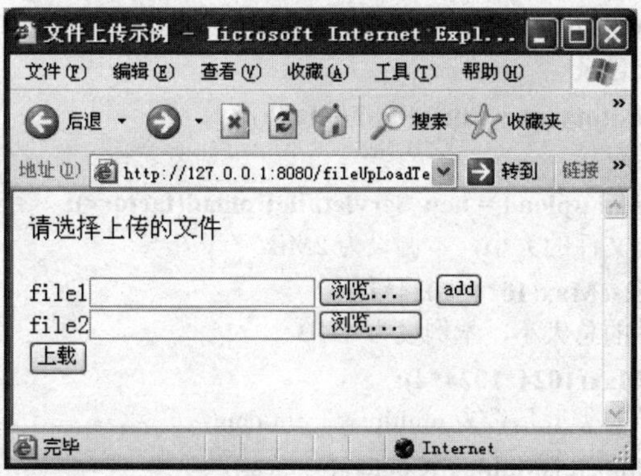

图 10-1　文件上传表单

（5）新建一个 Servlet，用于处理上传的文件，本例实现将客户端上传的文件保存到 WEB 服务器中。代码如下：

```
源程序：FileUpLoad.java
package com.csmy.fileUp;
```

```
import java.io.*;
import java.util.*;
import javax.servlet.ServletException;
import javax.servlet.http.*;
import org.apache.commons.fileupload.*;
import org.apache.commons.fileupload.FileUploadBase.FileSizeLimitExceededException;
import org.apache.commons.fileupload.FileUploadBase.SizeLimitExceededException;
import org.apache.commons.fileupload.disk.DiskFileItemFactory;
import org.apache.commons.fileupload.servlet.ServletFileUpload;
public class FileUpLoad extends HttpServlet {
  public void doGet(HttpServletRequest request, HttpServletResponse response)
              throws ServletException, IOException {
        response.setCharacterEncoding("gb2312");
        PrintWriter out = response.getWriter();
        int count=0;//记录上传的文件数
         //是创建 FileItem 对象工厂
        DiskFileItemFactory factory=new DiskFileItemFactory();
        /*设置内存缓冲区的大小，默认值为 10K，本例设置为 20KB，如果文件大于该设置值，将使
用临时文件缓存上传文件*/
        factory.setSizeThreshold(1024*20);
        //获取 WEB 应用根目录
        String dir = this.getServletContext().getRealPath("/");
        /*创建保存文件目录，为了安全性考虑，上传的文件最好放到 WEB-INF 目录下，
   因为该目录下的资源用户是不能访问的，也可以把上传的文件放到 WEB 应用目录之外*/
        String saveFilePath=dir+"WEB-INF\\upload\\";
        File file=new File(saveFilePath);
        if(! file.exists()) file.mkdir();
        //创建临时文件目录
        String tempFilePath=dir+"temp";
        file=new File(tempFilePath);
        if(! file.exists()) file.mkdir();
        //指定临时文件目录
        factory.setRepository(new File(tempFilePath));
        //构建文件上传对象
        ServletFileUpload upload = new ServletFileUpload(factory);
        //限制每个上传文件的大小，本例设为 2MB
        upload.setFileSizeMax(1024*1024*2);
        //限制上传文件的总大小，本例设为 4MB
        upload.setSizeMax(1024*1024*4);
        //判断提交表单的类型是否为 multipart/form-data
        if(!ServletFileUpload.isMultipartContent(request))
        {
        return;
        }
        try {
              /*对 requests 对象进行解析，并把表单中的每一个输入项包装成一个 fileItem
              对象，并返回一个保存了所有 FileItem 的 list 集合*/
```

```
            List<FileItem> list = upload.parseRequest(request);
            Iterator<FileItem> it=list.iterator();
            //处理每一个 FileItem
            while (it.hasNext()){
                //每一个 item 就代表一个表单输出项
                FileItem item=it.next();
                if(item.isFormField()){//判断 input 是否为普通表单输入项
                    String formName= item.getFieldName();
                    String formValue=item.getString();
                    //在这里处理非文件表单项....
                }else{
                    //获取客户端包含完全路径的文件名
                String fileName=item.getName();
                if(fileName!=null){
                    //截取文件名与扩展名
                    fileName=fileName.substring(fileName.lastIndexOf("\\")+1);
                    //保存文件
                    item.write(new File(saveFilePath+fileName));
                    count++;
                    out.print(fileName+"上传成功<br>");
                }
            }
        }
        out.print("共上传文件："+count);

    } catch(SizeLimitExceededException e){//文件总大小超过限定值
        out.print("上传文件总大小超过了 4MB，上传失败");
    } catch (FileSizeLimitExceededException e) {//单个文件大小超过限定值
        out.print("上传文件大小超过了 2MB，上传失败");
    } catch (Exception e) {
        out.print("系统出现错误，上传失败，请与管理员联系");
        this.getServletContext().log(e.toString());
    }
}

public void doPost(HttpServletRequest request, HttpServletResponse response)
        throws ServletException, IOException {
    doGet(request,response);
}

}
```

10.1.2 使用 jspSmartUpload 实现文件上传

jspSmartUpload 是由 www.jspsmart.com 网站开发的一个可免费使用的全功能的文件上传/下载组件。该组件使用简单，适合上传相对较小的文件。如果上传文件过大，或者上传文件太多，可能出现 CPU 或内存占用过高从而导致系统的崩溃，因为它不能像 common-fileupload 组件一样能使用硬盘上的临时文件对数据进行临时保存。

下面先介绍 jspSmartUpload 组件常用类及方法。

1．com.jspsmart.upload.File 类

com.jspsmart.upload.File 类封装了一个上传文件的所有信息。通过它，可以得到上传文件的文件名、文件大小、扩展名、文件数据等信息。其常用方法如下：

（1）void saveAs(String destFilePathName)/void saveAs(String destFilePathName,int optionSaveAs)：将上传文件另存为其他名字的文件。其中，destFilePathName 是另存的文件名，optionSaveAs 是另存的选项，该选项有三个值，分别是：

- SAVEAS_PHYSICAL：表示以操作系统的根目录为文件根目录另存文件。
- SAVEAS_VIRTUAL：表示以 WEB 应用程序的根目录为文件根目录另存文件。
- SAVEAS_AUTO：表示让组件决定，当 WEB 应用程序的根目录存在另存文件的目录时。它会选择 SAVEAS_VIRTUAL，否则会选择 SAVEAS_PHYSICAL。

（2）boolean isMissing()：这个方法用于判断用户是否选择了上传文件，也即对应的表单项是否有值。选择了上传文件时，它返回 false。未选定上传文件时，它返回 true。

（3）String getFieldName()：获取 HTML 表单中对应于此上传文件的表单元素的名字。

（4）String getFileName()：获取文件名（不含目录信息）。

（5）String getFilePathName()：获取文件全名（带目录）。

（6）String getFileExt()：获取文件扩展名。

（7）int getSize()：获取文件长度（以字节计算）。

2．com.jspsmart.upload.Files 类

com.jspsmart.upload.Files 类表示所有上传文件的集合，通过它可以得到上传文件的数目、大小等信息。它有以下常用方法：

（1）int getCount()：获取上传文件的数目。

（2）com.jspsmart.upload.File getFile(int index)：取得指定索引的文件对象 File（这是 com.jspsmart.upload.File，不是 Java.io.File，注意区分）。

（3）long getSize()：取得上传文件的总长度。

（4）Collection getCollection()：将所有上传文件对象以 Collection 的形式返回。

（5）Enumeration getEnumeration()：将所有上传文件对象以 Enumeration 的形式返回。

3．com.jspsmart.upload.Request 类

com.jspsmart.upload.Request 类的功能等同于 JSP 内置的对象 request、Servlet 中的 HttpServletRequest。之所以提供这个类，是因为对于文件上传表单（设定了 ENCTYPE 属性），通过原来的 request/HttpServletRequest 对象无法获得表单元素的值，必须通过 jspSmartUpload 组件提供的 Request 对象来获取。该类提供如下方法：

（1）String getParameter(String name)：获取指定参数之值。当指定参数不存在时，返回值为 null。它的作用和 HttpServletRequest 的 getParameter()类似。

（2）String[] getParameterValues(String name)：当一个参数可以有多个值时，用此方法来取其值。它返回的是一个字符串数组。当参数不存在时，返回值为 null。

（3）Enumeration getParameterNames()：取得 Request 对象中所有参数的名字，用于遍历所有参数。它返回的是一个 Enumeration 类型的对象。

4．com.jspsmart.upload.SmartUpload 类

这个类完成上传/下载文件，所有和文件上传/下载有关的方法都定义在这个类中，常用方法如下：

（1）void initialize(javax.servlet.jsp.PageContext pageContext)：执行上传/下载的初始化工作，必须第一个执行，用于 JSP 程序中。

（2）initialize(javax.servlet.http.ServeltContext,javax.servlet.http.HttpServletRequest,javax.servlet.http.HttpServletResponse)：执行上传/下载的初始化工作，用于 Servlet 程序中。

（3）void upload()：上传文件数据。对于上传操作，第一步执行 initialize 方法，第二步就要执行这个方法。

（4）int save(String destPathName) / int save(String destPathName,int option)：将全部上传文件保存到指定目录下，并返回保存的文件个数。其中，destPathName 为文件保存目录，option 为保存选项，它有三个值，分别是 SAVE_PHYSICAL，SAVE_VIRTUAL 和 SAVE_AUTO（同 File 类的 saveAs 方法的选项之值）。

（5）int getSize()：取得上传文件数据的总长度。

（6）Files getFiles()：取得全部上传文件，以 com.jspsmart.upload.Files 对象形式返回，可以利用 Files 类的操作方法来获得上传文件的数目等信息。

（7）com.jspsmart.upload.getRequest()：取得 Request 对象，以便由此对象获得上传表单元素之值。

（8）void setAllowedFilesList(String allowedFilesList)：设定允许上传的文件的扩展名。当上传文件中有不允许的文件扩展名时，组件将抛出异常。其中，allowedFilesList 为允许上传的文件扩展名列表，各个扩展名之间以逗号分隔。

（9）void setDeniedFilesList(String deniedFilesList)：和 setAllowedFilesList()方法相对，用于限制上传那些带有指定扩展名的文件。其中，deniedFilesList 为禁止上传的文件扩展名列表，各个扩展名之间以逗号分隔。

（10）void setMaxFileSize(long maxSize)：设定每个文件允许上传的最大长度。其中，maxSize 为每个文件允许上传的最大长度，当文件超出此长度时，将不被上传。

（11）void setTotalMaxFileSize(long maxTotalSize)：设定允许上传的文件的总长度，用于限制一次性上传的文件总大小。其中，maxTotalSize 为允许上传的文件的总长度。

下面我们来看如何用 Servlet 处理上传的文件。

例 10-2：使用 jspSmartUpload 实现文件上传

（1）下载 jspSmartUpload 组件，解压后把 jspSmartUpload.jar 文件拷贝到项目的 WEB-INF/lib 目录下。

（2）设计文件上传表单，参考例 10-1 的 fileUp.jsp 文件（只要把 FORM 的 action 属性修改为指向本例处理文件上传的 Servlet）。

（3）新建一个 Servlet，用于处理上传的文件。代码如下：

源程序：FileUpLoad2.java

```
package com.csmy.fileUp;
import java.io.IOException;
import java.io.PrintWriter;
```

```
import javax.servlet.ServletException;
import javax.servlet.http.HttpServlet;
import javax.servlet.http.HttpServletRequest;
import javax.servlet.http.HttpServletResponse;
import com.jspsmart.upload.*;
public class FileUpLoad2 extends HttpServlet {
  public void doGet(HttpServletRequest request, HttpServletResponse response)
           throws ServletException, IOException {
      response.setCharacterEncoding("gb2312");
      PrintWriter out = response.getWriter();
      int count = 0;// 记录上传的文件数
      // 构建 SmartUpload 实例
      SmartUpload su = new SmartUpload();
      // 初始化
      su.initialize(this.getServletConfig(), request, response);
      // 设置上载的最大值，注意这里不要设置过大，这里设置为 500KB
      su.setMaxFileSize(1024 * 500);
      // 设置上载文件类型
      su.setAllowedFilesList("txt,TXT,gif,GIF,jpg,JPG");
      // 上载文件
      try {
            su.upload();
            /*
             *   得到 com.jspsmart.upload.Request 对象
             *   myRequest = su.getRequest();
             *   在这里，可以通过 myRequest 对象取得各种非文件参数，但不能使用
             *   doGet()方法中的 request 参数取得各种参数
             *   myRequest.getParameter("paramName")
             */
           // 处理上载的所有文件
           for (int i = 0; i < su.getFiles().getCount(); i++) {
                 // 得到上载的文件对象
                 com.jspsmart.upload.File myFile = su.getFiles().getFile(i);
                 // 如果上载成功
                 if (!myFile.isMissing()) {
                        // 获得文件名（不包括文件路径）
                        String fileName = myFile.getFileName();
                        // 保存文件到 WEB 应用根目录下
                        myFile.saveAs("/" + fileName,
                                 com.jspsmart.upload.File.SAVEAS_VIRTUAL);
                        count++;
                        out.print(fileName + "上传成功<br>");
                 }
                 out.print("共上传文件： " + count);
           }
      } catch (SmartUploadException e) {
```

```
                if(e.getMessage().contains("extension")){
                    out.print("你传的文件类型不符合要求");
                }
                else if(e.getMessage().contains("Size")){
                    out.print("你传的文件太大");
                }else{
                out.print(e.getMessage());
                }
        }
    }

    public void doPost(HttpServletRequest request, HttpServletResponse response)
                throws ServletException, IOException {

        doGet(request, response);
    }
}
```

这个程序比较简单，重要的步骤都在程序中做了注释。

10.1.3 将文件上传到数据库

例 10-3：上传文件到数据库

本例综合应用文件上传组件（common-fileupload）、数据源、数据库连接池来实现把图片文件上传到数据库。数据库为第三章案例中创建的 mytest，数据表为 students。

（1）把数据库驱动程序拷贝到 Tomcat 安装目录下的 common\lib 目录下。

（2）在 Tomcat 中配置数据库连接池。配置方法可以参考第八章的例 8-9。也可以按下面的方法进行配置：

在 Tomcat 的安装目录\conf\Catalina\localhost 下，新建一个 XML 文件，文件名为你的项目名。代码如下（fileUpLoadTest 为本例项目名）：

源程序：fileUpLoadTest.xml

```
<Context path="/fileUpLoadTest" docBase="fileUpLoadTest"
  debug="5" reloadable="true" crossContext="true">
 <Resource name=" fileUpLoadTest /myds"
    auth="Container"
    type="javax.sql.DataSource"
    <!-- 连接池中最大连接数-->
    maxActive="5"
    <!-- 连接池中最大空闲连接数-->
    maxIdle="3"
    <!-- 最大等待时间，单位毫秒-->
    maxWait="10000"
    <!-- 连接数据库的用户名-->
    username="root"
    <!-- 连接数据库的密码-->
    password="root"
```

```
    <!-- 数据库驱动类名-->
    driverClassName="com.mysql.jdbc.Driver"
    <!-- 连接数据库的 URL -->
    url="jdbc:mysql://localhost:3306/mytest?autoReconnect=true"
    <!-- 设置是否跟踪和恢复不能被管理的连接-->
    removeAbandoned="true"
    <!-- 设置一个连接的最大空闲时间，单位为秒-->
    removeAbandonedTimeout="90"
    <!-- 设置是否记录没有正确释放连接的代码-->
    logAbandoned="true"/>
</Context>
```

注意

为了防止 WEB 应用程序没有正确、及时关闭数据库的连接对象，DBCP 提供了一种机制，能够跟踪和恢复那些不能被管理的连接。但需要在配置数据源的时候进行如下设置：

removeAbandoned="true"

（3）新建一个 JSP 文件，文件名为 fileUpForm.jsp。功能为接收用户输入学号信息和上传照片。代码如下：

```
<%@ page language="java"   pageEncoding="gb2312"%>
<html>
<head>
    <title>上传文件</title>
</head>
<body>
    <form name="upload" action=" UpPhoto " method = "post"
      enctype="multipart/form-data">
    学号:<input type="text" name="sno">
    照片：<input type="file" name="file1" value=""><br>
    <input type="submit" value="上传">
    </form>
</body>
</html>
```

（4）编写数据库连接类。使用 JDBC 连接数据库，读者已经很熟，本例给读者介绍使用上述在 Tomcat 中配置的 JNDI 数据源连接数据库的方法。代码如下：

```
package com.csmy.db;
import java.sql.*;
import javax.naming.*;
import javax.sql.DataSource;
public class Dbconn {
    public static Connection getconn() throws SQLException{
    Connection conn=null;
    try {
            //初始化 JNDI 上下文环境变量
            Context initContext= new InitialContext();
```

```
            Context envContext    = (Context)initContext.lookup("java:/comp/env");
            //查找 JNDI 数据源
            DataSource ds = (DataSource)envContext.lookup("fileUpLoadTest/myds");
            //通过数据源获得连接池的连接对象
            conn=ds.getConnection();
        } catch (NamingException e) {
            System.out.print("数据源没找到");
        }
        return conn;
    }
    public static void closeconn( Connection conn)throws SQLException{
    if(conn!=null && !conn.isClosed()){
    conn.close();//关闭连接
    }
  }
}
```

上述代码可以参考 Tomcat 的文档，在浏览器中输入地址 http://127.0.0.1:8080/docs/jndi-datasource-examples-howto.html，有常用数据库连接池的配置方法和 JNDI 数据源的连接方法的说明。

（5）编写数据库访问类，新建一个类，类名为 Dao，把第三章例 3-9 的 saveimage(String key,InputStream fis)和例 3-10 的 getimage(String key,OutputStream fos)两个方法拷贝到该类中，或直接把第三章的 Dao 类拷贝过来。

（6）参考本章例 10-1 编写一个处理上传图片文件的 Servlet。与例 10-1 不同的是，本例不是把上传的文件保存到服务器的硬盘中，而是保存到数据库中。另外，保存到数据库中的图片文件的大小不要太大，否则会影响系统的运行速度。

源程序：UpPhoto.java

```
package com.csmy.fileUp;
import java.io.*;
import java.util.*;
import javax.servlet.ServletException;
import javax.servlet.http.*;
import org.apache.commons.fileupload.FileItem;
import org.apache.commons.fileupload.FileUploadBase.FileSizeLimitExceededException;
import org.apache.commons.fileupload.FileUploadBase.SizeLimitExceededException;
import org.apache.commons.fileupload.disk.DiskFileItemFactory;
import org.apache.commons.fileupload.servlet.ServletFileUpload;
import com.csmy.db.Dao;
public class UpPhoto extends HttpServlet {
  public void doGet(HttpServletRequest request, HttpServletResponse response)
                throws ServletException, IOException {
        response.setCharacterEncoding("gb2312");
        PrintWriter out = response.getWriter();
        String sno = null;
        java.io.InputStream inputStream = null;
```

```
// 是创建 FileItem 对象的工厂
DiskFileItemFactory factory = new DiskFileItemFactory();
// 构建文件上传对象
ServletFileUpload upload = new ServletFileUpload(factory);
// 限制上传文件的大小，本例设为 800KB
upload.setFileSizeMax(1024 * 800);
try {
        /*
        * 对 requests 对象进行解析，并把表单中的每一个输入项包装成一个 fileItem
        * 对象，并返回一个保存了所有 FileItem 的 list 集合
         */
        List<FileItem> list = upload.parseRequest(request);
        Iterator<FileItem> it = list.iterator();
        // 处理每一个 FileItem
        while (it.hasNext()) {
                // 每一个 item 就代表一个表单输出项
                FileItem item = it.next();
                if (item.isFormField()) {// 判断 input 是否为普通表单输入项
                        String formName = item.getFieldName();
                        String formValue = item.getString();
                        if ("sno".equals(formName)) {
                                sno = formValue;
                        }
                } else {
                        // 获取客户端包含路径的文件名
                        String fileName = item.getName();
                        if (fileName != null) {
                                // 获取文件输入流
                                inputStream = item.getInputStream();
                        }
                }
        }
        // 保存到数据库
        Dao dao = new Dao();
    //调用 Dao 类的 saveimage()方法
        dao.saveimage(sno, inputStream);
        out.print("上传成功<br>");
//处理各种异常
} catch (SizeLimitExceededException e) {
        out.print("上传文件总大小超过了 8KB，上传失败");
} catch (FileSizeLimitExceededException e) {
        out.print("上传文件大小超过了 8KB，上传失败");
} catch (Exception e) {
        out.print("系统出现错误，上传失败，请与管理员联系");
        this.getServletContext().log(e.toString());
}
```

```
    }

    public void doPost(HttpServletRequest request, HttpServletResponse response)
                throws ServletException, IOException {
        doGet(request, response);
    }
}
```

该 Servlet 使用的是 common-fileupload 文件上传组件，读者也可以用 jspSmartUpload 组件实现相同的功能（参考例 10-2）。但要注意一点，com.jspsmart.upload.File 类没有提供类似于 common-fileupload 组件中的 FileItem 类提供的 getInputStream()方法。但读者可以参考下面的代码来得到一个输入流。

```
//假设 myFile 是 com.jspsmart.upload.File 类对象，参考例 10-2
int x;
byte[] b=new byte[myFile.getSize()];    //定义一个字节数组
for (x=0;x<myFile.getSize();x++){
b[x]=myFile.getBinaryData(x);           //读取一个字节
}
InputStream    fis= new ByteArrayInputStream(b);   //把字节数据转换为输入流
```

（7）测试图片上传：在浏览器中访问 fileUpForm.jsp。并输入数据库已经有的学号（例如第三章输入的测试数据“2009001”），选择一个文件大小小于 800KB 的图片文件，然后单击“上传”按钮。如果显示“上传成功”，则图片已经成功保存到数据库了。但是，图片不像其他数据，在数据库你看不到。下面再设计一个 Servlet，用于显示数据库的图片。

（8）用 Servlet 显示数据库中图片。代码如下：

源程序：DisplayImage.java

```
package com.csmy.fileUp;
import java.io.*;
import java.sql.SQLException;
import javax.servlet.ServletException;
import javax.servlet.http.HttpServlet;
import javax.servlet.http.HttpServletRequest;
import javax.servlet.http.HttpServletResponse;
import com.csmy.db.Dao;
public class DisplayImage extends HttpServlet {
  public void doGet(HttpServletRequest request, HttpServletResponse response)
              throws ServletException, IOException {
        // 设置 Content-Type 响应头
        response.setContentType("image/jpeg");
        // 下面三条语句用于设置页面不缓存
        response.setHeader("Pragma", "No-cache");
        response.setHeader("Cache-Control", "no-cache");
        response.setDateHeader("Expires", 0);
        String sno = request.getParameter("sno");
        OutputStream out = response.getOutputStream();// 得到输出流
        Dao dao = new Dao();
        try {//调用 Dao 类的 getimage()方法
```

```
                dao.getimage(sno, out);
            } catch (SQLException e) {
                throw new ServletException(e.getMessage());
            }

    }

    public void doPost(HttpServletRequest request, HttpServletResponse response)
                throws ServletException, IOException {
            doGet(request, response);
    }
}
```

运行该 Servlet，在浏览器中输入地址 http://127.0.0.1:8080/fileUpLoadTest/DisplayImage?sno=2009001，读者可以看到图片。

如果上一步的文件上传是成功的，在此应该可以看到输出的图片，但图片是全屏的。实际编程中是在 JSP 或 HTML 页面中，通过<img>标记来访问该 Servlet。下面通过 JSP 来显示数据库的图片。

（9）设计一个 JSP 页面来浏览全部学生信息（包括照片）。为简单起见，本例使用 JSTL 的标记来查询和显示数据，所以只需对第八章的例 8-9 设计的 sqlQuery.jsp 进行部分修改就可以了。代码如下：

源程序：studentBrowse.jsp

```
<%@ page pageEncoding="gb2312" %>
<%@ taglib prefix="c" uri="http://java.sun.com/jsp/jstl/core" %>
<%@ taglib prefix="sql" uri="http://java.sun.com/jsp/jstl/sql" %>
<html>
<head>
<title>sql query</title>
</head>
<body>
<h1>学生信息浏览</h1>
  <sql:setDataSource dataSource="fileUpLoadTest/myds" var="mysql"/>
  <sql:query sql="select sno,sname ,ssex,sage from students" var="rs"
   dataSource="${mysql}"/>
  <c:forEach var="row" items="${rs.rows}">
  <table border="1" width="400px">
    <tr>
      <td width="150px">学号</td> <td width="150px"> ${row.sno}</td>
        <!-- 显示图片 -->
      <td rowspan="4"><img src="DisplayImage?sno=${row.sno}" width="100"
        height="100"></td>
    </tr>
    <tr>
      <td>姓名</td> <td >  ${row.sname}</td>
     </tr>
   <tr>
      <td>性别</td> <td >  ${row.ssex}</td>
     </tr>
     <tr>
```

```
        <td>年龄</td> <td >  ${row.sage}</td>
      </tr>
        </table>
        <br>
   </c:forEach>
</body>
</html>
```

10.2 文件下载

在实际的 WEB 应用开发中，实现文件下载是最基本的功能要求。实现文件下载最直接最简单的方式就是把文件地址直接放到 HTML 或 JSP 页面的链接中。这样做的缺点是把文件在服务器上的路径暴露了，并且还无法对文件下载进行其他的控制。下面通过案例介绍其他三种更实用的实现文件下载的方法。

例 10-4：用流方法实现文件的下载

流方法就是在服务器端把文件转换成输出流，并写入 Servlet 输出流中。

（1）创建实现文件下载的 Servlet。代码如下：

源程序：FileDownLoad.ava

```
package com.csmy.download;
import java.io.*;
import java.net.URLEncoder;
import javax.servlet.ServletException;
import javax.servlet.http.*;
/*
 * 这个 Servlet 是一个通用的下载文件类，调用者需要传递下载文件名和显示文件名两个
 *参数
 */
public class FileDownLoad extends HttpServlet {
  public void doGet(HttpServletRequest request, HttpServletResponse response)
                throws ServletException, IOException {
        // 下载文件路径，把供下载的文件都拷贝到指定的目录中，也可以是相对路径。
        String path = "d:\\test\\";
        // 下载文件名，调用时以参数方式传递
        String downFileName = request.getParameter("downfileName");
        /* 进行编码转换，作用是解决中文乱码问题，如果文件名不带中文字符，下面
        * 的一句代码可省略
        */
        downFileName = new String(downFileName.getBytes("ISO-8859-1"), "GBK");

        // 从参数中获取下载时的显示文件名，一般与下载的文件名相同
        String displyFileName = request.getParameter("displyFileName");
        //如果显示名带有中文字符，下面两语句都是必需的
        displyFileName = new String(displyFileName.getBytes("ISO-8859-1"),"GBK");
        // 进行 utf-8 编码
        displyFileName = URLEncoder.encode(displyFileName, "utf-8");

        // 设置响应头，以阻止浏览器直接用已知的应用程序打开下载的文件
```

```
        response.setContentType("APPLICATION/OCTET-STREAM");
        /*---------------------------------------
        * 设置响应头，也可以使用下面代码之一
        *   response.setContentType("application/x-download");
        /*   response.setContentType("application/force-download");
        */
        // 指示浏览器打开保存文件对话框，并指定下载文件的显示名
        response.setHeader("Content-Disposition", "attachment; filename=\""
                    + displyFileName + "\"");

        FileInputStream fin = null;
        OutputStream out = null;
        try {
                // 打开指定文件的流信息
                fin = new java.io.FileInputStream(path + downFileName);
                // 获得 Servlet 的输出流
                out = response.getOutputStream();
                // 定义缓冲区 4KB
                byte[] b = new byte[1024 * 4];
                int i = 0;
                // 读取文件并写入 Servlet 输出流中
                while ((i = fin.read(b)) > 0) {
                        out.write(b, 0, i);
                }
        } catch (Exception e) {
                // 把异常信息写入日志中，便于程序员查找错误原因
                this.getServletContext().log(e.getMessage());
        } finally {// 确保文件流的关闭
                if (fin != null)
                        fin.close();
                if (out != null) {
                        out.flush();
                        out.close();
                }
        }
    }

    public void doPost(HttpServletRequest request, HttpServletResponse response)
                throws ServletException, IOException {
        doGet(request, response);
    }
}
```

本 Servlet 不是实现某个具体文件的下载，而是一个实现文件下载的通用类，它接收两个参数：一个是要下载的文件名（downFileName），一个是下载时显示的文件名称（displyFileName）。读者可以通过下面的超链接方式实现具体文件的下载：

文件名<a href=" FileDownLoad? downFileName=文件名& displyFileName=显示名">下载</a>

使用这种方法实现文件下载，供下载的文件可以放到服务器的任意目录中，如本例指定的下载文件目录为“d:\\test\\”。实际应用开发中只要把供下载的文件全部拷贝到指定的目录

下，然后按下面的方式实现下载页面设计。

（2）设计文件下载页面。新建一个 JSP 文件，代码如下：

源程序：index.jsp

```
<%@ page language="java" import="java.net.*" pageEncoding="GBK"%>
<html>
  <head>
        <title>文件下载测试</title>
  </head>
  <body>
        JAVA WEB 应用开发教程
        <br>
        第一章<a href="FileDownLoad?downfileName=第一章 Java Web 开发概
        述.doc&displyFileName=第一章 Java Web 开发概述.doc">下载</a>
        <br>
        第二章<a href="FileDownLoad?downfileName=第二章 JAVA WEB 基
        础.doc&displyFileName=第二章 JAVA WEB 基础.doc">下载</a>
        <br>
        第三章<a href="FileDownLoad?downfileName=第三章
        JDBC.doc&displyFileName=第三章 JDBC.doc">下载</a>
        <br>
  </body>
</html>
```

（3）在浏览器中运行 index.jsp，单击“第一章下载”，结果如图 10-2 所示。

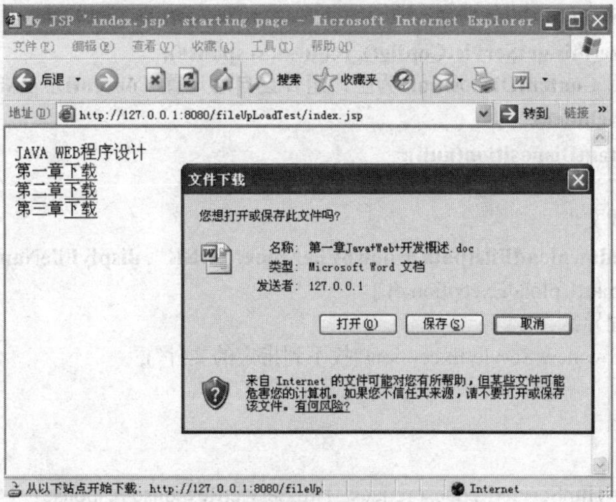

图 10-2　文件下载页面运行结果

例 10-5：用 jspSmartUpload（开源的文件上传、下载组件）实现文件的下载

jspSmartUpload 可以在 JSP 中实现文件上传，它也可以用来实现文件下载。实现文件下载的参考代码如下：

源程序：FileDownLoad2.java

```
package com.csmy.download;

import java.io.*;
```

```
import javax.servlet.*;
import javax.servlet.http.*;
import com.jspsmart.upload.SmartUpload;
import com.jspsmart.upload.SmartUploadException;

public class FileDownLoad2 extends HttpServlet {

  public void doGet(HttpServletRequest request, HttpServletResponse response)
              throws ServletException, IOException {
        // 供下载的文件目录。也可以使用带中文的文件路径
        String path = "D:/test/";
        // 下载的文件名
        String downFileName = request.getParameter("downfileName");
        // 进行编码转换，作用是解决中文乱码问题。
        downFileName = new String(downFileName.getBytes("ISO-8859-1"), "GBK");

        /* 浏览器端显示的保存文件对话框中显示的下载文件名，
        也可以与下载文件名相同*/
        String displyFileName = request.getParameter("displyFileName");
        //如果显示名带有中文字符，下面两语句都是必需的
        displyFileName = new String(displyFileName.getBytes("ISO-8859-1"),"GBK");
        displyFileName = java.net.URLEncoder.encode(displyFileName, "UTF-8");
        //实例化一个 SmartUpload 对象
        SmartUpload su = new SmartUpload();
        //初始化 SmartUpload 对象
        su.initialize(this.getServletConfig(), request, response);
        //这里设置 ContentDisposition 为空，组件会自动设置 ContentDisposition 响应
        //头为 attachment
        su.setContentDisposition(null);
        try {
            //下载文件
              su.downloadFile(path + downFileName, "GBK", displyFileName);
        } catch (SmartUploadException e) {
            //处理异常
              throw new ServletException("找不到指定的文件");
        }
  }

  public void doPost(HttpServletRequest request, HttpServletResponse response)
              throws ServletException, IOException {
        doGet(request, response);
  }
}
```

该例实现的功能与例 10-4 相同，处理文件名和显示名的方法也相同，不同的是，这里文件下载的过程由 jspSmartUpload 组件处理。

例 10-6：利用 RequestDispatcher 实现文件下载

参考代码如下：

源程序：FileDownLoad3.java

```
package com.csmy.download;
import java.io.*;
import java.net.URLEncoder;
import javax.servlet.*;
import javax.servlet.http.*;
public class FileDownLoad3 extends HttpServlet {

  public void doGet(HttpServletRequest request, HttpServletResponse response)
            throws ServletException, IOException {
      // 下载文件路径
      String path = "/test/";
      // 下载文件名
      String downFileName = request.getParameter("downfileName");
      // 进行编码转换
      downFileName = new String(downFileName.getBytes("ISO-8859-1"), "GBK");

      // 从参数中获取下载时的显示文件名，一般与下载的文件名相同
      String displyFileName = request.getParameter("displyFileName");
      displyFileName = new String(displyFileName.getBytes("ISO-8859-1"),"GBK");

      // 进行 utf-8 编码
      displyFileName = URLEncoder.encode(displyFileName, "utf-8");

      // 设置响应头
      response.setContentType("APPLICATION/OCTET-STREAM");
      // 指示浏览器打开保存文件对话框，并指定下载文件的显示名
      response.setHeader("Content-Disposition", "attachment; filename=\""
                  + displyFileName + "\"");
      // 开始下载文件
       RequestDispatcher dis = request.getRequestDispatcher(path+downFileName);
       if(dis!= null){
            dis.forward(request,response);
       }
      response.flushBuffer();
    }

  public void doPost(HttpServletRequest request, HttpServletResponse response)
            throws ServletException, IOException {
      doGet(request,response);
  }
}
```

该例实现的功能与例 10-4、例 10-5 相同，代码更简单。但本例与上两例不同的是：供下载的文件目录不能是绝对路径，只能是 WEB 项目下的相对路径。在实际开发中，为安全起见，可以把供下载的文件放到 WEB 项目的 WEB-INF 目录下面，因为 WEB-INF 目录下的资源是受服务器是保护的，外界无法访问。

10.3 Ajax 应用

10.3.1 Ajax 概述

Ajax 是 Asynchronous JavaScript and XML（异步 JavaScript 和 XML）的缩写，它并不是一门新的语言或技术，它实际上是多项技术的组合，主要包括以下几种技术：

（1）使用 XHTML 和 CSS 实现数据的统一化和标准化显示。

（2）使用 DOM 实现浏览器端丰富的动态显示效果以及与服务器进行交互。

（3）使用 XML 和 XSLT 实现浏览器与服务器之间的数据交换与处理。

（4）使用 XMLHttpRequest 对象进行浏览器与服务器之间的异步数据读取。

（5）使用 JavaScript 绑定和处理所有数据。

上述技术的核心部分为 JavaScript、XMLHttpRequest、DOM。

1．为什么要使用 Ajax

Ajax 的工作原理相当于在用户和服务器之间加了一个中间层（事实上是启用了一个后台线程与服务器交互），使用户操作与服务器响应异步化。

在没有使用 Ajax 的 WEB 应用中，用户与服务器的交互是由用户向服务器发出一个 HTTP 请求，服务器对请求进行处理后再返回一个新的 HTML 页面到客户端，每当服务器处理客户端提交的请求时，客户都只能空闲等待，并且哪怕只是一次很小的交互、只需从服务器端得到很简单的一个数据，都要返回一个完整的 HTML 页，而用户每次都要浪费时间和带宽去重新读取整个页面。

而使用 Ajax 后，浏览器窗口与服务器之间数据的交互可以由后台线程中的 XMLHttpRequest 对象进行处理，页面中部分内容的变化由 JavaScript 操作 DOM 对象来实现，这样就不用从服务器传回全部页面，用户从感觉上几乎所有的操作都会很快响应，没有页面重载（白屏）的等待过程。

灵活使用 Ajax 技术，可以实现无需刷新页面便可向服务器传输或读写数据（又称无刷新更新页面），这样就可以像开发桌面应用程序一样，只同服务器进行数据层面的交换，而不用每次都刷新界面，也不用每次都将数据处理的工作提交给服务器去做，可以由 JavaScript 完成客户端的数据处理工作，只在必要时从服务器读取数据，这样既减轻了服务器的负担又加快了响应速度、缩短了用户等候时间。

2．Ajax 核心工作过程

Ajax 核心工作过程如下：

（1）对象的初始化：主要是创建 XMLHttpRequest 对象，XMLHttpRequest 对象是 Ajax 技术中的核心对象，负责请求的设置、发送。

（2）发送数据：设置响应方法，发送 HTTP 请求，然后发送数据。

（3）服务器接收请求并进行处理：服务器端通常由 JSP 或 Servlet 接收请求，然后调用相应的业务方法来处理数据，之后把响应数据（一般为 TXT 或 XML）回传给客户端。

（4）客户端接收响应并处理：客户端接收到服务器的响应后，调用之前设置的响应方法，响应方法负责处理服务器回传的数据，并可以修改页面显示内容。

3．XMLHttpRequest 对象常用属性与方法

XMLHttpRequest 对象常用属性与作用如表 10-1 所示。

表 10-1　XMLHttpRequest 对象常用属性

属性	描述
onreadystatechange	状态改变的事件触发器
readyState	对象状态 0＝ 未初始化 1＝ 读取中 2＝ 已读取 3＝ 交互中 4＝ 完成
responseText	服务器返回的文本数据，表示为一个字符串
responseXML	服务器返回的兼容 DOM 的 XML 文档对象
status	服务器返回的状态码，如：404（文件未找到）、200（成功）
statusText	服务器返回的状态文本信息

XMLHttpRequest 对象主要方法与功能如表 10-2 所示。

表 10-2　XMLHttpRequest 对象常用方法

方法	功能
abort()	停止当前请求
getAllResponseHeaders()	把 HTTP 请求的所有响应头以键/值对形式返回
getResponseHeader("headerLabel")	返回指定名称的 HTTP 请求头的字符串值
open("method","URL"[,asyncFlag[,"userName"[, "password"]]])	建立与服务器的连接。其中参数含义如下： method：指定数据提交方法，可以是 GET/POST/PUT。 URL：指定服务器端处理程序（如 JSP/Servlet 等），可以使用绝对地址，也可以使用相对地址。 asyncFlag：用于指定交互过程中是采用同步还是异步方式，默认为 true。 userName：指定连接时的用户名。 password：指定连接时的密码。
send(content)	发送数据。如果 method 为 GET，content 为 null，如果 method 为 POST，则将数据以“参数名=值”的形式发送。
setRequestHeader("label", "value")	设置 header 并和请求一起发送。该方法要在 open()之后 send()之前调用。例如： setRequestHeader("Content-Type","application/x-www-form-urlencoded");

10.3.2　应用 Ajax 的基本步骤

1．创建 XMLHttpRequest

对于不同浏览器，XMLHttpRequest 对象的创建过程不太相同，需要针对不同浏览器进行不同的处理。下面的代码可以实现这个功能：

```
function createXMLHttpRequest() {
```

```
    var xmlreq = false;
    if (window.XMLHttpRequest) {
      // 在非 Microsoft 浏览器中创建 XMLHttpRequest 对象
      xmlreq = new XMLHttpRequest();
    } else if (window.ActiveXObject) {
      //通过 MS ActiveX 创建 XMLHttpRequest
      try {
       // 尝试按新版 Internet Explorer 方法创建 XMLHttpRequest 对象
        xmlreq = new ActiveXObject("Msxml2.XMLHTTP");
      } catch (e1) {

        try {
          // 尝试按老版 Internet Explorer 方法创建 XMLHttpRequest 对象
          xmlreq = new ActiveXObject("Microsoft.XMLHTTP");
        } catch (e2) {

        }
      }
    }
    return xmlreq;
}
```

有了这个函数，在需要向服务器发送数据的时候，就可以调用它来创建一个 XMLHttpRequest 对象。例如：

httpRequest = createXMLHttpRequest();

> **注意** 如果服务器的响应没有 XML mime-type header，某些浏览器可能无法正常工作。为了解决这个问题，如果服务器响应的 header 不是 text/xml，可以调用下面的方法修改该 header:
>
> httpRequest = overrideMimeType("text/xml");

2. 为 XMLHttpRequest 对象注册响应处理函数

为 XMLHttpRequest 对象注册响应处理函数的方法是：给 XMLHttpRequest 对象的 onreadystatechange 属性赋值一个函数名。例如：

httpRequest. onreadystatechange= processResponse;

> **注意** processResponse 为响应处理函数的函数名，在函数名后不能带括号，也不能传递参数。

上述方法不能把响应数据传到处理函数中去，如果要把 XMLHttpRequest 对象（响应数据在它的 responseText 或 responseXML 属性中）传到处理函数中去可以采用回调函数机制：

① 定义一个回调函数：

```
Function scrollFunction(httpRequest, processResponse){
return function{
 processResponse(httpRequest);
}
}
```

② 定义一个函数句柄：

```
var handlerFunction= scrollFunction (httpRequest, processResponse) ;
```

③ 注册事件处理函数

```
httpRequest. onreadystatechange= handlerFunction;
```

上述 3 个步骤也可以简化为下面的形式：

```
httpRequest. onreadystatechange=function() {processResponse(httpRequest) ;}
```

3．发送数据

首先调用 XMLHttpRequest 对象的 open()方法设置请求方式和请求的资源，然后调用 XMLHttpRequest 对象的 send()方法发送数据。

设置请求方式和请求的资源：调用 XMLHttpRequest 的 open()方法，语法如下：

```
httpRequest.open("GET", "url", true);
```

第一个参数是 HTTP 请求方式，可以是 POST、GET、PUT 或任何服务器所支持的请求方式。一般为 POST 或 GET。按照 HTTP 规范，该参数要大写，否则，某些浏览器（如 Firefox）可能无法处理请求。

第二个参数是请求资源（JSP 或 Servlet）的 URL。

第三个参数设置请求是否为异步模式，如果是 true，JavaScript 函数将继续执行，而不等待服务器响应。

发送数据：对于 GET 请求，参数是以“ ?参数名=值”的方式附加在 url 后面。所以只需要简单地进行下面的调用：

```
httpRequest.send(null);
```

对于 POST 请求就不同了，数据必须由 send()来发送，而且在发送数据之前，还要设置 HTTP 的“Content-Type”请求头为“application/x-www-form-urlencoded”。例如：

```
httpRequest.open("POST", "url", true);
httpRequest.setRequestHeader("Content-Type","application/x-www-form-urlencoded");
httpRequest.send(paramName=value& paramName=value……);
```

4．处理服务器传回的数据

当 XMLHttpRequest 对象与服务器建立连接并发给数据之后，服务器会在不同的处理阶段向 XMLHttpRequest 回传状态码，并触发 XMLHttpRequest 对象的 onreadystatechange 事件，第二步注册的 processResponse 函数就会被自动调用。

事件处理函数可以通过分析 XMLHttpRequest 的 readyState 和 status 属性来决定对响应的处理。下面是一个简单的响应处理函数的参考代码：

```
function processResponse(httpRequest) {
 if (httpRequest.readyState == 4) {
        if (httpRequest.status == 200) {
          //处理服务器回传的数据，本例仅将服务器传回的数据用对话框显示出来
          alert (httpRequest.responseText)
        } else {
          alert("HTTP error：   "+ httpRequest.status);
        }
      }
}
```

10.3.3 Ajax 应用案例

下面以用户注册过程中验证用户输入的用户名在数据库中是否存在为例介绍 Ajax 的应用。

例 10-7：Ajax 应用

案例功能描述：设计一个用户注册页面，当用户输入用户名后立即到数据库中验证该用户是否已经存在，如果已经存在，就提示用户更换其他用户名。如果不存在则显示有效标志。

（1）新建一个 WEB 项目，项目名为 ajaxTest。也可以不新建项目，直接在例 10-1 创建的项目中完成本例的功能，这样，就可以跳过第二步和第三步。

（2）配置数据库开发环境。

① 把数据库驱动程序拷贝到 Tomcat 安装目录下的 common\lib 下。如果这一步在前面案例中已经做过，在此可省略。

②为项目配置 JNDI 数据源：在 Tomcat 的安装目录\conf\Catalina\localhost 下，新建一个 XML 文件，文件名为你的项目名。数据库连接池参数的配置请参考例 10-3，在此不再列出。

源程序：ajaxTest.xml

```
<Context path="/ajaxTest" docBase="ajaxTest"
  debug="5" reloadable="true" crossContext="true">
 <Resource name=" ajaxTest /myds"
  <!--请在此处配置连接池参数 -->
 ……
</Context>
```

（3）创建数据库连接类。创建包 com.csmy.db，在该包中新建一个数据库连接类 Dbconn（代码参考例 10-3），或直接把例 10-3 创建的连接类 Dbconn.java 拷贝过来，然后修改其中的一句代码（修改数据源名为 ajaxTest/myds）：

```
DataSource ds = (DataSource) envContext
                                    .lookup("fileUpLoadTest/myds");
```

修改为：

```
DataSource ds = (DataSource) envContext
                                         .lookup("ajaxTest/myds");
```

（4）新建一个数据库访问类 Dao.java。并在其中添加用户名验证方法。代码如下：

源程序：Dao.java

```
package com.csmy.db;
import java.sql.*;
public class Dao {
      /*
       * 接收一个用户名参数，在 adminUser 表中验证该用户是否存在，如果存在返回 true，
       * 否则返回 false
       */
  public boolean existUserName(String userName) throws SQLException {
        Connection conn = null;
        PreparedStatement pstm = null;
        boolean result = false;
        conn = Dbconn.getconn();// 创建数据库连接
        pstm = conn.prepareStatement("select userName from adminUser
        where userName=?");
        pstm.setString(1, userName);
```

```
            ResultSet rs = pstm.executeQuery();
            if (rs.next()) {//如果有记录，表示用户名已存在
                    result = true;
            }
            rs.close();
            Dbconn.closeconn(conn);// 关闭数据库连接
            return result;
    }
}
```

（5）新建一个 Servlet，用于与 XMLHttpRequest 对象进行交互。参考代码如下：

源程序：UserCheck.java

```
package com.csmy.servlet;
import java.io.*;
import java.sql.SQLException;
import javax.servlet.ServletException;
import javax.servlet.http.*;
import com.csmy.db.Dao;
public class UserCheck extends HttpServlet {
  /*
   * 接收客户端传来的 userName 参数，调用 Dao 类的业务方法，根据业务方法的返
   * 回值，输出用户名是否存在的信息
   */
  public void doGet(HttpServletRequest request, HttpServletResponse response)
                throws ServletException, IOException {
        response.setContentType("text/text;charset=gb2312");
        PrintWriter out = response.getWriter();
        String userName=request.getParameter("userName");
        Dao dao=new Dao();
        if(userName==null){
                out.print("用户名不能为空");
        }else{
                try {
                        boolean exists=dao.existUserName(userName);
                        if(exists){//用户名已存在
                            out.print("该用户名已经存在，请用其他名称");
                        }else{//用户可用
                                out.print(" √ ");
                        }
                } catch (SQLException e) {//处理异常
                        out.print("数据库现在不可用，请稍后再注册");
                }
        }
        out.flush();
        out.close();
  }
```

```
    public void doPost(HttpServletRequest request, HttpServletResponse response)
                    throws ServletException, IOException {
            doGet(request,response);
    }
}
```

（6）设计注册界面。参考代码如下：

源程序：register.jsp

```
<%@ page language="java" pageEncoding="gb2312"%>
<html>
  <head>
  <title>ajax test</title>
  <script language="javascript" src="ajax.js"></script>
  </head>
<body>
请输入注册信息<p>
<form action="#"    method="post">
  用户名：<input type="text" name="userName" onblur="checkUser(this.value)">
  <label id="msg"></label>
  <p>
  密  码:           <input type="password" name="password"><p>
  性别：          <input type="radio" name="sex" value="男">男
         <input type="radio" name="sex" value="女">女        <p>
  真实姓名：<input type="text" name="realName"><p>
  电子邮箱：<input type="text" name="email"><p>
  电话：     <input type="text" name="phone"><p>
         <input type="submit" value="提交">
         <input type="reset" value="取消">
</form>
</body>
</html>
```

JavaScript 代码可以写在 JSP 文件中，但在实际编程中，建议把 JavaScript 代码放在一个单独的文件中，文件的扩展名为.js。本例就是通过<script language="javascript" src="ajax.js"></script>把下面第七步创建的 ajax.js 文件导入到本 JSP 文件。这样可以实现业务逻辑的处理与数据的显示分离，便于代码的维护，也使程序更加清晰。

（7）编写 JavaScript 脚本文件。新建一个文件 ajax.js。添加事件处理函数。参考代码如下：

源程序：ajax.js

```
//定义创建 XMLHttpRequest 的函数
function createXMLHttpRequest() {
  var xmlreq = false;
  if (window.XMLHttpRequest) {
     // 在非 Microsoft 浏览器中创建 XMLHttpRequest 对象
         xmlreq = new XMLHttpRequest();
  } else {
         if (window.ActiveXObject) {
```

```
    //通过 MS ActiveX 创建 XMLHttpRequest
            try {
    // 尝试按新版 Internet Explorer 方法创建 XMLHttpRequest 对象
                xmlreq = new ActiveXObject("Msxml2.XMLHTTP");
            }
            catch (e1) {
                try {
    // 尝试按老版 Internet Explorer 方法创建 XMLHttpRequest 对象
                    xmlreq = new ActiveXObject("Microsoft.XMLHTTP");
                }
                catch (e2) {
                }
            }
        }
    }
    return xmlreq;
}

//定义响应处理函数
function processResponse(httpRequst) {
    if (httpRequst.readyState == 4) {
        if (httpRequst.status == 200) {
            //把服务器返回的文本数据赋值给 msg 标签，该标签是在 register.jsp 中定义的
            msg.innerText = httpRequst.responseText;
        } else {
            alert("HTTP error\uff1a " + httpRequst.status);
        }
    }
}

//定义 userName 文本框的失去焦点事件（onblur）处理函数
function checkUser(userName) {
    if(userName=null)
    //创建 XMLHttpRequest
    var httpRequst = createXMLHttpRequest();
    //注册响应处理函数
    httpRequst.onreadystatechange = function () {
        processResponse(httpRequst);
    }
    //建立与服务器的连接，设置请求方式与请求资源
    httpRequst.open("GET", "/ajaxTest/UserCheck?userName="+userName, true);
    //发送请求
    httpRequst.send(null);
}
```

在 checkUser(userName)函数中，还可以利用 JavaScript 和正则表达式对用户名进行空值检查和格式验证，这样服务器端的 Servlet 就不用进行空值检查与格式验证了，可以减轻服务器的负担，提高程序的执行效率。把原来由服务器完成的部分工作改由客户端的 JavaScript 去完成也是 Ajax 理念之一。

（8）运行 register.jsp。在浏览器中输入地址：http://127.0.0.1:8080/ajaxTest/register.jsp。

在用户名文本框中输入 admin（该用户数据库已经存在），当用户名输入框失去焦点时，id 属性为 msg 的标签会立即显示“用户名已经存在”的提示信息，如图 10-3 所示。如果输入一个数据库中不存在的用户名，如 abcd。则显示一个“√”，表示该用户名可用，如图 10-4 所示。

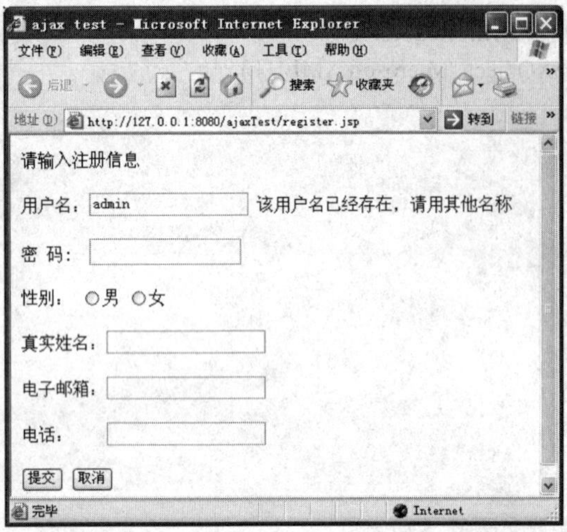

图 10-3 用户名存在时的效果

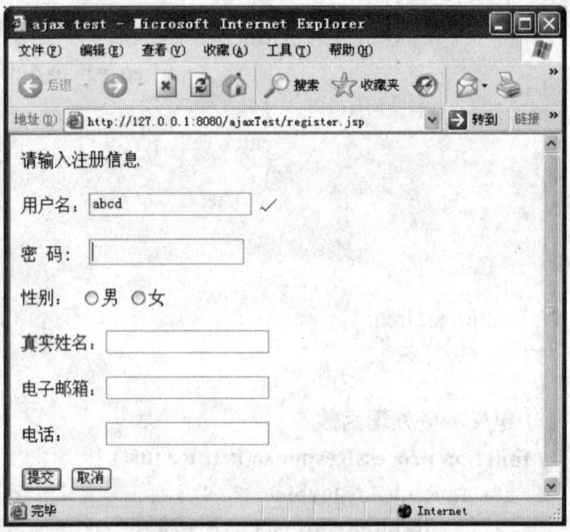

图 10-4 用户名不存在时的效果

10.4 JavaMail

对于一个网站来说，具有发送接收 E-mail 的功能是一个能够提高访问量的很好的办法。在 Java Web 开发中，使用 JavaMail API 能够实现发送、接收邮件的功能。JavaMail API 对 SMTP、POP3、IMAP 提供了支持，封装了电子邮件处理中用到的邮件对象、发送功能、身份认证功能及接收邮件功能等。

10.4.1 JavaMail 分层体系

JavaMail 分为三层：抽象层、Internet 邮件实现层、协议实现层，JavaMail API 包括抽象层、Internet 邮件实现层。

抽象层：该层定义了用于邮件处理功能的抽象类、抽象方法和接口，所有的邮件系统都支持这些功能，它独立于供应商和协议消息，抽象层位于 JavaMail 顶层包（即 javax.mail）中。

Internet 邮件实现层：该层实现了部分抽象层元素，它遵循 Internet 标准和 MIME。Internet 邮件实现层定义的类和接口位于 javax.mail.internet 包内。

协议实现层：该层由服务提供商实现对特定协议的支持，如 SMTP、POP、IMAP 和 NNTP 等。Sun 为开发者提供了完备的一组协议的支持。

图 10-5 描述了这种分层结构，JavaMail 客户机使用 JMS API，服务供应商提供 JMS API 的实现。这种体系确保无论使用哪种协议、由哪一家厂商提供对该协议的实现，JavaMail 客户机都可以使用同样的 JavaMail API 收发邮件。

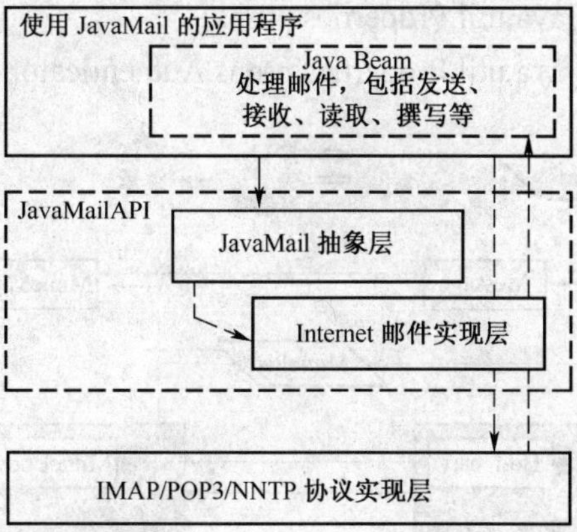

图 10-5 JavaMail 分层体系

10.4.2 JavaMail 核心 API

JavaMail 核心 API 可分为两个部分，一部分由七个类组成：Session、Message、Address、Authenticator、Transport、Store 及 Folder。它们位于 JavaMail API 顶级包（但开发者需要使用的具体子类可能位于 javax.mail.internet 包内）。这些类可以用来完成常用电子邮件收发工作，包括消息发送、检索、删除、认证、回复及附件管理等。图 10-6 描述了这些类完成 JavaMail 邮件收发的过程。

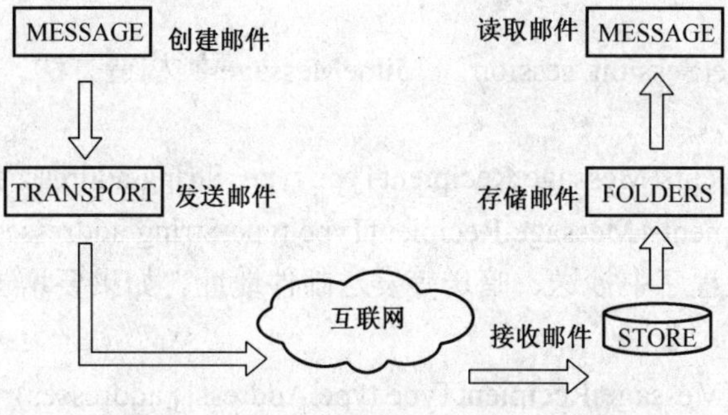

图 10-6 JavaMail 邮件收发过程示意图

JavaMail 核心 API 的另一部分主要类与接口包括：Part、Message、Bodypart、Multipart、MimePart、MimeMessage、MimeBodypart 和 MimeMultipart。这些类和接口主要用于对邮件消息的封装。图 10-7 描述了这些类和接口的层次关系。

下面对 JavaMail API 中常用类或接口作一简单的介绍，关于这些类和接口的深入说明请参考 JavaMail 的相关资料或文档。

1．Session 类

Session 类定义了一个基本邮件会话。用户要收发邮件必须先建立邮件会话对象，这个对象可用来创建邮件消息对象、实现邮件消息对象中数据的封装，还可指定邮件服务器认证的客户端属性。可以通过下面的方法来获得一个 Session 实例：

- Session getDefaultInstance(java.util.Properties props)
- Session getDefaultInstance(java.util.Properties props,Authenticator authenticator)

- Session getInstance(java.util.Properties props)
- Session getInstance(java.util.Properties props,Authenticator authenticator)

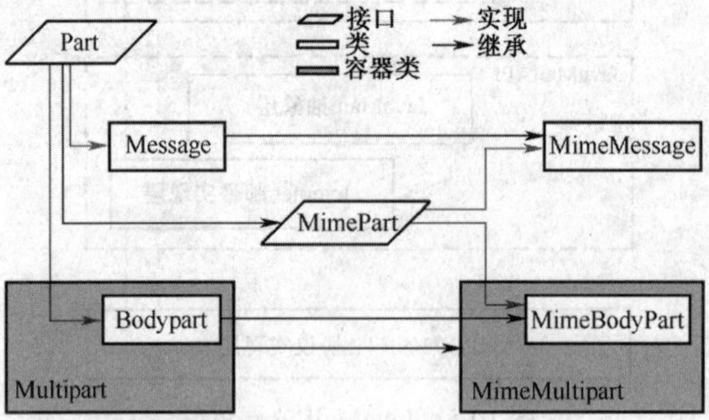

图 10-7　JavaMail 消息类与接口

参数 props 是属性对象，继承自 HashTable（哈希表），简单地说就是键值对，参数 authenticator 对象是邮件认证对象。

2．MimeMessage 类

获得 Session 对象后，就可以创建要发送的邮件消息，MimeMessage 就是用来封装邮件消息的实现类，它是 JavaMail 编程中最重要的类，代表 MIME 风格的邮件，包括邮件头和邮件体。客户端如果想要创建一个 MIME 风格的邮件，就需要先调用 MimeMessage 类的构造方法生成一个空的 MimeMessage 对象，再填充这个对象的相关属性与邮件的内容。其常用方法如下：

（1）MimeMessage(Session session)：MimeMessage 类构造方法。参数 session 是邮件会话对象。

（2）void setRecipients(Message.RecipientType type, String addresses)：设置邮件接收者。

（3）void addRecipients(Message.RecipientType type,String addresses)：增加一个邮件接收者，例如一般邮件管理程序中抄送、暗送等发送邮件地址。如果要增加多个邮件接收者，可以使用下面的语法：

void addRecipients(Message.RecipientType type,Address[] addresses)

其中参数 type 是邮件接收类型，一般使用 Message.RecipientType.TO，addresses 是增加的邮件发送地址，一般使用 InternetAddress 类对象。

（4）Address[] getAllRecipients()：得到所有的邮件接收者地址。

（5）void setFrom(InternetAddress address)：设置邮件头中的 From 属性。

（6）void setSubject(String subject[,String charset])：设置邮件的主题。

（7）setSentDate(Date date)：设置邮件的发送时间。

（8）void setText(String text)：设置邮件的消息内容（即邮件体），仅限于文本内容，用于发送简单文本内容的邮件。

（9）void setContent(Multipart mp)：设置邮件的消息内容（即邮件体），参数 mp 一般为 MimeMultipart 类对象，该对象是一个容器对象，可以向该容器中加入多个 MimeBodyPart 类对象，要发送带附件的邮件就要使用这个方法。

（10）String getContentType()：得到表示邮件消息内容类型的字符串，如"text/plain"。

（11）Address[] getFrom()：得到邮件消息发件邮箱数组，返回类型为 Address 数组。

发件邮箱位于邮件头中的 From 属性中，如果 From 中没有值则取出 Sender 属性中的值，如果 Sender 属性中也没有值则返回 null。

（12）String getSubject()：得到邮件消息的主题，其实也就是邮件头中的 Subject 属性的值。

（13）isMimeType(String mimeType)：判断邮件消息内容是否是指定的类型，返回类型为 boolean，是则返回 true，否则返回 false。

（14）java.util.Properties getProperties()：此方法得到邮件会话的属性类对象。

如果要直接得到具体的某个属性的值则使用如下的方法：

String getProperty(String name)

（15）Store getStore(String protocol)：得到邮件会话的邮件存储 Store 对象，Store 对象可以建立与邮件服务器的连接，可以从邮件服务器中得到邮件。如果得不到 Store 对象则会抛出 NoSuchProviderException 异常。

（16）Transport getTransport(Address address)：得到一个可以传送消息到特定地址的传送对象。参数 address 是接收者的地址对象。如果得不到传送对象则会抛出 NoSuchProvider Exception 异常。

3．InternetAddress 类

InternetAddress 是 javax.mail.Address 的子类，代表 Internet 中的邮件地址。常用方法如下：

（1）InternetAddress(String address)：构造函数，用来建立 InternetAddress 类的对象。其中，参数 address 是构造对象的 E-mail 地址。

（2）String getAddress()：此方法得到 E-mail 地址。

4．Transport 类

Transport 是邮件发送类，它使用指定协议发送邮件，类的层次结构为 javax.mail.Transport，可由 Session 类对象的 getTransport()方法生成 Transport 类对象实例。常用方法如下：

（1）void connect([String host,] [int port ,] String user,String password)：此方法用于连接到指定的邮件服务器。参数 host 是用来发送邮件的 SMTP 服务器的地址，如 tom.com 的发送邮件服务器为 smtp.tom.com；user 为登录邮件服务器的用户名；password 是登录邮件服务器的用户密码；如果是连接本地邮件服务器则不必给出服务器地址；如果发送邮件服务器使用的是默认的端口号，port（端口号）参数也可省略。

（2）void sendMessage(Message msg,Address[] addresses)：此方法用于发送消息。参数 msg 是要发送的邮件消息，参数 address 是发送邮件地址的数组。

5．Store 类

Store 是一个抽象类，它模拟了消息存储器及其内部目录（Folder）访问协议以存储和读取消息，其子类提供具体的实现。Store 类可用来从邮件服务器上接收邮件，其类的层次结构为 javax.mail.Stroe。Store 类最常用的方法就是 getFolder()，此方法得到指定名称的邮件服务器文件夹中的邮件，调用方法：

Folder getFolder(String name)：

参数 name 是指定的邮件服务器上文件夹的名称。

6．Folder 类

Folder 类是一个抽象类，用于分级组织邮件，表示一个包含消息的目录，其子类提供针对具体协议的实现。常用方法有：

（1）boolean exists()：此方法验证邮件文件夹是否存在，返回值是 boolean 类型，如果存在则返回 true，否则返回 false。

（2）void open(int mode)：打开文件夹。参数 mode 为打开文件夹的模式。取值为 Folder 类定义的常量，常用的是：READ_ONLY 表示只读或 READ_WRITE 表示其内容可读可写。

（3）Message[] getMessages()：得到此邮件文件夹对象的所有邮件消息对象数组，返回类型是一个邮件消息数组。

10.4.3 Java Mail 开发环境与运行环境

1．下载 JavaMail 和 JAF

如果您使用的 JDK 为 1.6 或更高版本，则只需下载 JavaMail 组件包即可，JAF（JavaBeans Activation Framework）在 JDK 1.6 中已包含这个包（在 rt.jar 中），故不必再行安装了。JavaMail 组件包可以从 Oracle 公司的网站上免费下载得到，JavaMail 的官方网址如下：

http://www.oracle.com/technetwork/java/index-138643.html

或使用下面的地址直接下载.zip 文件：

http://download.oracle.com/otn-pub/java/javamail/1.4.4/javamail1_4_4.zip

JavaMail 组件包的最新版本为 1.4.4，下载得到的文件为 javamail1_4_4.zip。解压缩后，可以得到 JavaMail 组件的 API 文档及相关的 JAR 文件，其中 mail.jar 是进行邮件开发所必需的。将 mail.jar 拷贝到 Tomcat 安装目录的 lib 子目录中则所有 WEB 应用均可用；如果只需要当前 WEB 应用可用则可拷贝到当前 WEB 项目的“WEB-INF/lib”目录中。

如果您使用的是 JDK 1.6 以下的版本，则还需要安装 JAF 以提供 javax.activation 包，JAF 目前版本是 jaf-1.1.1。官方下载地址为：

http://www.oracle.com/technetwork/java/javase/downloads/index-135046.html

或直接用下面的地址下载.zip 文件：

http://download.oracle.com/otn-pub/java/jaf/1.1.1/jaf-1_1_1.zip

下载之后得到是 jaf-1_1_1.zip 文件，解压后把 activation.jar 拷贝到 Tomcat 安装目录的 lib 子目录中或当前 WEB 项目的“WEB-INF/lib”目录中。

2．配置 CLASSPATH

在 MyEclipse 开发环境下，右击项目名，在弹出的下拉菜单中选择“Build Path”→“Configure Build Path”，将打开项目属性对话框。选择“Libraries”标签，然后单击“Add External Jars”按钮。在打开的 JAR 文件选择对话框中选择 mail.jar 文件。用同样的方法添加 activation.jar。当然也可以直接在系统的环境变量 classpath 中进行配置。

另外，要让 JavaMail 能够顺利地发送 Email，你必须有一台支持 POP3/SMTP 协议的 Email 服务器（Microsoft Exchange Server/Magic Winmail 等），如果读者没有，可以到网上申请两个免费的邮箱，然后从免费邮箱的帮助系统查阅他们的 POP3 和 SMTP 服务器域名或 IP 地址。本书例题使用的是在 www.tom.com 网上申请免费邮箱。

> **注意** 要熟练掌握 JavaMail 编程，最好是自己配置一个 Email 服务器，因为使用免费邮箱测试 JavaMail 邮件发送程序时，经常会被反垃圾邮件程序封杀，从而导致发送邮件失败。接收邮件一般没有问题。

10.4.4 JavaMail 邮件收发案例

例 10-8：本例利用 tom.com 网站的 1 个 Internet 邮箱作为发件箱，向 21cn.com 网站的 1 个 Internet 邮箱发送一封简单的文本格式的邮件

（1）按 10.4.1 节内容配置 JavaMail 开发环境。

（2）编写一个邮件发送页面：新建一个 HTML 文件，文件名为 sendMail.html。代码如下：

源程序：sendMail.html

```
<html>
    <body>
    <form action="SendEmail" method="post">
    <table align="center" border="2" cellspacing="1" cellpadding="1" width="100">
    <tr>
    <td width="50%">
    收件人：<br><input name="to"size="25">
    </td>
    </tr>
    <tr>
    <td colspan="2">
    主题：<br><input name="title"size="50">
    </td>
    </tr>
    <tr>
    <td colspan="2">
    <p>内容：<br><textarea name="content"rows=8 cols=70></textarea></p>
    </td>
    </tr>
    <tr>
      <td colspan="2">
      <input type="submit"name="send"value="发送">
      <input type="reset"name="reset"value="重置">
      </td>
    </tr>
    </table>
</form>
</body>
</html>
```

该程序运行效果如图 10-8 所示。

（3）处理邮件发送：新建一个 Servlet 类，类名为 SendEmail。功能为接收客户端提交的邮件信息，连接发送邮件服务器并发送邮件。本例只考虑发送简单文本格式的邮件，代码如下：

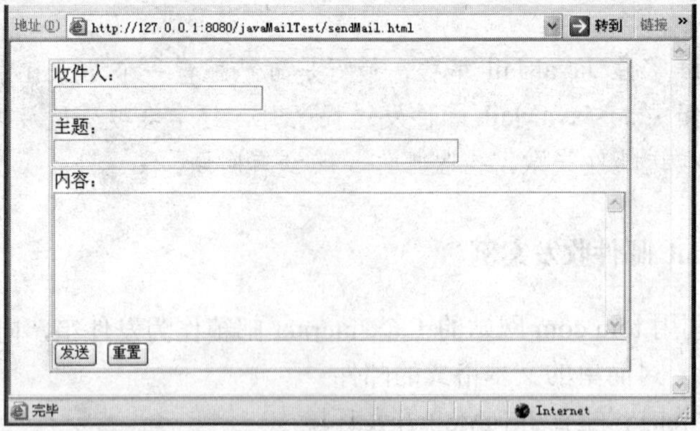

图 10-8　发送邮件程序示例

源程序：SendEmail.java

```
package com.csmy.sendMail;
import java.io.*;
import java.util.*;
import java.util.Properties;
import javax.mail.*;
import javax.mail.internet.*;
import javax.servlet.ServletException;
import javax.servlet.http.*;
/*这是一个处理简单邮件发送的 Servlet */
public class SendEmail extends HttpServlet {
  public void doGet(HttpServletRequest request, HttpServletResponse response)
                throws ServletException, IOException {
        response.setContentType("text/html;charset=gb2312");
        request.setCharacterEncoding("gb2312");
        PrintWriter out = response.getWriter();
        /*------ 接收邮件数据-----------------*/
        String to_mail = request.getParameter("to");
        String to_title = request.getParameter("title");
        String to_content = request.getParameter("content");
        /*---------建立邮件会话-------------------*/
        Properties props = new Properties();
        props.put("mail.smtp.host", "smtp.tom.com");// 存储发送邮件服务器的信息
        props.put("mail.smtp.auth", "true");// 同时通过验证
        /*--------------------创建一个邮件会话-------------*/
        Session session = Session.getInstance(props);// 根据属性新建一个邮件会话
        session.setDebug(true);//设置调试标志
        /*----- 由邮件会话新建一个消息对象-------*/
        MimeMessage message = new MimeMessage(session);
        try {
                /*--------------------设置邮件头-------------*/
                // 设置发件人
                message.setFrom(new InternetAddress("liuchun_8@tom.com"));
                // 设置收件人，并设置其接收类型为 TO
```

```
            InternetAddress to = new InternetAddress(to_mail);
            message.setRecipient(Message.RecipientType.TO, to);
            message.setSubject(to_title);// 设置主题
            message.setSentDate(new Date());// 设置发信时间
            /*--------------------设置邮件体-------------*/
            message.setText(to_content);// 设置信件内容
            message.saveChanges();// 存储邮件信息
            /*-------------------发送邮件--------------*/
            Transport transport = session.getTransport("smtp");
            /*
             *以 smtp 方式登录邮箱，第一个参数是发送邮件用的邮件服务器 SMTP 地
             *址第二个参数为用户名，第三个参数为密码
             */
            transport.connect("smtp.tom.com", "liuchun_8", "5670***");
            // 发送邮件，其中第二个参数是所有已设好的收件人地址
            transport.sendMessage(message, message.getAllRecipients());
            transport.close();        //关闭与服务器的连接
            out.print("邮件发送成功!");
        } catch (AddressException e) {
            e.printStackTrace();
        } catch (MessagingException e) {
            out.print("邮件发送失败!");
        }
    }
}
```

该程序比较简单，重要代码都有详细解释。读者应该从这个例题中归纳出发邮件的基本思路和步骤。第一步是创建一个邮件会话（Session），第二步是创建消息对象（Message），第三步是设置邮件头，第四步是设置邮件内容，第五步是创建传输对象（**Transport**）并发送邮件。这个示例是发送文本格式的邮件，当然 JavaMail 也以发送带附件的邮件，代码可以参考下面的案例。

例 10-9：发送带附件的邮件

源程序：SendAttachEmail.java

```
/*这是一个处理带附件的邮件发送的 Servlet */
public class SendAttachEmail extends HttpServlet {
public void doGet(HttpServletRequest request, HttpServletResponse response)
            throws ServletException, IOException {
        response.setContentType("text/html;charset=gb2312");
        request.setCharacterEncoding("gb2312");
        PrintWriter out = response.getWriter();
        // 接收客户端填写的邮件信息
        String to_mail = request.getParameter("to");
        // String from=request.getParameter("from");
        String to_title = request.getParameter("title");
        String to_content = request.getParameter("content");
```

```
/*---------建立邮件会话-------------------*/
Properties props = new Properties();
props.put("mail.smtp.host", "smtp.tom.com");// 存储发送邮件服务器的信息
props.put("mail.smtp.auth", "true");// 同时通过验证
Session session = Session.getInstance(props);// 根据属性新建一个邮件会话
session.setDebug(true);
try {
        /*--------------------设置邮件头-------------*/
        // 由邮件会话新建一个消息对象
        MimeMessage message = new MimeMessage(session);
        // 设置发件人
        message.setFrom(new InternetAddress("liuchun_8@tom.com"));
        // 设置收件人，并设置其接收类型为 TO
        InternetAddress to = new InternetAddress(to_mail);
        message.setRecipient(Message.RecipientType.TO, to);
        message.setSubject(to_title);// 设置主题

        /*--------------------设置带附件的邮件体-------------*/
        /*
        * 新建一个 MimeMultipart 对象用来存放多个 BodyPart 对象邮件体，
        * MimeMultipart 对象是一个容器对象，可以加入多个 BodyPart 对象
        */
        Multipart multipart = new MimeMultipart();
        /* 设置信件文本内容——第一个 body
        * 新建一个存放信件内容的 BodyPart 对象
        * /
        BodyPart bodyPart1 = new MimeBodyPart();
        /* 设置 BodyPart 对象内容、格式、编码方式，第一个参数为邮件内容，
        * 第二个参数为格式和编码，本例设置格式为 html/text，这样可以发
        * 送 HTML 格式的文本
        */
        bodyPart1.setContent(to_content, "text/html;charset=gb2312");
        // 将含有信件内容的 BodyPart 加入到 MimeMultipart 容器中
        multipart.addBodyPart(bodyPart1);

        // 设置信件的附件——第二个 body
        BodyPart bodyPart2 = new MimeBodyPart();
      /*------下面是添加附件的代码----------------*/
      //这里是将 WEB 服务器上指定的文件作为附件发送
        FileDataSource fds = new FileDataSource("d:/test/a.txt");
        DataHandler dh = new DataHandler(fds);
        bodyPart2.setFileName("a.txt");// 可以和原文件名不一致
        bodyPart2.setDataHandler(dh);
        multipart.addBodyPart(bodyPart2);
      /* ------------------------------------------------------*/
        message.setContent(multipart);// 把 multipart 作为消息对象的内容
```

```
            message.setSentDate(new Date());// 设置发信时间
            message.saveChanges();// 存储邮件信息
            /*------------------发送邮件--------------*/
            Transport transport = session.getTransport("smtp");
            transport.connect("smtp.tom.com", "liuchun_8", "5670***");
            // 发送邮件，其中第二个参数是所有已设好的收件人地址
            transport.sendMessage(message, message.getAllRecipients());
            transport.close();//关闭与邮件服务器的连接
            out.print("邮件发送成功!");
        } catch (AddressException e) {
            // TODO Auto-generated catch block
            //e.printStackTrace();
            out.print(e.toString());
        } catch (MessagingException e) {
            // TODO Auto-generated catch block
            out.print("邮件发送失败!");
            out.print(e.toString());
        }
}}
```

本例说明了发送 HTML 格式邮件和发送附件的方法，但本案例附件限于已存放于 WEB 服务器上的文件。在实际 JavaMail 开发中，都是希望由客户端上传的文件作为附件，怎么实现呢？方法有两种：

（1）参考例 10-2 的文件上传处理方法，把客户端发送邮件时提交的文件附件先保存到服务器上，然后使用上传后保存文件的路径和文件名来创建 DataSource 对象。

（2）文件上传后不保存，直接使用上传的文件流或 byte 数组来创建 DataSource。但是 JAF 提供的所有 DataSource 实现类都不支持从 InputStream 或 byte 数组来创建 DataSource。所以只能自己编写一个 DataSource 的实现类，这在网上有很多参考代码。如果读者只是希望简单实现用 InputStream 或 byte 数组来完成文件附件的上传，可以参考下面的代码。

源程序：ByteArrayDataSource.java

```
package com.csmy.bean;
import java.io.*;
import javax.activation.DataSource;
public class ByteArrayDataSource implements DataSource {
    private byte[] data;
    private String type; //数据格式
    //使用 byte 数组的构造方法
    public ByteArrayDataSource(byte[] data, String type) {
        super();
        this.data = data;
        this.type = type;
    }
    //使用输入流的构造方法
    public ByteArrayDataSource(InputStream fin, String type) throws IOException {
        super();
```

```
        byte[] b= new byte[fin.available()];
        fin.read(b);
        this.data = b;
        this.type = type;
    }

    public ByteArrayDataSource(byte[] data) {
        super();
        this.data = data;
    }
    public void setType(String type) {
        this.type = type;
    }
    public String getContentType() {
        if (type == null)
            return "application/octet-stream";
        else
            return type;
    }
    public InputStream getInputStream() throws IOException {
        return new ByteArrayInputStream(data);
    }
    public String getName() {

        return "ByteArrayDataSource";
    }
    public OutputStream getOutputStream() throws IOException {
        throw new IOException("Not Supported");
    }
```

有了这个类，就可以通过输入流来实例化 DataSource 数据源对象。例如：

```
ByteArrayDataSource fds=new ByteArrayDataSource(inputStream)
DataHandler dh = new DataHandler(fds);
```

例 10-10：接收邮件

接收邮件包括三部分：列出收件箱的邮件列表；查看文件内容；下载附件。

（1）列出收件箱的邮件列表。新建一个 JSP 文件，文件名为 receiveMail.jsp。代码如下：

源程序：receiveMail.jsp

```
<%@ page language="java"    pageEncoding="gb2312"%>
<%@ page import="javax.mail.*"%>
<%@ page import="javax.mail.internet.*"%>
<html>
<head>
<title>接收邮件</title>
</head>
<body>
<%
```

```
//获取默认会话，注意这是 JavaMail 会话，不是 JSP 的 session 对象
Session mailsession=Session.getInstance(System.getProperties(),null);
mailsession.setDebug(false);
//protocol 为连接协议，一般接收邮件服务器使用 IMAP 或是 POP3 协议
//tom.com 使用的是 POP3 会话机制。使用 POP3 协议获得 Store
Store store=mailsession.getStore("pop3");
//连接 mailhost 主机，这里需要三个参数：接收邮件服务器名、用户名和密码。
 //pop.tom.com 为 tom.com 的接收服务器，liuchun_8 为用户名，5670***为密码
store.connect("pop.tom.com","liuchun_8","5670***");
//获取默认文件夹
// folder = store.getDefaultFolder();
//获取收件箱文件夹（INBOX）
Folder folder = store.getFolder("INBOX");
 //使用只读方式打开收件箱
folder.open(Folder.READ_ONLY);
//得到文件夹信息，获取邮件列表
Message messages[]=folder.getMessages();
%>
<center>liuchun_8@tom.com 邮箱的收件箱中共有<%=+messages.length%>封邮件：</center><br>
<table align="center" border="1">
<tr>
<td colspan="5" align="center">下表是 liuchun_8@tom.com 邮箱中收件箱中的内容</td>
</tr>
<tr>
<td>序号</td> <td>标题</td> <td>发送者地址</td> <td>邮件大小</td><td>发送时间</td>
</tr>
<%
//输出每封邮件的相关信息
for(int i=0;i<messages.length;i++){
    //输出序号
  out.print("<tr><td>"+(i+1)+"</td>");

  /* 输出邮件主题，并产生一个链接到 viewMail.jsp（用于显示该邮件详细内容）
  * 的超链接
  * 把邮件 ID 号作为参数传到 viewMail.jsp 中作为查找该邮件的依据*/
  out.print("<td><a href='viewMail.jsp?id="
                +((MimeMessage)(messages[i])).getMessageID()+"'>"
                +messages[i].getSubject()+"</a></td>");
  String from =messages[i].getFrom()[0].toString();
  InternetAddress ia = new InternetAddress(from);
  //输出发件人
  out.print("<td>"+ia.getAddress()+"</td>");
  //输出邮件大小
  out.print("<td>"+messages[i].getSize()+"</td>");
  //输出邮件发送日期
  out.print("<td>"+messages[i].getSentDate()+"</td></tr>");
```

```
}
  //及时关闭与邮件服务器的连接
  folder.close(true);
  store.close();
%>
</table>
</body>
</html>
```

接收邮件程序的基本过程是：首先获取默认邮件会话（**Session**）对象，通过会话对象获取邮件存储对象（**Store**），由 Store 对象获取文件夹（**Folder**）对象，由 Folder 对象获取所有邮件消息（**Messages[ ]**），最后处理消息对象。程序运行结果如图 10-9 所示。

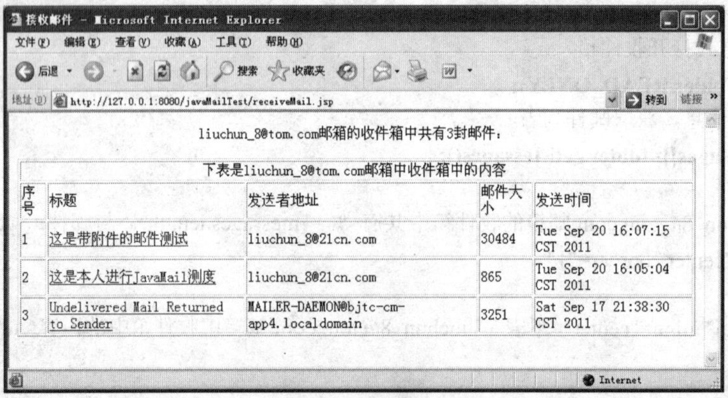

图 10-9　接收邮件列表

（2）编写查看邮件内容的 JSP。该 JSP 接收一个邮件消息 ID 号（邮件服务器会为每封邮件产生一个唯一的 ID 号），通过 ID 号查找指定的邮件，并显示邮件内容和附件列表。代码如下：

源程序：viewMail.jsp

```
<%@ page language="java" contentType="text/html; charset=gb2312"%>
<%@ page import="javax.mail.*"%>
<%@ page import="javax.mail.internet.*,com.csmy.bean.MailUtil"%>
<html>
<head>
<title>接收邮件</title>
</head>
<body>
<%
String messageId=request.getParameter("id");
Session mailsession=Session.getInstance(System.getProperties(),null);
mailsession.setDebug(false);
//protocol 为连接协议，IMAP 或是 POP
Store store=mailsession.getStore("pop3");
//mailhost 主机，user 为用户名，passwd 为密码
store.connect("pop.tom.com","liuchun_8","5670***");
```

```
Folder folder = store.getFolder("INBOX");
folder.open(Folder.READ_ONLY);
Message messages[]=folder.getMessages();
int i=0;
//查找指定 ID 号的邮件消息
for(;i<messages.length;i++)
  if(((MimeMessage)(messages[i])).getMessageID().equals(messageId))
  break;
%>
<table align="center" border="1">
  <tr>
    <td>邮件标题：</td>
    <td><%=messages[i].getSubject()%></td></tr>
  <tr>
    <td>发送者邮箱：</td>
    <td>
      <%String from =messages[i].getFrom()[0].toString();
      InternetAddress ia = new InternetAddress(from);
      out.print(ia.getAddress());%>
    </td>
  </tr>
  <tr>
    <td>邮件内容：</td>
    <td>
     <%
      //获取邮件内容
      Object content =messages[i].getContent();
      //如果是文本
      if(content instanceof String)
            out.print(content);
        //如果是 Multipart（带附件）对象
      if(content instanceof Multipart)
      //调用 com.csmy.bean 包中 MailUtil 中定义的 parseMultipart 处理 Multipart
        MailUtil.parseMultipart((Multipart)content,out,messageId);
        folder.close(true);
        store.close();
     %>
   </td>
    </tr>
</table>
</body>
</html>
```

该程序运行结果如图 10-10 所示。

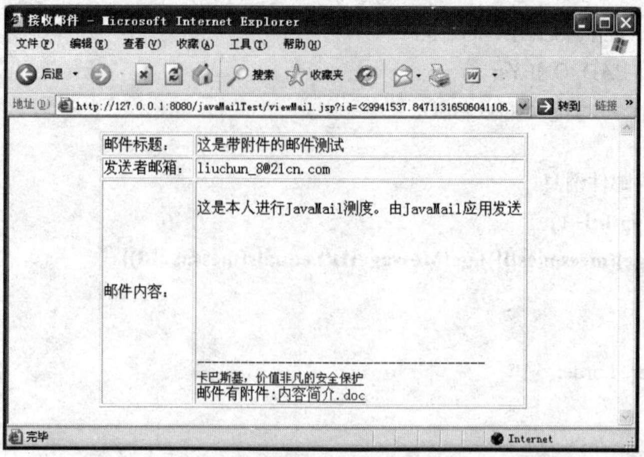

图 10-10　显示邮件内容

在 viewMail.jsp 中，首先像 receiveMail.jsp 一样获得所有邮件消息数组，然后通过 ID 号查找指定的邮件消息。最后将邮件消息内容显示出来，如果有附件就列出所有附件，并超链接到附件下载程序。该程序要用到 com.csmy.bean.MailUtil 类中定义的 parseMultipart()方法，该方法的功能是处理 Multipart 类型的邮件消息。代码如下：

源程序：MailUtil.java

```
package com.csmy.bean;
import java.io.*;
import javax.mail.*;
import javax.mail.internet.MimeUtility;
import javax.servlet.jsp.JspWriter;
public class MailUtil {
  /*
   * 转换文本的编码，参数 text 为要转换的的文本
   */
  public static String decodeText(String text) throws UnsupportedEncodingException{
            if(text==null) return null;
            //邮件服务器返回的文本会以“=? +编码”开头
            if (text.toLowerCase().startsWith("=?gb")
                        || text.toLowerCase().startsWith("=?utf"))
                  text = MimeUtility.decodeText(text);
            else
                  text = new String(text.getBytes("ISO8859_1"));
            return text;
          }
  /*
   * 输出 Multipart 邮件体的邮件内容
   * 参数 out 为 JSP 输出流，messageId 为邮件消息 ID 号
   */
   public static void parseMultipart(Multipart part,JspWriter out,String messageId)
   throws MessagingException, IOException{
          //遍历 Multipart 中所有 BodyPart
          for(int i=0;i<part.getCount();i++){
                BodyPart bodyPart = part.getBodyPart(i);
```

```
				Object content = bodyPart.getContent();
				if(content instanceof String){
					out.print(content);
				}else{
					if(content instanceof Multipart)
						//递归调用
						parseMultipart((Multipart)content,out,messageId);
					else
						if(content instanceof InputStream)		{ //如果是附件
					//调用本类中定义的 decodeText()方法进行编码转换
							String fileName=decodeText(bodyPart.getFileName());
					//输出附件名和超链接
							out.print("邮件有附件:<a href='DownAttachFile?id="
								+messageId+"&fileName="+fileName
								+"'>"+fileName+"</a>");
						}
				}
			}
	}
	/*
	 * 用于处理附件下载
	 * 参数 part 是包含附件的 Multipart 类型的邮件体
	 * fileName 是要下载附件文件名
	 */
	public static InputStream getAttachFile(Multipart part,String fileName)
	 throws MessagingException, IOException{
		InputStream fin=null;
		for(int i=0;i<part.getCount();i++){
			BodyPart bodyPart = part.getBodyPart(i);
			Object content = bodyPart.getContent();
			if(content instanceof String){
				continue;
			}else{
				if(content instanceof Multipart)
					getAttachFile((Multipart)content,fileName);
				else
					if(content instanceof InputStream ){
						String file=decodeText(bodyPart.getFileName());

						if (file.equals(fileName)){
						//得到要返回的输入流
						fin =(InputStream)content;
						break;
						}
					}
			}
		}
		return fin;
	}
}
```

（3）编写处理附件下载的 Servlet。用户查看邮件内容时，如果单击附件链接（链接中包含邮件消息 ID 号和附件文件名两个参数），就调用该 Servlet。代码如下：

源程序：DownAttachFile.java

```
package com.csmy.Receive;
import java.io.*;
import java.net.URLEncoder;
import javax.servlet.ServletException;
import javax.servlet.http.*;
import javax.mail.*;
import javax.mail.internet.*;
import com.csmy.bean.MailUtil;
public class DownAttachFile extends HttpServlet {
  public void doGet(HttpServletRequest request, HttpServletResponse response)
              throws ServletException, IOException {
        String messageId = request.getParameter("id");
        String fileName = request.getParameter("fileName");
        //把接收的文件名转换成 GBK 编码
        fileName = new String(fileName.getBytes("ISO-8859-1"),"GBK");
        InputStream fin = null;
        // -----连接邮件服务器，查找 messageId 对应的邮件消息---------
        Session mailsession = Session.getInstance(System.getProperties(), null);
        mailsession.setDebug(false);
        // protocol 为连接协议，IMAP 或是 POP
        Store store=null;
        Folder folder=null;
        try {
              store = mailsession.getStore("pop3");
              store.connect("pop.tom.com", "liuchun_8", "5670***");
              folder = store.getFolder("INBOX");
              folder.open(Folder.READ_ONLY);
              Message messages[] = folder.getMessages();
              int i = 0;
              for (; i < messages.length; i++) {
                    if (((MimeMessage) (messages[i])).getMessageID().equals(
                                      messageId))
                          break;
              }
              // -------------------下载附件-----------------------
              Object content = messages[i].getContent();
              if (content instanceof Multipart) {
              /*调用 com.csmy.bean.MailUtil 类中定义的 getAttachFile()方法，得到附件的输入流*/
                    fin=MailUtil.getAttachFile((Multipart)content, fileName);
                    if (fin != null) {
                          response.setContentType("APPLICATION/OCTET-STREAM");
                          response.setHeader("Content-Disposition",
                          "attachment; filename=\""+URLEncoder.encode(fileName,
                          "utf-8") + "\"");
                          OutputStream out = response.getOutputStream();
                          byte[] b = new byte[1024 * 4];
```

```
                        i = 0;
                        // 读取文件并写入 Servlet 输出流中
                        while ((i = fin.read(b)) > 0) {
                                out.write(b, 0, i);
                        }
                    }
                }
            }catch (NoSuchProviderException e) {
                e.printStackTrace();
            }catch (MessagingException e) {
                e.printStackTrace();
            }finally{
                try {
                    if(folder==null)
                    folder.close(true);
                    if(store==null)
                    store.close();
                } catch (MessagingException e) {
                    e.printStackTrace();
                }
            }
        }
    }
```

该程序基本由两部分组成，一部分与 viewMail.jsp 基本一致，是从邮件服务器查找指定的邮件；第二部分为文件下载部分，与例 10-4 的文件下载代码基本一致，只是这里的文件流是来自邮件服务器的输入流。在 viewMail.jsp 的运行结果窗口中，如果用户单击附件超链接，将得到如图 10-11 所示效果。

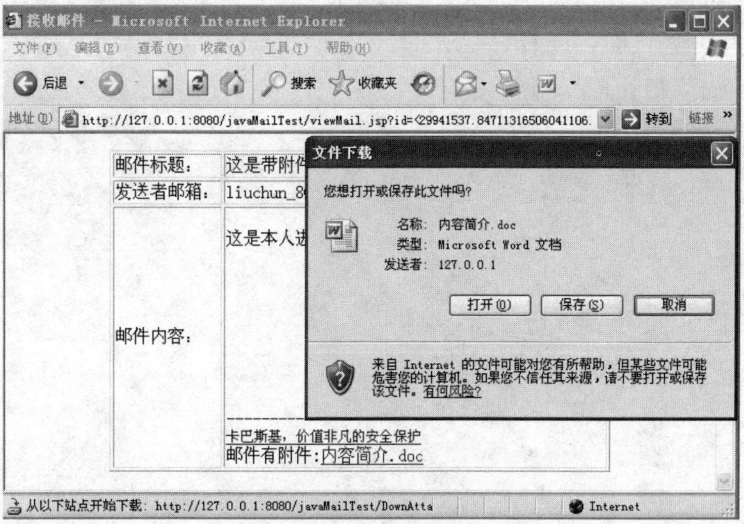

图 10-11　邮件附件下载效果图

参考文献

[1] 李绪成，闫海珍．Java Web 开发教程——入门与提高篇（JSP+Servlet）．北京：清华大学出版社，2009．

[2] 于天恩．Java Web 开发权威经典．北京：中国水利水电出版社，2008．

[3] 本书编委会，HTML CSS JavaScript 标准教程（实例版）．第二版．北京：电子工业出版社，2009．

[4] 王红．Java Web 应用开发技术实用教程．北京：中国水利水电出版社，2008．

[5] 邓子云．贯通 Java Web 轻量级应用开发：JSP+Struts+Hibernate+Spring 实例精解．北京：电子工业出版社，2008．

[6] 教育部考试中心，新东方教育科技集团．Java Web 应用程序设计．

[7] http://www.w3school.com.cn/

[8] http://zh.html.net/tutorials/css/

[9] http://wenku.baidu.com/view/514ff93610661ed9ad51f367.html